地理信息系统应用与开发丛书

地理信息系统开发与编程实训（实践）教程

李进强　陈瑞霖　编著

图书在版编目(CIP)数据

地理信息系统开发与编程实训(实践)教程/李进强,陈瑞霖编著.—武汉:武汉大学出版社,2023.6

地理信息系统应用与开发丛书

ISBN 978-7-307-23593-9

Ⅰ.地… Ⅱ.①李… ②陈… Ⅲ.地理信息系统—教材 Ⅳ.P208

中国国家版本馆 CIP 数据核字(2023)第 026776 号

责任编辑:鲍 玲 责任校对:汪欣怡 版式设计:韩闻锦

出版发行:**武汉大学出版社** (430072 武昌 珞珈山)

(电子邮箱:cbs22@whu.edu.cn 网址:www.wdp.com.cn)

印刷:武汉科源印刷设计有限公司

开本:787×1092 1/16 印张:19 字数:451 千字 插页:1

版次:2023 年 6 月第 1 版 2023 年 6 月第 1 次印刷

ISBN 978-7-307-23593-9 定价:48.00 元

前　　言

目前，在智慧城市、城乡规划建设、自然资源集约化、环境生态保护、防灾减灾、应急管理等多个国民经济领域，对地理信息应用开发人才需求量与日俱增。但这类人才培养，要求学生拥有地理信息系统和计算机科学等多方面的知识和技术，因此对于学生实训(实践)提出了很高的要求，包括：丰富的实训(实践)资源，高强度的课堂实训与课后实践，合适的教学方法等。

本书是为适应当前本科教育、应用型人才培养需要，借鉴作者多年来 GIS 开发与编程教学实践和 GIS 项目开发的经验，综合考虑了本科生、研究生的知识结构、技术水平和实践技能编写而成的，旨在为高水平应用型人才培养提供必要的实训(实践)资源。

全书共分 7 篇(32 章)，第 1~3 章介绍 GIS 应用程序框架设计；第 4~9 章介绍地图符号化和专题制图(包括：唯一值渲染、分级渲染、统计图表渲染、图层标注等)；第 10~12 章介绍空间查询与统计分析；第 13~20 章介绍空间分析(常规空间分析、网络分析、成本距离分析、表面分析等)；第 21~26 章介绍空间数据处理(Geometry 编程、Multipatch 生成、拓扑检查、投影变换、TIN/DEM 生成等)；第 27~29 章介绍空间数据库编程(空间数据库访问、数据入库等)；第 30~32 章是其他 ArcGIS 扩展编程(自定义 GP、ArcGIS Addin 编程、三维展示等)。本书附有相关专题的源代码实例和练习数据，以方便读者理解和练习。

全书基于 ArcGIS Engine 10. 2+Visual Studio2012. NET 开发环境，每个专题按软件工程思想，从功能设计、详细设计、功能实现、系统集成等过程对每个专题进行了详细描述。对每个部分所涉及的 ArcGIS Engine 接口进行了相应的介绍。每个功能按实用化要求，对源代码反复优化，提炼出清晰的思路和操作步骤，引入第三方控件使程序界面简化又符合潮流。力求使读者既能深入理解 GIS 开发原理与方法，又能有效掌握 ArcGIS Engine 开发的实战技术。

本书内容由闽江学院李进强(教授)、福州市勘测院有限公司陈瑞霖(教授级高级工程师)共同完成。在编著过程中，得到了福州大学方绪华(教授)、福建工程学院余明(教授)、福州市自然资源和规划局何贞健(高级工程师)等同仁的悉心指导，福州市勘测院有限公司的一线程序员对各章节的文稿和代码进行了检查和测试，闽江学院地理与海洋学院多个年级地理信息科学专业的本科生从学生的角度提出了许多中肯的意见，在此一并表示衷心感谢！

本书是《地理信息系统开发与编程实验教程》的姊妹篇，可作为地理信息科学、测绘工程、遥感科学与技术、资源环境类专业或计算机相关专业的实训教材或实践指导书，也可作为从事地理信息系统开发技术人员的参考资料。

由于作者水平有限，编写时间仓促，书中错漏之处在所难免，敬请读者批评指正(作者邮箱：1361639771@ qq. com)。作者将根据读者的建议、意见和学习中遇到的问题，定期发布本书的勘误等信息。

目　　录

第一篇　GIS 应用程序框架设计

第二篇　地图符号化与专题制图

第三篇　空间查询与统计

第四篇　空间分析

第五篇　空间数据处理

第六篇　空间数据库编程

第七篇　其　他

第一篇　GIS 应用程序框架设计

导读：

GIS 应用程序框架(GIS ADF)是 GIS 领域开发人员定制个性化应用程序的基本结构。ArcGIS Engine 为 GIS 应用程序框架设计提供了必需的框架组件，而且还有预定义模板供开发人员使用，但仅用模板提供的框架略显简单。

本篇介绍基于 ArcGIS Engine 结合使用第三方组件(DotNetBar for Windows、WeifenLuo. WinFormsUI. Docking)建立接近专业水准的 GIS 应用程序框架，及必要的配套功能的编程技术，内容包括：

第 1 章　GIS 应用程序框架设计；

第 2 章　MapControl 与 PageLayoutControl 同步；

第 3 章　Tool 类工具开发(空间量算)。

第1章 GIS应用程序框架设计

1.1 概述

ArcGIS Engine 提供了一个公共的开发控件集合，这些控件通过简单的绑定就可协同工作(例如 TOCControl 可绑定 MapControl，它们称为伙伴控件)，和其他第三方控件(组件)结合可以创建高度定制化的应用程序。

ArcGIS Engine 提供的开发控件有：

- ◆ 地图控件(MapControl)；
- ◆ 页面布局控件(PageLayoutControl)；
- ◆ 内容列表控件(TOCControl)；
- ◆ 工具条控件(ToolbarControl)；
- ◆ 场景控件(SceneControl)；
- ◆ 球体控件(GlobeControl)；
- ◆ 阅读者控件(ReaderControl)；
- ◆ 使用工具条控件的命令与工具集合。

使用 ArcGIS Engine 模板无须编码就可以搭建一个类似 ArcMap 的 GIS 程序框架，这种方式可以帮助初级用户在较短的时间内掌握技术要领，从而降低了开发者的门槛。但这个框架不支持窗口停靠，界面风格也不够流行等，对于实用化的开发是不够的。

1.2 功能描述

本章建议在 VS 环境下，使用 MapControl，PageLayoutControl，TOCControl 结合第三方控件实现较为流行的 GIS 框架，共包括两个第三方控件，实现界面如图 1-1 所示：

(1)DotNetBar 控件，实现 Ribbon 风格。使用前应先安装 DotNetBar for Windows 12.5，之后启动 VS 2012 时，工具箱上会出现 DotNetbar 选项卡。

(2)WeifenLuo. WinFormsUI. Docking 控件，实现窗体停靠。可在 VS 2012 中将此控件添加到工具箱。操作步骤为：

①将 weiFenLuo. winFormsUI. Docking. dll 拷贝到 bin\debug 目录；

②在工具箱添加选项卡命名为 WeiFenLuo；

③右键点击新建的【选项卡】，出现浮动菜单；

④点击【选择项】；

⑤点击【浏览】;

⑥选择【weiFenLuo. winFormsUI. Docking. dll】;

⑦点击【确定】。

此时工具箱出现 DockPanel 控件。

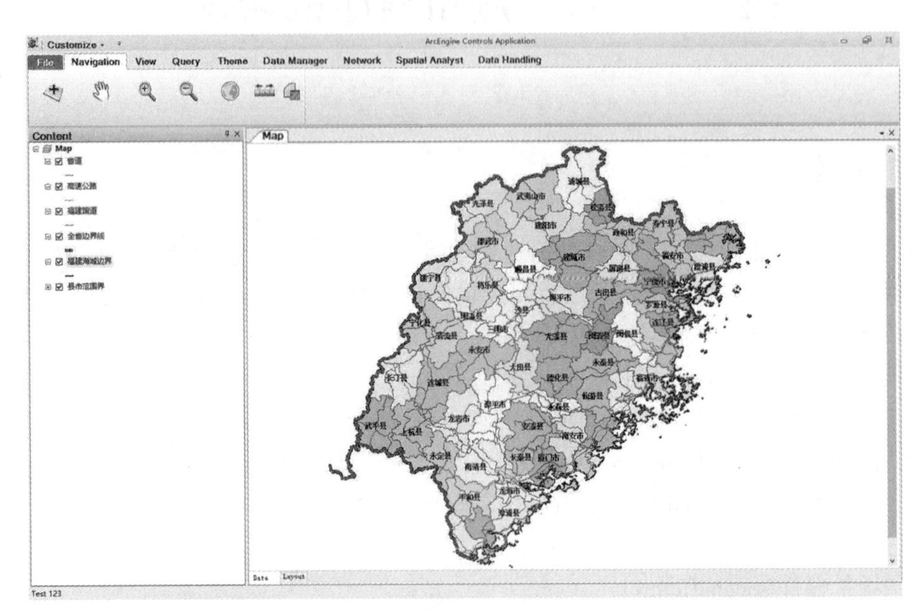

图 1-1 实现界面效果

1.3 系统实现

1.3.1 创建 ArcEngine 应用程序底稿

使用 ArcEngine 模板创建应用程序底稿比较方便，除自动建立 Windows 程序基本元素，还完成了 ArcEngine 需要的版本绑定代码等的设置。

启动 VS 2012，选择“文件 | 新建 | 项目”，在项目类型中选择：Visual C#→ArcGIS→Extending ArcObjects 分类目录，再选择 MapControl Application 模板。指定项目存放位置(如：C：\用户目录)，输入项目名称(默认为 MapControlApplicaton1)，点击【确定】，建立模板化的应用程序框架。

1.3.2 主窗体设计

1. 界面设计

(1) MainForm 窗体上保留 StatusStrip，AxLicenseControl 控件，删除 AxMapControl，AxTOCControl，AxToolBarControl，MenuStrip。

设置 MainForm 为无边框类型，即 FormBorderStyle = none;

设置 MainForm 为 MDI 窗体，即 IsMdiContainer=true。

(2)将 DotNetbar 选项卡 RibbonControl 控件拖入 MainForm 窗体，设置 Dock=Top；此部分用 Ribbon 风格菜单条代替传统菜单和工具条。将 WeiFenLuo 选项卡 DockPanel 控件拖入 MainForm 窗体空白处，设置 Dock= Fill；此部分为其他窗体停靠区域。

(3)添加导航 Ribbon 工具。

右键点击 RibbonControl1 眉头，再点击"Create Ribbon Tab"菜单项，创建一个 RibbonTabItem(实际上已有一个)，设置 Text 属性为 Navigation;

右键点击 Navigation 空白处，点击"Create RibbonBar"菜单项，创建一个 RibbonBar(默认名为：RibbonBar1);

右键点击 RibbonBar1，点击"Add Button"菜单项，添加 5 个 ButtonItem，分别命名为 btnAddData，BtnPan，BtnZoomOut，btnZoomIn，BtnFullExtent。

包含关系及含义见表 1-1。

表 1-1　**Ribbon 工具中的包含关系**

RibbonControl	RibbonTabItem	RibbonBar	ButtonItem	含义
RibbonControl1	Navigation	RibbonBar1	btnAddData	添加数据
			BtnPan	移屏
			BtnZoomOut	放大
			btnZoomIn	缩小
			BtnFullExtent	全图
			BtnDisMeasure	距离量算

分别双击 5 个 ButtonItem 建立 Click 事件响应函数，在其中分别激活 ArcEngine 相应的命令类。

2. 功能实现

```
public sealed partial class MainForm: Form
{
    //私有成员:
    private string m_mapDocumentName =string. Empty;1111
    private TOCControlDockFrm m_frmTOCControl =null;
    private MapControlDockFrm m_frmMapControl =null;
    //定义 AxMapControl 属性,方便将来使用
    private AxMapControl _AxMapControl {
        get { return m_frmMapControl. _AxMapControl; }
    }
    //定义 AxTOCControl 属性,方便将来使用
    private AxTOCControl _AxTOCControl {
```

```
        get { return m_frmTOCControl. _AxTOCControl; }
    }
    //定义 IMapControl3 属性,方便将来使用
    private IMapControl3 _mapControl {
        get {
            IMapControl3 mapControl =(IMapControl3)(m_frmMapControl. _AxMapControl. Object);
            return mapControl;
        }
    }
    //构造函数
    public MainForm() {
        InitializeComponent();
    }
    //装载时间响应函数
    private void MainForm_Load(object sender, EventArgs e) {
        //初始化两个子窗体 Map,TOC,子窗体下节介绍 .
        m_frmTOCControl  =new TOCControlDockFrm();
        m_frmMapControl  =new MapControlDockFrm();

        //设置绑定
        m_frmTOCControl. SetBudderControl(m_frmMapControl. _AxMapControl);
        m_frmMapControl. SetStatusLabel(this. statusBarXY);

        //DockState 为窗体的停靠状态
        m_frmTOCControl. Show(dockPanel1,DockState. DockLeft);
        m_frmMapControl. Show(dockPanel1,DockState. Document);
    }

    //Navigation 工具响应函数
    private void btnAddData_Click(object sender, EventArgs e) {
        ICommand pCommand =new ControlsAddDataCommand();
        pCommand. OnCreate(_mapControl. Object);
        pCommand. OnClick();
    }
    //Pan 工具响应函数:
    private void btnPan_Click(object sender, EventArgs e) {
        ICommand pCommand =new ControlsMapPanTool();
        pCommand. OnCreate(_AxMapControl. Object);
        _AxMapControl. CurrentTool =pCommandas ITool;
        pCommand  =null;
```

```
}
//zoomout 工具响应函数：
private void btnZoomOut_Click(object sender, EventArgs e) {
    ICommand pCommand =new ControlsMapZoomOutTool();
    pCommand. OnCreate(_AxMapControl. Object);
    _AxMapControl. CurrentTool =pCommandas ITool;
    pCommand  =null;
}
//zoomin 工具响应函数：
private void btnZoomIn_Click(object sender, EventArgs e) {
    ICommand pCommand =new ControlsMapZoomInTool();
    pCommand. OnCreate(_AxMapControl. Object);
    _AxMapControl. CurrentTool =pCommandas ITool;
    pCommand  =null;
}
//FullExtent 工具响应函数：
private void btnFullExtent_Click(object sender, EventArgs e) {
    ICommand pCommand =new ControlsMapFullExtentCommand();
    pCommand. OnCreate(_mapControl. Object);
    pCommand. OnClick();
}
}
```

代码中 MapControlDockFrm，TOCControlDockFrm 两个类分别是地图(Map)窗体和内容列表(Table Of Contents)窗体，这些内容将在后续章节介绍，编译时可先隐去与之相关的代码。

1.3.3　MapControlDockFrm 窗体设计

1. 界面设计

(1)新建 Windows 窗体，取名为 MapControlDockFrm。

(2)添加 TabControl 控件，包括两个属性页：

将 TabControl 控件拖入 MapControlDockFrm，Dock 属性设置为 Fill。将 Alignment 属性设置为 Bottom。点击 TabPages 属性右边的按钮，弹出 TabPage 集合编辑器。

添加属性页 tabPage1，Text 设置为“Data”。

添加属性页 tabPage2，Text 设置为“Layout”。

(3)添加 GIS 图形控件：

选择“Data”选项卡，拖入 AxMapControl 控件，设置 Dock 属性为 Fill。

选择“Layout”选项卡，拖入 AxPageLayoutControl 控件，设置 Dock 属性为 Fill。

2. 功能实现

最主要的是修改 MapControlDockFrm 基类 Form 为 DockContent；这是关键的一步，

DockContent 属于 weiFenLuo. winFormsUI. Docking. dll 链接库，该类支持在 DockPanel 控件定义的区域上的停靠特性；实现代码如下：

```
public partial class MapControlDockFrm: DockContent
{
    //私用成员
    //两个常用接口 IMapControl3/IPageLayoutControl2:
    private IMapControl3 m_mapControl=null;
    private IPageLayoutControl2 m_pageLayoutControl=null;
    //显示鼠标所处的 XY 坐标:
    private ToolStripStatusLabel m_statusBarXY=null;

    //暴露 AxMapControl 对象,方便其他控件绑定
    public AxMapControl _AxMapControl {
        get  {  return this. axMapControl1;  }
    }
    //暴露 AxPageLayoutControl 对象,方便其他控件绑定
    public AxPageLayoutControl _AxPageLayoutControl {
        get {  return this. axPageLayoutControl1; }
    }
    //提供设置 StatusLabel 的公用方法,实现向父窗体发送坐标位置信息:
    public void SetStatusLabel(ToolStripStatusLabel statusBarXY) {
        m_statusBarXY=statusBarXY;
    }
    //构造函数
    public MapControlDockFrm() {
        InitializeComponent();
    }
    //装载事件响应函数
    private void MapControlDockFrm_Load(object sender, EventArgs e)
    {
        m_mapControl=(IMapControl3)(_AxMapControl. Object);
        m_pageLayoutControl=(IPageLayoutControl2)_AxPageLayoutControl. Object;
    }
    //鼠标移动响应函数,对 m_statusBarXY 的 Text 属性赋值;
    private void axMapControl1_OnMouseMove(object sender,
                                IMapControlEvents2_OnMouseMoveEvent e)
    {
        m_statusBarXY. Text =string. Format("{0}, {1}  {2}",
                                e. mapX. ToString("#######. ##"),
                                e. mapY. ToString("#######. ##"),
```

```
                    axMapControl1. MapUnits. ToString(). Substring(4));
    }
}
```

1.3.4　TOCControlDockFrm 窗体设计

1. 界面设计

(1)新建 Windows 窗体，取名为 TOCControlDockFrm。

(2)添加 GIS 图形控件，拖入 AxTOCControl 控件，设置 Dock 属性为 Fill。

(3)添加图层操作浮动菜单，拖入 ContextMenuStrip，命名为 contextMenuTOCLyr，添加菜单项 RemoveLayer，ZoomToLayer，Symbolize，OpenAttributeTable 等，有些供以后使用。

2. 类设计

首先修改 TOCControlDockFrm 基类 Form 为 DockContent，实现代码如下：

```
public partial class TOCControlDockFrm: DockContent
{
    public TOCControlDockFrm()
    {
        InitializeComponent();
    }
    //暴露 AxTOCControl 对象,方便其他控件绑定:
    public AxTOCControl _AxTOCControl
    {
        get { return this. axTOCControl1; }
    }
    //设置私有 IMapControl3 对象,方便其他方法访问 Map:
    private IMapControl3 _mapControl
    {
        get {
            IMapControl3 mapControl =this. axTOCControl1. Buddy as IMapControl3;
            return mapControl;
        }
    }
    //绑定 AxMapControl 控件:
    public void SetBudderControl(AxMapControl _AxMapControl)
    {
        this. axTOCControl1. SetBuddyControl(_AxMapControl);
    }
    //右键响应函数
    private void axTOCControl1_OnMouseDown(object sender,
                                    ITOCControlEvents_OnMouseDownEvent e)
```

```
    //移除图层
    private void removeLayerToolStripMenuItem_Click(object sender, EventArgs e)
    //缩放至图层
    private void zoomToLayerToolStripMenuItem_Click(object sender, EventArgs e)
}
```

3. 功能实现

鼠标右键响应函数的主要功能是：

(1)记录鼠标选中的图层和图例对象，为接下来的图层操作提供输入参数；

(2)展开图层操作浮动菜单：

首先用 TOCControl 的 HitTest 函数测试鼠标点击的图层接口对象，然后用私有成员变量分别记录图层和图例对象，实现代码如下：

```
private ILayer m_tocRightLayer =null;
private ILegendClass m_tocRightLegend =null;
private void axTOCControl1_OnMouseDown(object sender,
                                    ITOCControlEvents_OnMouseDownEvent e)
{
    if (e. button !  = 2)
        return;
    esriTOCControlItem itemType =esriTOCControlItem. esriTOCControlItemNone;
    IBasicMap basicMap =null;
    ILayer layer =null;
    object unk =null;
    object data =null;
    //this. axTOCControl. GetSelectedItem(ref itemType, ref basicMap, ref layer, ref unk, ref data);
    this. axTOCControl1. HitTest(e. x, e. y, ref itemType, ref basicMap, ref layer, ref unk, ref data);
    switch (itemType)
    {
        case esriTOCControlItem. esriTOCControlItemLayer:
            this. m_tocRightLayer =layer;
            this. m_tocRightLegend =null;
            this. contextMenuTOCLyr. Show(this. axTOCControl1, e. x, e. y);
            break;
        case esriTOCControlItem. esriTOCControlItemLegendClass:
            this. m_tocRightLayer =layer;
            this. m_tocRightLegend =((ILegendGroup)unk). get_Class((int)data);
            this. contextMenuTOCLyr. Show(this. axTOCControl1, e. x, e. y);
            break;
        case esriTOCControlItem. esriTOCControlItemMap:
            //this. contextMenuTOCMap. Show(this. axTOCControl1, e. x, e. y);
```

```
                break;
            }
        }
        //移除图层
        private void removeLayerToolStripMenuItem_Click(object sender, EventArgs e)
        {
            _mapControl. Map. DeleteLayer(m_tocRightLayer);
        }
        //缩放至图层
        private void zoomToLayerToolStripMenuItem_Click(object sender, EventArgs e)
        {
            _mapControl. Extent =m_tocRightLayer. AreaOfInterest;
        }
```

完整代码如下：

代码(1.3)

1.4 配置 License

配置 License 的简单方法是通过设置 LicenseControl 实现，操作方法是：右键点击 LicenseControl，点击属性菜单，浏览弹出对话框，如图 1-2 所示，其中 ArcGIS Engine 已经选中，如果需要其他扩展模块的许可，可以在右侧选中对应的复选框，点击【确定】按钮。

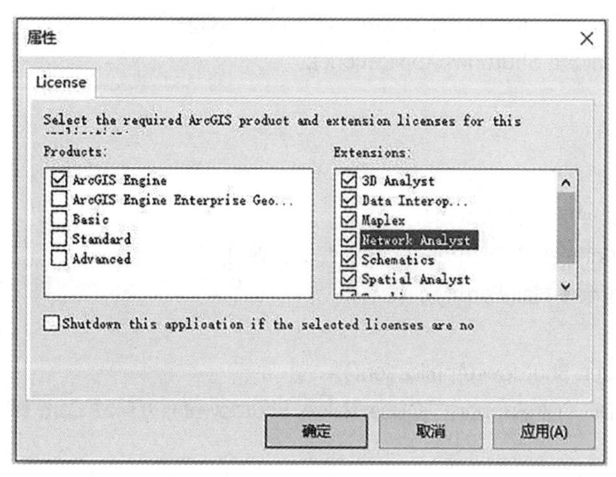

图 1-2 属性对话框

LicenseControl 配置有可能出现有些功能授权不正常的现象。ESRI 推荐在运行时配置 License，本书也推荐这种做法。

具体做法是修改 Program 类的 Main( ) 函数，代码如下：

```
[STAThread]
static void Main()
{
    //版本绑定
    if (! RuntimeManager. Bind(ProductCode. Engine))
    {
        if (! RuntimeManager. Bind(ProductCode. Desktop))
        {
            MessageBox. Show("Unable to bind to ArcGIS runtime.  Application will be shut down. ");
            return;
        }
    }
    //AoLicense 初始化
    LicenseInitializer aoLicenseInitializer =new LicenseInitializer();
    if (! aoLicenseInitializer. InitializeApplication(new esriLicenseProductCode[]
                            { esriLicenseProductCode. esriLicenseProductCodeAdvanced,
                            esriLicenseProductCode. esriLicenseProductCodeEngineGeoDB },
                            new esriLicenseExtensionCode[]
                            { esriLicenseExtensionCode. esriLicenseExtensionCodeDataInteroperability,
                            esriLicenseExtensionCode. esriLicenseExtensionCodeSpatialAnalyst,
                            esriLicenseExtensionCode. esriLicenseExtensionCode3DAnalyst,
                            esriLicenseExtensionCode. esriLicenseExtensionCodeNetwork}))
    {
        System. Windows. Forms. MessageBox. Show("This application could not initialize
                            with the correct ArcGIS license and will shutdown.  LicenseMessage: "+
                            aoLicenseInitializer. LicenseMessage());
        aoLicenseInitializer. ShutdownApplication();
        return;
    }

    Application. EnableVisualStyles();
    Application. SetCompatibleTextRenderingDefault(false);
    Application. Run(new MainForm());

    aoLicenseInitializer. ShutdownApplication();
    ESRI. ArcGIS. ADF. COMSupport. AOUninitialize. Shutdown(); //释放 Com 资源
}
```

这里用到 LicenseInitializer 密封类，Ersi 给出详细的实现代码，见附录 3。

1.5　编译运行

按 F5 键即可编译运行程序，至此桌面 GIS 应用程序框架已经搭建好了，可点击工具条上 Navigation 中“Add Data”工具添加地图数据，浏览地图。

测试数据位于目录：...\\Data(Book)\FJ10000_250000，其中包含福建省 1∶10000~1∶250000 交通、政区、居民地等数据。

第 2 章　MapControl 与 PageLayoutControl 同步

2.1　知识要点

在 ArcMap 中，能够很方便地进行 MapView 和 Layout View 两种视图的切换，而且二者之间的数据是同步显示的。ArcEngine 实现两种视图同步有多种方法，本章介绍的方法是通过 PageLayoutControl 和 MapControl 中的 Map 对象指向同一个地图实例(二者共享一份地图)，要点如下：

(1)使用 PageLayoutControl 的 ReplaceMaps( )方法，MapControl 的 Map 属性，指向 MapDocument 中的同一个 Map 对象。

(2)为保证系统中只有一个 ActiveView 对象，当从 PageLayoutControl 切换至 MapControl 时，需要先调用 PageLayoutControl 的 DeActivate 方法，再调用 MapControl 的 Activate 方法；从 MapControl 切换至 PageLayoutControl 时，先调用 MapControl 的 DeActivate 方法，再调用 PageLayoutControl 的 Activate 方法。避免地图出现闪烁现象。

(3)ReplaceMaps( )方法只接收 IMaps 类型的对象(IMap 集合)，AE 中没有 IMaps 的实现类，这需要自己动手实现该接口。

2.2　新建同步控制类 ControlsSynchronizer

1. 类设计

在解决方案面板中右键单击项目名，选择“添加 | 类”，在类别中选择“Visual C#项目项”，在模板中选择“类”，输入类名“ControlsSynchronizer. cs”，类设计如下：

```
public class ControlsSynchronizer
{
    //类成员
    private IMapControl3 m_mapControl =null;
    private IPageLayoutControl2 m_pageLayoutControl =null;
    private bool m_IsMapCtrlactive =true;
    //构造函数,为类成员赋值
    public ControlsSynchronizer(IMapControl3 mapControl, IPageLayoutControl2 pageLayoutControl)
    //当前 ActiveView 的类型
    public string ActiveViewType
    //当前活动的 Control
```

```
    public object ActiveControl
    //激活 Map
    public void ActivateMap()
    //激活 PageLayout
    public void ActivatePageLayout()
    //控件绑定
    public void BindControls(bool activateMapFirst)
}
```

2. 类实现

(1)ActivateMap()函数：激活 MapControl 并解除 PageLayoutControl。

(2)ActivatePageLayout()函数：激活 PageLayoutControl 并激活 MapControl。

(3)BindControls()函数实现代码如下：

①创造 IMap，IMaps 实例：

```
IMap newMap =new MapClass();
newMap. Name ="Map";
IMaps maps =new Maps();
maps. Add(newMap);
```

②使 MapControl 和 PageLayoutControl 指定共同的 Map：

```
//通过调用 PageLayout 的 ReplaceMaps 方法来置换 focus map
m_pageLayoutControl. PageLayout. ReplaceMaps(maps);
//把 newMap 赋给 MapControl
m_mapControl. Map =newMap;
```

完整代码如下：

代码(2.2)

2.3　新建 Maps 类

在同步类中用到 Maps 类，该类实现 IMaps 接口相关功能，它是 IMap 集合用于管理地图对象。Maps 类代码比较简单，完整代码如下：

代码(2.3)

2.4　两种视图的同步

（1）在 MapControlDockFrm 类中添加“同步类”成员变量：

```
//添加'同步类'成员
private ControlsSynchronizer m_controlsSynchronizer =null;
//以下成员已定义
private IMapControl3 m_mapControl =null;
private IPageLayoutControl2 m_pageLayoutControl =null;
private ToolStripStatusLabel m_statusBarXY =null;
```

（2）在 MapControlDockFrm_Load 函数中，添加初始化“同步类”对象代码：通过 BindControls 函数把 MapControl 和 PageLayoutControl 绑定起来（指向同一个 Map），并设置 MapControl 为活动的 Control：

```
//get the MapControl/PageLayoutControl
m_mapControl =(IMapControl3)(_AxMapControl. Object);
m_pageLayoutControl =(IPageLayoutControl2)_AxPageLayoutControl. Object;
//初始化 controls synchronization calss
m_controlsSynchronizer  =new ControlsSynchronizer(m_mapControl, m_pageLayoutControl);
m_controlsSynchronizer. BindControls(true);
```

（3）建立 TabControl 的页切换响应函数：

```
private void tabControl1_SelectedIndexChanged(object sender, EventArgs e)
{
    switch (this. tabControl1. SelectedIndex)
    {
        case 0://激活 MapControl
        m_controlsSynchronizer. ActivateMap();
        break;
    case 1://激活 PageLayoutControl
        m_controlsSynchronizer. ActivatePageLayout();
        break;
    }
}
```

2.5　编译运行

（1）按 F5 键编译运行程序；

（2）添加地图数据；

（3）点击 TabControl 的页可切换 MapControl 和 PageLayoutControl 两种视图。

测试数据位于目录：...\\Data(Book)\FJ10000_250000，其中包含福建省 1：10000～1：250000 交通、政区、居民地等数据。

第3章　Tool类工具开发(空间量算)

3.1　知识要点

Tool类工具按钮与Command命令按钮，是实现ArcGIS Engine地图操作的常用方法，其基本特征类似，主要区别是Command不需要用鼠标与地图交互，如全图功能。而Tool则需要，如选择功能等。

Tool类工具按钮由BaseTool派生类，主要包括4个虚函数：

◆ OnCreate：方法中传递的参数hook成为绑定到这个Tool控件的交互对象，被保存在一个IHookHelper成员变量中，通过该成员的Hook属性即可获得对交互对象(往往是MapControl)的引用。

◆ OnMouseDown()：提供鼠标落下的事件响应；

◆ OnMouseMove()：提供点击鼠标移动的事件响应；

◆ OnMouseUp()：提供点击鼠标弹起的事件响应；

◆ OnDblClick()：提供双击鼠标的事件响应；

◆ OnKeyDown()：提供按键落下的事件响应；

◆ OnKeyUp()：提供按键弹起的事件响应。

开发者可利用ArcEngine BaseTool模板，快速产生一个BaseTool派生类框架，然后完成以下两件事，即实现了新派生类：

(1)对BaseTool基类表示命令类别、命令名称等的属性赋值；

(2)实现OnMouseDown、OnMouseMove、OnMouseUp、OnDblClick等函数的重载。

3.2　功能描述

本章利用ArcEngine BaseTool模板，实现“距离量算”“面积量算”两个工具，“距离量算”工具可支持地图上任意路径距离的量算，利用INewLineFeedback接口随鼠标动态绘制路径，双击鼠标结束并在路径终点标识出路径的距离。“面积量算”工具支持地图上任意多边形面积量算，利用INewPolygonFeedback接口随鼠标动态绘制多边形，双击鼠标结束并在多边形中心点标识出多边形面积。

对于不需要与地图交互的Command命令类按钮的开发，可参照13.4.2命令包装。

3.3　距离量算工具(DistanceMeasureTool)

此类必须从 ArcEngine 中 BaseTool 继承，在添加新项时，选择“ArcGIS”→“Extending ArcObjects”目录下的 Base Tool 模板，如图 3-1 所示。

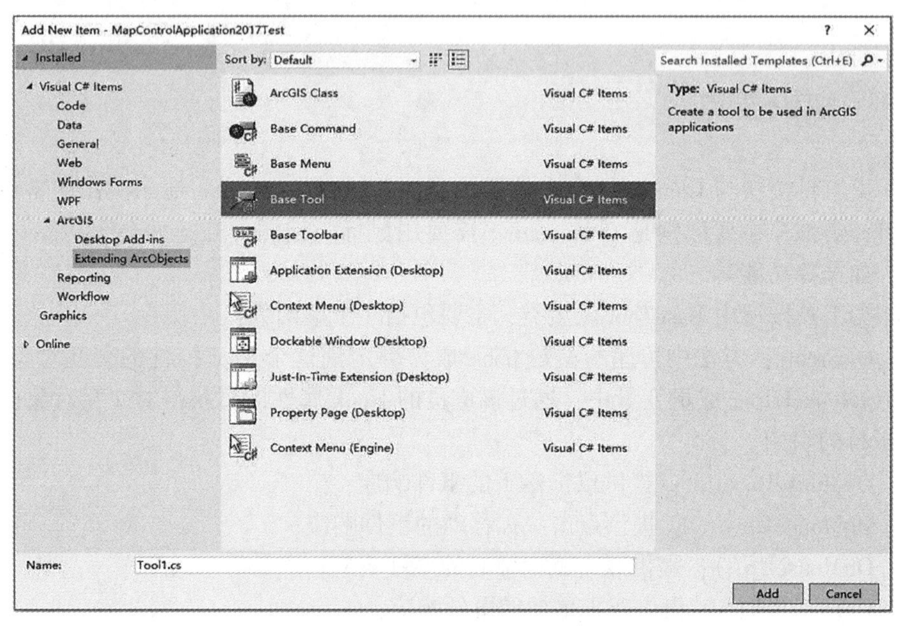

图 3-1　选择 Base Tool 模板

在自动生成代码中添加三个成员变量：

```
private NewLineFeedbackClass m_pNewLineFeedback =null;
private IActiveView m_pActiveView =null;
private bool m_isMouseDown =false;
```

将 m_category、m_caption、m_toolTip、m_name 全部赋值“距离量算”。

```
[Guid("c08fb306-13d0-4e54-8617-c169c85c12ad")]
[ClassInterface(ClassInterfaceType. None)]
[ProgId("MapControlApplication1. DistanceMeasureTool")]
public sealed class DistanceMeasureTool: BaseTool
{
    #region COM Registration Function(s)
    [ComRegisterFunction()]
    [ComVisible(false)]
    static void RegisterFunction(Type registerType)

    [ComUnregisterFunction()]
```

```
    [ComVisible(false)]
    static void UnregisterFunction(Type registerType)

    #region ArcGIS Component Category Registrar generated code
    private static void ArcGISCategoryRegistration(Type registerType)
    private static void ArcGISCategoryUnregistration(Type registerType)

    #endregion

    private IHookHelper m_hookHelper =null;
    private NewLineFeedbackClass m_pNewLineFeedback =null;
    private IActiveView m_pActiveView =null;
    private bool m_isMouseDown =false;

    # region Overridden Class Methods
    public override void OnCreate(object hook)
    public override void OnClick()
    public override void OnMouseDown(int Button, int Shift, int X, int Y)
    public override void OnMouseMove(int Button, int Shift, int X, int Y)
    public override void OnMouseUp(int Button, int Shift, int X, int Y)
    public override void OnDblClick()
    #endregion
    #辅助函数
    public void DrawPolyline(IPolyline pPolyline, IActiveView pAV)
    private ITextSymbol CreateTextSymbol(int nSize, string strText)
    private ISymbol CreateSimpleSymbol(IGeometry pGeometry)
}
```

3.3.1　重载函数实现

通过 OnMouseDown 和 OnMouseMove 实现画线功能，具体通过 INewLineFeedback 接口实现，双击鼠标结束画线并显示测量结果。

1) OnMouseDown 函数实现

第一次点击鼠标，初始化 m_pNewLineFeedback 成员对象、指定绘图符号、调用 INewLineFeedback 的 Start( ) 函数开始绘制第一个点 。关键代码如下：

```
m_pNewLineFeedback =new NewPolygonFeedbackClass();
//Set the new Feedback's Display and StartPoint
m_pNewLineFeedback. Display =m_pActiveView. ScreenDisplay;
m_pNewLineFeedback. Start(pPoint);
```

如果是第二次及以后点击鼠标：调用 INewLineFeedback 的 AddPoint( ) 函数完成到当

前位置(pPoint)的折线绘制。其中 pPoint 通过 ActiveView 的 DisplayTransformation 接口转换鼠标带进来的窗口坐标(X, Y)得到：代码如下：

```
pPoint = m_ pActiveView. ScreenDisplay. DisplayTransformation. ToMapPoint(X, Y);
m_pNewLineFeedback. AddPoint(pPoint);
```

2)OnMouseMove 函数实现

通过调用 MoveTo(pPoint)实现橡皮筋划线动态效果。

```
pPoint= m_pActiveView. ScreenDisplay. DisplayTransformation. ToMapPoint(X, Y);
m_pNewLineFeedback. MoveTo(pPoint);
```

3)OnDblClick 函数实现

调用 INewLineFeedback 的 Stop( )函数结束本次 NewLineFeedback 操作，并返回终点 Geometry 对象。然后调用辅助函数 DrawPolyline( )显示折线长度，并置空 NewLineFeedback 对象，以便下次使用。代码如下：

```
pGeompoly =m_pNewLineFeedback. Stop();
DrawPolyline(pGeompoly as IPolyline, m_pActiveView);
//Set the feedback to nothing for the next use
m_pNewLineFeedback =null;
```

3. 3. 2　辅助函数 DrawPolyline

利用 NewLineFeedback 返回的 pGeompoly，转换为 ICurve 接口计算折线长度、并在线终点显示折线总长度。代码如下：

```
ICurve pCurve =pPolyline as ICurve;
//折线终点
IPoint pTextPoint =pCurve. ToPoint;
//折线总长(取整到小数点后两位)
double dLength =Math. Round(Math. Abs(pCurve. Length), 2);
//格式化
string strLength =string. Format("{0:N}", dLength);
strLength +=" m";
//准备绘制符号
ISymbol pSLineSym =CreateSimpleSymbol(pPolyline);
ITextSymbol pTextSymbol =CreateTextSymbol(12, strLength);
//按文本符号绘制长度
pAV. ScreenDisplay. StartDrawing(pAV. ScreenDisplay. hDC, - 1);
//Use existing symbols and draw existing text and Polygon
pAV. ScreenDisplay. SetSymbol(pSLineSymas ISymbol);
pAV. ScreenDisplay. DrawPolyline(pPolylineas IPolyline);
pAV. ScreenDisplay. SetSymbol(pTextSymbolas ISymbol);
pAV. ScreenDisplay. DrawText(pTextPoint, pTextSymbol. Text);
pAV. ScreenDisplay. FinishDrawing();
```

完整实现代码如下：

代码(3.3)

3.4　面积量算工具(AreaMeasureTool)

面积量算工具开发步骤与距离量算工具类似，仅有区别如下：

(1)将构造函数中 name 属性等“距离量算”改为“面积量算”；

(2)将 AreaMeasureTool 中 INewLineFeedback 接口转换为 INewPolygonFeedback；

(3)将 OnDoubleClick(...) 函数中 DrawPolyline(...) 改为 DrawPolygon(...)；

(4)添加 DrawPolygon 函数，代码如下：

```
public void DrawPolygon(IPolygon pPolygon, IActiveView pAV)
{
    if ((pPolygon == null) || (pAV == null))
    {
        return;
    //多边形区域
    IArea pArea =pPolygon as IArea;
    //多边形中心点
    IPoint pTextPoint =pArea. Centroid;
    //多边形面积
    double dArea =Math. Round(Math. Abs(pArea. Area), 2);
    //格式化
    string strArea =string. Format("{0:N}", dArea);
    strArea +=" m2";

    //多义线样式 Line Symbol
    ISymbol pSFillSym =CreateSimpleSymbol(pPolygon);
    //文本样式 Text Symbol
    ITextSymbol pTextSymbol =CreateTextSymbol(12, strArea);
    pAV. ScreenDisplay. StartDrawing(pAV. ScreenDisplay. hDC, -1);
    //Use existing symbols and draw existing text and Polygon
    pAV. ScreenDisplay. SetSymbol(pSFillSymas ISymbol);
    pAV. ScreenDisplay. DrawPolygon(pPolygonas IPolygon);
    pAV. ScreenDisplay. SetSymbol(pTextSymbolas ISymbol);
    pAV. ScreenDisplay. DrawText(pTextPoint, pTextSymbol. Text);
    pAV. ScreenDisplay. FinishDrawing();
```

```
}
```

其他代码参看二维码(3.3)。

3.5 集成空间量算工具

(1)打开主程序工程 MainForm 设计界面；

(2)在 Navigation 上双击 btnDisMeasure、btnAreaMeasure 两个按钮，生成 Click 事件响应函数，在其中添加启动 DistanceMeasureTool、AreaMeasureTool 工具的代码，具体如下：

```
private void btnDisMeasure_Click(object sender, EventArgs e)
{
    ICommand pCommand =new DistanceMeasureTool();
    pCommand. OnCreate(_mapControl. Objcct);
    //pCommand. OnClick();
    _mapControl. CurrentTool =pCommandas ESRI. ArcGIS. SystemUI. ITool;
}

private void btnAreaMeasure_Click(object sender, EventArgs e)
{
    ICommand pCommand =new AreaMeasureTool();
    pCommand. OnCreate(_mapControl. Object);
    //pCommand. OnClick();
    _mapControl. CurrentTool =pCommandas ESRI. ArcGIS. SystemUI. ITool;
}
```

注意：如果自定义工具仅实现 ICommand 接口，用户可以直接调用 OnClick 方法(此时不支持鼠标事件)。如果自定义工具实现 ITool 接口(例如 DistanceMeasureTool)，应将该工具设置为 IMapControl 控件的 CurrentTool，ArcGIS Engine 会将键盘和鼠标的所有行为传给该工具。

3.6 编译测试

点击工具条上 Navigation 中的“距离量算”“面积量算”按钮，即可画线量测距离，画多边形量面积。该项测试数据位于目录：...\\Data(Book)\FJ10000_250000。

第二篇　地图符号化与专题制图

导读：

空间信息符号化是将复杂的地理事物和现象，以特定图形符号进行抽象化，并运用计算机图形图像处理技术直观明了地表达出来的过程，以方便人们了解空间数据包含的信息。ArcGIS Engine 的 SimpleRenderer 接口可按几何类型将空间信息符号化。

专题图是突出表示一种或几种自然或社会经济现象的地图。ArcGIS Engine 中将专题制图分为 5 大类：唯一值渲染(Unique ValueRenderer)；点密度渲染(DotDensityRenderer)；分级渲染(ClassBreaksRenderer)；饼图或直方图(ChartRenderer)；比例符号渲染(ScaleDependentRenderer)。

本篇介绍使用 ArcGIS Engine 实现地图符号化和专题制图的有关技术，内容包括：

第 4 章　图层符号选择器的实现；

第 5 章　唯一值渲染；

第 6 章　分级符号渲染；

第 7 章　统计图表符号渲染；

第 8 章　栅格数据渲染；

第 9 章　图层标注。

第 4 章　图层符号选择器的实现

4.1　知识要点

ArcGIS Engine 设置或更改图层符号样式有两个途径：

1. 更改图层渲染器的符号属性

利用 IGeoFeatureLayer 接口获取图层渲染器 Renderer，然后更改 Renderer 的 Symbol（符号）属性，即可更改要素符号样式。要素图层实现了 IGeoFeatureLayer 接口，基本步骤如下：

```
//1:创建渲染器,并设置新符号
ISimpleRenderer renderer =new SimpleRendererClass();
renderer. Symbol =pLineSymbolas ISymbol;
//2: 为图层设置渲染器
IGeoFeatureLayer geoFeatureLyr =this. m_tocRightLayer as IGeoFeatureLayer;
geoFeatureLyr. Renderer =renderer as IFeatureRenderer;
//3: 更新 Map 控件和图层控件
this. axMapControl1. ActiveView. Refresh();
this. axTOCControl1. Update();
```

2. 更改图层图例的符号属性

利用 ILegendInfo 接口获得图层 ILegendGroup 对象（图例组），再从 LegendGroup 获得 ILegengd 对象（ILegendGroup 中每一个 Item 是 ILegend 对象（图例对象））。修改 ILegend 的符号属性，可更改图层符号样式。要素图层实现了 ILegendInfo 接口，步骤如下：

```
//1;获取图例
ILegendInfo lgInfo =this. m_tocRightLayer as ILegendInfo;
ILegendGroup lgGroup =lgInfo. get_LegendGroup(0);
ILegendClass lgClass =lgGroup. get_Class(0);
//2:更改图例符号
lgClass. Symbol =pLineSymbolas ISymbol;
//3:更新主 Map 控件和图层控件
this. axMapControl1. ActiveView. Refresh();
this. axTOCControl1. Update();
```

不论采用哪种方式，都必须先准备好需要的符号，ArcGIS Engine 提供了

SymbologyControl 控件，可以从预定义符号库中方便地选择符号。本章将介绍如何利用 SymbologyControl 控件选择符号，改变图层符号样式。

4.2　功能描述

本章实现的符号选择器有如下功能：右键点击 TOCControl 控件中图层，在图层操作浮动菜单上点击 Symbolize 菜单项，弹出符号选择对话框，如图 4-1 所示，对话框能够根据图层几何类型自动加载相应的符号(如点、线、面)。用户可以调整符号的颜色、线宽、角度等参数，还可以打开自定义的符号文件(*. ServerStyle)，加载更多的符号。

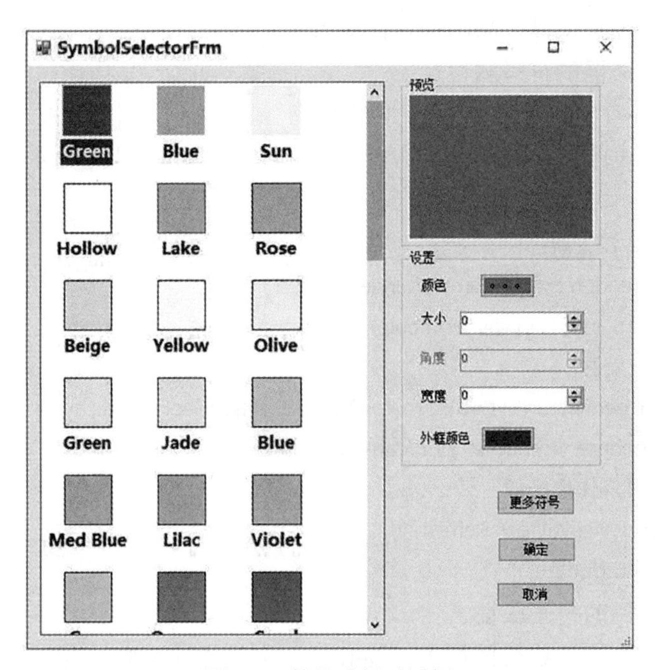

图 4-1　符号选择对话框

4.3　功能实现

4.3.1　SymbolSelectorFrm 设计

1. 符号选择器界面设计

新建 Windows 窗体，命名为 SymbolSelectorFrm，修改窗体的 Text 属性为"选择符号"。并添加 SymbologyControl、PictureBox、Button、NumericUpDown、ColorDialog、OpenFileDialog、ContextMenuStrip 控件(Label，GroupBox 未列在表 4-1 中)。

表 4-1　　**控件 Name 属性说明**

控件	Name 属性	含义	其他
SymbologyControl	axSymbologyControl	Esri 符号控件	
PictureBox	ptbPreview	预览图片	
NumericUpDown	nudSize	大小	
NumericUpDown	nudWidth	线宽	
NumericUpDown	nudAngle	角度	
Button	btnColor	颜色	
Button	btnOutlineColor	外框颜色	
Button	btnMoreSymbols	更多符号	
Button	btnOK	确定	DialogResult 设为 OK
Button	btnCancel	取消	
ColorDialog	colorDialog	颜色对话框	
OpenFileDialog	openFileDialog	文件对话框	
ContextMenuStrip	contextMenuStrip MoreSymbol	浮动菜单	

2. SymbolSelectorFrm 类结构设计

SymbolSelectorFrm 类结构代码如下：

```
public partial class SymbolSelectorFrm: Form
{
    //私有成员
    private ILayer m_pLayer;
    private ILegendClass m_pLegendClass;
    private IStyleGalleryItem m_pStyleGalleryItem =null;
    //暴露 Symbol 属性
    public ISymbol _Symbol

    //构造函数,初始化全局变量
    public SymbolSelectorFrm(ILegendClass tempLegendClass, ILayer tempLayer)

    //加载事件响应函数
    private void SymbolSelectorFrm_Load(object sender, EventArgs e)
    //SymbologyControl 鼠标点击事件,符号预览
    private void axSymbologyControl_OnMouseDown(object sender,
                                    ISymbologyControlEvents_OnMouseDownEvent e)
    //选中符号时触发的事件
```

```
        private void axSymbologyControl_OnItemSelected(object sender, ESRI. ArcGIS. Controls.
                                                ISymbologyControlEvents_OnItemSelectedEvent e)
        //参数调节响应函数
        private void nudSize_ValueChanged(object sender, EventArgs e)
        private void nudAngle_ValueChanged(object sender, EventArgs e)
        private void nudWidth_ValueChanged(object sender, EventArgs e)
        private void btnColor_Click(object sender, EventArgs e)
        private void btnOutlineColor_Click(object sender, EventArgs e)
        private void btnMoreSymbols_Click(object sender, EventArgs e)
        //确定取消
        private void btnOK_Click(object sender, EventArgs e)
        private void btnCancel_Click(object sender, EventArgs e)

        //辅助函数
        private void SetFeatureClassStyle(esriSymbologyStyleClass symbologyStyleClass)
        public Color IRgbColorToColor(IRgbColor pRgbColor)
        public IColor ColorToIRgbColor(Color color)
    }
```

4.3.2　响应函数实现

1)修改 SymbolselectorFrm 的构造函数

修改 SymbolSelectorFrm 的构造函数，传入图层和图例接口。

2)SymbolSelectorFrm_Load 事件响应函数

根据图层类型(如点、线、面)为 SymbologyControl 导入相应的符号样式文件，并设置参数调节控件的可视性。这里用到辅助函数 SetFeatureClassStyle( )。

3)符号预览

当用户选定某一符号时，先利用 Styleclass 符号转换为 I Picture Disp，然后再转换 Image，符号可以显示在 PictureBox 控件中，代码如下：

```
pStyleClass =this. axSymbologyControl. GetStyleClass(this. axSymbologyControl. StyleClass);
stdole. IPictureDisp picture =pStyleClass. PreviewItem(m_pStyleGalleryItem,
                                        this. ptbPreview. Width, this. ptbPreview. Height);
Image image =System. Drawing. Image. FromHbitmap(new System. IntPtr(picture. Handle));
```

4)确定按钮响应函数

5)辅助函数：SetFeatureClassStyle( )主要是实现根据图层类型选定符号库中的符号：代码如下：其中 m_ pLegendClass 由构造函数传入的图例参数。

```
IStyleGalleryItem currentStyleGalleryItem =new ServerStyleGalleryItem();
currentStyleGalleryItem. Name ="当前符号";
currentStyleGalleryItem. Item =m_pLegendClass. Symbol;
pSymbologyStyleClass. AddItem(currentStyleGalleryItem, 0);
```

```
this. m_pStyleGalleryItem =currentStyleGalleryItem;
pSymbologyStyleClass. SelectItem(0);
```

完整代码如下：

代码(4.3)

4.4 调用自定义符号选择器

通过以上操作，符号选择器雏形已经完成，在图层操作浮动菜单上添加菜单项——Symbolize，建立该菜单响应函数。具体代码如下：

```
private void symbolizeToolStripMenuItem_Click(object sender, EventArgs e)
{
    //取得图例
    ILegendClass pLegendClass =this. m_tocRightLegend;
    if (this. m_tocRightLegend  == null)
    {
        ILegendInfo lgInfo =this. m_tocRightLayer as ILegendInfo;
        ILegendGroup lgGroup =lgInfo. get_LegendGroup(0);
        pLegendClass =lgGroup. get_Class(0);
    }

    //创建符号选择器 SymbolSelector 实例
    SymbolSelectorFrm Frm =new SymbolSelectorFrm(pLegendClass, this. m_tocRightLayer);
    if (Frm. ShowDialog()  == DialogResult. OK)
    {
        //局部更新主 Map 控件
        _mapControl. ActiveView. PartialRefresh(esriViewDrawPhase. esriViewGeography, null, null);
        //设置新的符号
        pLegendClass. Symbol =Frm. _Symbol;
        //更新主 Map 控件和图层控件
        this. _mapControl. ActiveView. Refresh();
        this. axTOCControl1. Refresh();
    }
}
```

按 F5 键编译运行，比较简陋的符号选择器已经出现在眼前。

4.5　功能增强

4.5.1　符号参数调整

在地图整饰中，符号参数的调整是必需的功能。下面我们将实现符号基本颜色、多边形外框颜色、线符号线宽、点符号大小/角度等参数的调整。

1. 添加 SymbologyControl 的 OnItemSelected 事件

此事件在鼠标选中符号时触发，在事件响应函数中显示出选定符号的初始参数。

2. 调整点符号的大小/角度

在 nudSize 控件的 ValueChanged 事件响应函数中，设置点符号的大小。在 nudAngle 控件的 ValueChanged 事件响应函数中，设置点符号的角度。

3. 调整线符号和面符号的线宽

nudWidth 控件的 ValueChanged 事件响应函数，设置线符号的线宽和面符号的外框线的线宽。

4. 调整符号颜色

我们调用 .NET 的颜色对话框 ColorDialog 选定颜色，修改颜色按钮的背景色为选定的颜色，同时修改选定样式中符号的颜色。完整代码如下：

代码(4.5)

至此，已经能够修改符号的参数。

4.5.2　添加更多符号菜单

单击“更多符号”按钮，弹出菜单（contextMenuStripMoreSymbol），菜单中列出了 ArcGIS 自带的其他符号，勾选相应的菜单项就可以在 SymbologyControl 中增加相应的符号。菜单的最后一项是“添加符号”，选择这一项时，将弹出“打开文件”对话框，我们可以依此选择其他的 ServerStyle 文件，以加载更多的符号。

1)定义全局变量

在 SymbolSelectorFrm 中定义如下全局变量，用于判断菜单是否已经初始化。

```
//菜单是否已经初始化标志
boolcontextMenuMoreSymbolInitiated =false;
```

2)双击“更多符号”按钮，添加 Click 事件

在此事件响应函数中，我们要完成 ServerStyle 文件的读取，将其文件名作为菜单项名称生成菜单并显示菜单。

3)添加 contextMenuStripMoreSymbol 控件的 ItemClicked 事件

当单击某一菜单项时响应 ItemClicked 事件，将选中的 ServerStyle 文件导入 SymbologyControl 中并刷新。当用户单击“添加符号”菜单项时，弹出打开文件对话框，供用户选择其他的 ServerStyle 文件。

代码参见二维码(4.5)。

4.6　编译运行

按下 F5 键编译运行。测试数据位于数据库：...\\Data(Book)\Cartographic\China+.gdb。

第 5 章　唯一值渲染

5.1　知识要点

ArcGIS Engine 中 Renderer(渲染)对象负责图层符号化，它作为要素图层的一个属性在图层显示时起作用。程序员可以通过 IGeoFeatureLayer. Renderer 属性(是一个可读写属性)，获得一个图层的渲染对象或为其赋值。

ArcGIS Engine 的 IFeatureRenderer 接口专用于要素类符号化，FeatureRenderer 是一个抽象类，其子类负责进行不同类型的着色运算，包括：简单绘制(SimpleRenderer)，唯一值绘制(Unique ValueRenderer)或多字段唯一值绘制，点密度或多字段点密度绘制(DotDensityRenderer)，数据分级绘制(ClassBreaksRenderer)，饼图或直方图(ChartRenderer)，比例符号渲染(ScaleDependentRenderer)。它们都实现了 IFeatureRenderer 接口，这个接口定义了进行地图着色运算的公共属性和方法。

唯一值绘制方法是依据要素图层的要素类中的字段值，对每个字段值分别进行渲染，使用唯一值绘制可以通过颜色区分每个要素。UniqueValueRenderer 对象类实现了 IUniqueValueRenderer 接口，该接口定义了几个重要属性和方法。

(1)Field：提供唯一分类值的字段；

(2)Value：特征的唯一分类值；

(3)ValueCount：需要显示的唯一分类值的数目；

(4)AddValue (string Value, string Heading, ISymbol Symbol)：添加“值，符号”对。

UniqueValueRenderer 要素类渲染的使用方法如下：

◆　先创建一个 UniqueValueRenderer 对象。

◆　然后遍历图层中的所有要素，获取指定字段的唯一值集合。

◆　使用 UniqueValueRenderer 的 AddValue( )为每个唯一值匹配不同的颜色或符号。

ArcGIS Engine 提供了多个着色方案，既可以使用标准的着色方案，也可以定制自己的着色方案。

◆　最后将其绑定到图层。

5.2　功能描述

点击“Theme”Tab 页上“Unique Value”按钮，弹出“唯一值渲染”对话框，如图 5-1 所示，可选择图层、渲染字段、配色方案等。

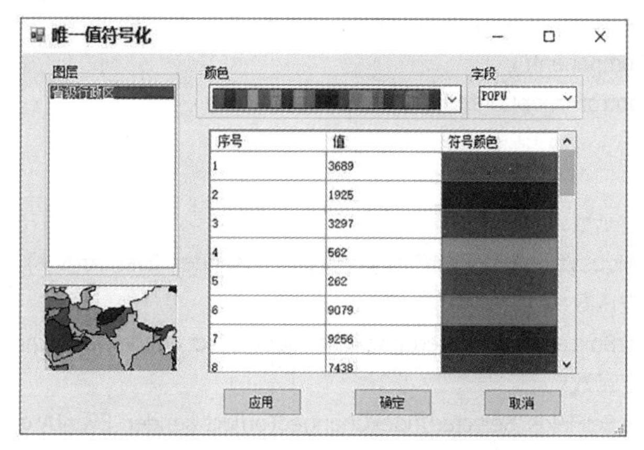

图 5-1　“唯一值渲染”对话框

5.3　功能实现

1. 界面设计

新建一个 Windows 窗体，命名为“UniqueValueRendererFrm. cs”。

从工具箱中拖一个 ListBox，二个 ComBox(图层列表，选择字段)，其中一个改为自定义派生类 ComBoxEx、一个 DataGridView，三个 Button 控件到窗体。控件属性说明详见表 5-1。

表 5-1　**控件属性说明**

控件	Name 属性	Text 属性	其他
ListBox	ListBoxLayers	选择图层	
Combox	cbxSelField	选择字段	
ComboxEx	imgcbxColorRamp	色带选择	自定义派生类
DataGridView	dataGridView1	显示值符号对	
Button	btnApp	应用	
Button	btnOK	确定	DialogResult. OK
Button	btnCancel	取消	

2. 结构设计

添加如下引用代码：

```
public partial class UniqueValueRendererFrm: Form
{
    IMapControl3 m_mapControl =null;
```

```
    public UniqueValueRendererFrm(IMapControl3 mapControl)
    {
        InitializeComponent();
        m_mapControl =mapControl;
    }

    //装载事件响应函数:
    private void UniqueValueRendererFrm_Load(object sender, EventArgs e)
    //图层选择响应函数:
    private void ListBoxLayers_SelectedIndexChanged(object sender, EventArgs e)
    //字段选择响应函数:
    private void cbxSelFields_SelectedIndexChanged(object sender, EventArgs e)
    //色带选择响应函数:
    private void imgcbxColorRamp_SelectedIndexChanged(object sender, EventArgs e)
    //确定钮响应函数:
    private void btnOK_Click(object sender, EventArgs e)
    //应用钮响应函数:
    private void btnApply_Click(object sender, EventArgs e)

    //核心函数:获取唯一值集合
    public IEnumerator GetUniqueValues(IFeatureLayer pfeaturelayer, string strFldName,
                                        out int nUValueCount)
    //核心函数:唯一值渲染控制
    private void UniqueValueRenderer(IFeatureLayer pFeatLyr, string sFieldName)

    //===若干辅助函数===
    //唯一值集合函数
    public IEnumerator GetUniqueValues(IFeatureLayer pfeaturelayer, string strFldName,
                                        out int nUValueCount)
    // 将某一字段的唯一值显示在 DataGridView
    private void DisplayValues(IEnumerator pEnumVariantSimple)
    // 初始化色带 ComBoxEx 控件(使用 ArcEngine 自带符号库中的随机色带)
    private void InitColorRamp(string sStyleFile)
    // 创建特定符号
    private ISymbol CreateDefinedSymbol(esriGeometryType shpType, IColor pNextUniqueColor)
}
```

3. 实现响应函数

图层变化响应函数 ListBoxLayers_SelectedIndexChanged( )：当图层选定后，该函数将该层适合唯一值符号化的字段名，填充到字段下拉框；

字段选择响应函数 cbxSelFields_SelectedIndexChanged( )：当选定一字段时，该函数完成如下工作：

（1）获取字段唯一值集合（用 GetUniqueValues 辅助函数）；

（2）显示字段可能的唯一值（用 DisplayValues 辅助函数）；

（3）激活色带选择响应函数。

色带选择响应函数 imgcbxColorRamp_SelectedIndexChanged（）：选定色带后，该函数在 DataGridView 中颜色列中，将单元背景色设置为指定色带的相应值。

4. 唯一值集合函数

GetUniqueValues（...）函数获取图层中渲染字段的唯一值的集合，用 IDataStatistics 接口实现，使用前应先要拿到要素类的查询游标赋值给接口的 Cursor 属性。

代码如下：

```
//创建过滤器
IQueryFilter pQueryFilter =new QueryFilter();
pQueryFilter. SubFields =strFldName;
//创建游标（结果只有一个字段）
IFeatureClass pFeatureClass =pfeaturelayer. FeatureClass;
IFeatureCursor pFeatureCursor =pFeatureClass. Search(pQueryFilter, true);
//创建数据统计对象
IDataStatistics pDastStat =new DataStatistics();
{
    pDastStat. Field =strFldName;
    pDastStat. Cursor =(ICursor)pFeatureCursor;
}
//取得唯一值集合
functionReturnValue =pDastStat. UniqueValues;
nUValueCount =pDastStat. UniqueValueCount;
```

5. 唯一值渲染的调度函数

UniqueValueRenderer（）函数是唯一值渲染的调度函数，步骤如下：

（1）创建唯一值渲染器；

（2）根据 DataGridView 表，为每个“值”配置一个符号；

（3）为要素类设置渲染器。

代码如下：其中用到 CreateDefinedSymbol（）根据要素的集合类型创建相应类型符号，

```
//创建唯一值渲染器：
IUniqueValueRenderer pUniqueValueRender =new UniqueValueRendererClass();
pUniqueValueRender. FieldCount =1;//设置唯一值符号化的关键字段为一个
pUniqueValueRender. set_Field(0, sFieldName);//设置唯一值符号化的第一个关键字段
//为每个字段值配置颜色
esriGeometryType shpType =pFeatLyr. FeatureClass. ShapeType;
for (int i =0; i < dataGridView1. RowCount; i++)
    {
        object vntUniqueValue =dataGridView1[1, i]. Value;
        Color uniqueColor =this. dataGridView1[2, i]. Style. BackColor;
```

```
            ISymbol pSymbol =CreateDefinedSymbol(shpType, ColorToIRgbColor(uniqueColor));
            pUniqueValueRender. AddValue(vntUniqueValue. ToString(),"", pSymbol);
        }
        //将渲染器赋值给要素层
        IGeoFeatureLayer pGeoFeatLyr =pFeatLyr as IGeoFeatureLayer;
        pGeoFeatLyr. Renderer =pUniqueValueRenderas IFeatureRenderer;
```

6. 辅助函数

InitColorRamp( )辅助函数，使用 ArcEngine 自带符号库中的随机色带初始化 ComBoxEx 控件，代码如下：

```
//获取 ArcEngine 自带符号库中的随机色带;
IStyleGallery styleGallery =new ServerStyleGalleryClass();
IStyleGalleryStorage styleGalleryStorage =styleGallery as IStyleGalleryStorage;
styleGalleryStorage. AddFile(sStyleFile);
IEnumStyleGalleryItem enumStyleGalleryItem =styleGallery. get_Items("Color Ramps", sStyleFile, "");
//填充 ComboBoxEx
IStyleGalleryItem styleGalleryItem =enumStyleGalleryItem. Next();
while (styleGalleryItem ！ = null)
{
    IColorRamp pColorRamp =styleGalleryItem. Item as IColorRamp;
    if (pColorRamp is IRandomColorRamp)
    {
        pColorRamp. Size =100;
        bool createRamp;
        pColorRamp. CreateRamp(out createRamp);
        imgcbxColorRamp. Items. Add(new ItemEx(pColorRamp. Colors));
    }
    styleGalleryItem =enumStyleGalleryItem. Next();
}
```

其中 imgcbxColorRamp 是自定义的色带控件 ComBoxEx 对象，有关内容参看 5. 4。此外还需要实现 DisplayValues、CreateDefinedSymbol 辅助函数。及 GetFeatureLayer ( ) 和 GetLayers( )，ColorToIRgbColor( )三个辅助函数，请参阅之前有关内容。

完整代码如下：

代码(5. 3)

5. 4　ComboBoxEx 派生类

为使 ComboBox 控件支持色带显示，编写 ComboBox 派生类 ComboBoxEx，重点是重载

OnDrawItem(...)函数，这里支持渐变色带和随机色带，由 isUniqueValue 属性控制。

完整代码如下：

代码(5.4)

5.5　调用唯一值渲染窗体

在“Theme”Tab 页上添加“Unique Value”按钮，建立 Click 响应函数，代码如下：

```
private voidbtnUniqueValue_Click(object sender, EventArgs e)
{
    UniqueValueRendererFrm frm =new UniqueValueRendererFrm ( m_mapContrl );
    If( frm. ShowDialog( ) = = DialogResult. OK )
    {
        _AxMapControl. ActiveView. Refresh();
        _AxMapControl. Update();
    }
}
```

5.6　编译运行

按下 F5 键，编译运行程序。

以上适用于 Windows 10+VS2015+AE10. 5 编译环境。

测试数据位于数据库：. . . \\Data(Book)\Cartographic\China+. gdb。

第 6 章　分级符号渲染

6.1　知识要点

分级渲染绘制方法是：先对要素图层的要素类中的字段值进行分级，然后对每个分级区间进行颜色渲染，ClassBreaksRendererClass 对象类实现了 IClassBreaksRendererClass 接口，该接口定义了几个重要属性和方法。

(1)Field：分级字段名；

(2)BreakCount：分级级数；

(3)set_Break(int Index，double Value)：设置分级对应的值；

(4)set_Symbol(int Index，ISymbol sym)：设置该分级的对应符号。

分级渲染绘制的步骤：

◆　遍历图层中的所有要素，获取渲染字段分级数组；

◆　创建一个 ClassBreaksRendererClass 对象；

◆　为每个分级区间配置一个相应符号；可按符号尺寸或符号颜色配置，或两者都有；

◆　然后将渲染器赋给图层的 Renderer 属性。

6.2　功能描述

点击【Theme】Tab 页上【Class Symbol】按钮，弹出“分级符号渲染”对话框，如图 6-1 所示。

可选择图层和符号化字段：这里设计支持三种方式：

(1)颜色变化，符号大小不变，样式字符串= Clolor；

(2)符号大小变化，颜色不变，样式字符串= Size；

(3)符号颜色和大小都变化，样式字符串= Both。

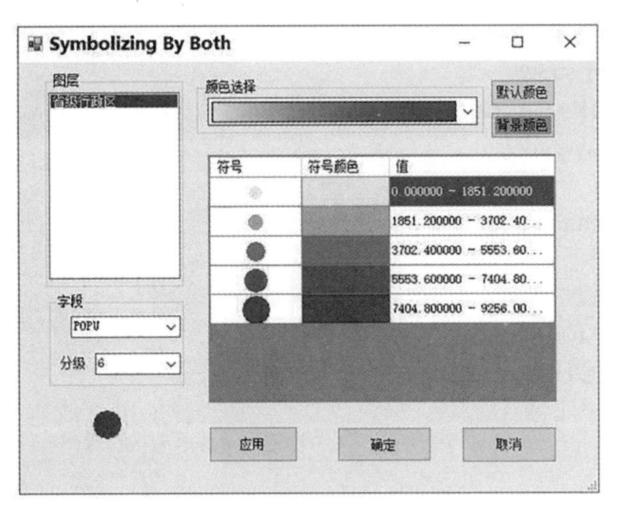

图 6-1　“分级符号渲染”对话框

6.3　功能实现

1. 界面设计

新建一个 Windows 窗体，命名为“GraduatedSymbolsFrm. cs”。

从工具箱拖两个 ComBox(图层列表，选择字段)、两个 Button(btnOK、Cancel)控件到窗体，详见表 6-1。

表 6-1　　控件属性

控件	Name 属性	Text 属性	其他
ListBox	ListBoxLayers	选择图层	
Combox	cbxSelField	选择字段	
Combox	cbxClassNumber	分级数量	
ComboxEx	imgcbxColorRamp	色带选择	自定义派生类
Button	btnBackgroundColor	背景颜色	面类地物有用
Button	btnSymbolColor	符号颜色	默认颜色
DataGridView	dataGridView1	显示值符号对	其中【符号】列类型为：DataGridViewImageColumn
Button	btnApp	应用	
Button	btnOK	确定	DialogResult. OK
Button	btnCancel	取消	

2. 类结构设计

添加代码如下：

```
public partial class GraduatedSymbolsFrm: Form
{
```

```
    IMapControl3 m_mapControl=null;
    private string m_strStyle="";
    //样式字符串属性(Size,Color,Both之一)
    public string _StyleString
    {
        get  {  return m_strStyle; }
        set
        {
            m_strStyle =value;
            this.Text="Symbolizing By "+m_strStyle;
        }
    }

    public GraduatedSymbolsFrm(IMapControl3 mapControl)
    {
        InitializeComponent();
        m_mapControl=mapControl;

        //设置样式默认值:
        _StyleString  ="Size";
    }

    //图层选择响应函数:
    private void ListBoxLayers_SelectedIndexChanged(object sender, EventArgs e)
    //字段选择响应函数:
    private void cbxSelFields_SelectedIndexChanged(object sender, EventArgs e)
    //色带选择响应函数:
    private void imgcbxColorRamp_SelectedIndexChanged(object sender, EventArgs e)
    //分级选择响应函数:
    private void cbxClassNumber_SelectedIndexChanged(object sender, EventArgs e)
    //确定钮响应函数:
    private void btnOK_Click(object sender, EventArgs e)
    //应用钮响应函数:
    private void btnApply_Click(object sender, EventArgs e)

    //核心函数:
    //获取分级数组
    public double[] GetClassesArray(IFeatureLayer pFeatLyr, string sFieldName, int numclasses)
    //渲染调度函数
    public void GraduatedSymbolsRenderer(IFeatureLayer pFeatLyr, string sFieldName,
                                        int numclasses)
}
```

3. 实现响应函数

(1)窗体加载时(frmGraduatedSymbols_Load),填充图层列表框,初始化色带ComboxEx对象;

(2)图层选定后(ListBoxLayers_SelectedIndexChanged),响应函数将该层适合分级符号化的字段名,填充到字段下拉框。

(3)字段选择后(cbxSelFields_SelectedIndexChanged),用GetClassesArray()辅助函数获取分级数组,DisplayValues()显示字段分级图,然后激活色带选择响应函数。代码如下:

```
//获取字段的分级数组
FeatureLayer pFeatLyr =GetFeatureLayer(...);
string sFieldName =this. cbxSelFields. SelectedItem. ToString();
int numclasses =this. cbxClassNumber. SelectedIndex;
double[] clsValues =GetClassesArray(pFeatLyr, sFieldName, numclasses);
//重新填充值列
DisplayValues(clsValues);
//配置颜色符号
imgcbxColorRamp_SelectedIndexChanged(sender, e);
```

(4)色带选择响应函数:遍历DataGridView中"值"列,对每个值完成如下工作:

◆ 对每列生成一个符号,如果符号的大小和颜色与_StyleString相关,可支持符号大小和符号颜色的不同组合;

◆ 将DataGridView中"颜色"列的单元背景色设置为符号颜色;

◆ 将DataGridView中"符号"列的单元值设置为依符号绘制的Image;

代码如下:

```
IFeatureLayer pFeatLyr =GetFeatureLayer(ListBoxLayers. SelectedItem. ToString());
int ClassesCount =this. cbxClassNumber. SelectedIndex;
//创建渐变色带
IEnumColors pEnumColors =CreateAlgorithmicColorRamp(ClassesCount);
// 设置符号原始尺寸和颜色
double OriginSize =(ClassesCount <= 5) ? 8: 7;
IColor OriginColor =this. ColorToIRgbColor(this. btnDefaultColor. BackColor);
//获取要素类的几何类型
esriGeometryType shpType =pFeatLyr. FeatureClass. ShapeType;
//需要注意的是分级着色对象中的 symbol 和 break 的下标都是从 0 开始
for (int i =0; i < DataGridView. RowCount; i++)
{
        pNextColor =pEnumColors. Next();
    //生成不同的分级符号
    ISymbol pSymbol =CreateDefinedSymbol(shpType, nSize, pNextColor);
    //符号画成图片
    Size size =this. DataGridView[0, i]. Size;
    Bitmap bitmap =SymbolToBitmap(pSymbol, 0, size. Width, size. Height);
```

```
        this. pictureBox1. Image =bitmap;
        //填充 DataGridCell
        this. DataGridView[0, i]. Value =bitmap;
        this. DataGridView[1, i]. Style. BackColor =ColorTranslator. FromOle(pNextColor. RGB);
    }
```

4. 分级数组函数

GetClassesArray(...)是分级数组获取函数，实现方法是先用 IBasicHistogram 接口获取渲染字段出现过的值及其频数，然后使用 IClassifyGEN 进行等级划分(为简化起见，函数中仅用等间距分类法进行划分，ArcEngine 还支持自然断点划分、自定义划分、分位数划分、标准差划分等，可参考第 15 章栅格数据重分类)，代码如下：

```
//获得要着色的图表接口
ITable pTable =pGeoFeatureL. FeatureClass as ITable;
//创建哈希表
ITableHistogram pTableHistogram =new BasicTableHistogramClass();
IBasicHistogram pBasicHistogram =(IBasicHistogram)pTableHistogram;
pTableHistogram. Field =sFieldName;
pTableHistogram. Table =pTable;
//获取渲染字段出现过的值及其频数
object dataValues;
object dataFrequency;
pBasicHistogram. GetHistogram(out dataValues, out dataFrequency);
//依据"值-频数"数据进行等级划分
IClassifyGEN pClassify =new EqualIntervalClass();
    pClassify. Classify(dataValues, dataFrequency,ref numclasses);
//获取一个数组
double[] dClasses =(double[])pClassify. ClassBreaks;
```

5. 分级渲染调度函数

GraduatedSymbolsRenderer(...)是分级渲染的调度函数：

(1)首先根据图层中选定字段获取分级数组；

(2)创建渐变色带；

(3)创建分级符号渲染器 GraduatedSymbolsRenderer；

(4)然后为不同分级配置不同大小和颜色的符号；

(5)渲染器绑定到图层。代码如下：

```
//获取分级数组
double[] Classes =GetClassesArray(pFeatLyr, sFieldName, numclasses);
int ClassesCount =Classes. GetUpperBound(0);
//创建渐变色带
IEnumColors pEnumColors =CreateAlgorithmicColorRamp(ClassesCount);
//创建分级渲染器
IClassBreaksRenderer pClassBreakRenderer =new ClassBreaksRendererClass();
```

```
{
    pClassBreakRenderer. Field =sFieldName;// 设置分级字段
    pClassBreakRenderer. BreakCount =ClassesCount;//设置分级数目
    pClassBreakRenderer. SortClassesAscending  =true;//升序排列
    //设置背景颜色,面状地物需要 .
    IFillSymbol backgroundSymbol =new SimpleFillSymbolClass();
    backgroundSymbol. Color  =ColorToIRgbColor(this. btnBackgroudColor. BackColor);
    pClassBreakRenderer. BackgroundSymbol =backgroundSymbol;
    //设置符号原始尺寸和颜色
    double OriginSize =(ClassesCount <= 5) ? 8: 7;
    IColor OriginColor =this. ColorToIRgbColor(this. btnDefaultColor. BackColor);
    //获取要素类的几何类型
    esriGeometryType shpType =pFeatLyr. FeatureClass. ShapeType;
    for (int IbreakIndex =0; IbreakIndex < ClassesCount; IbreakIndex++)
    {
        pNextColor =pEnumColors. Next();
        //不同的要素类型生成不同的分级符号
        ISymbol pSymbol =CreateDefinedSymbol(shpType, nSize, pNextColor);

        pClassBreakRenderer. set_Break(IbreakIndex, Classes[IbreakIndex+1]);
        pClassBreakRenderer. set_Symbol(IbreakIndex, pSymbol);
    }
}
```

6. 辅助函数

用到 SymbolToBitmapCalss 类请参看 6.4。此外还涉及两个 GetFeatureLayer( ) 和 GetLayers( )，ColorToIRgbColor( )，InitColorRamp( )辅助函数，请参阅之前有关内容。

完整代码如下：

代码(6.3)

6.4　SymbolToBitmapClass 类

SymbolToBitmapCalss 类实现将符号画成 Image 对象的功能，难点是根据指定的画板长宽等信息构建一个几何对象。然后将待转换符号转换成 ISymbol 接口，再用该接口的 Draw( )函数将符号绘制在有几何对象代表的矩形上。

完整代码如下：

代码(6.4)

6.5　调用分级符号渲染窗体

在“Theme”Tab 页上添加“Class Symbol”按钮，建立 Click 响应函数：

```
private void btnClassSymbol_Click(object sender, EventArgs e)
{
    GraduatedSymbolsFrm frm =new GraduatedSymbolsFrm( m_mapContrl );
    If( frm. ShowDialog( ) == DialogRezult. OK )
    {
        _AxMapControl. ActiveView. Refresh();
        _AxMapControl. Update();
    }
}
```

6.6　编译运行

按下 F5 键，编译运行程序。

测试数据位于数据库：... \\Data(Book) \Cartographic\China+. gdb。

第 7 章 统计图表符号渲染

7.1 知识要点

统计图表是专题地图中经常使用的一类符号，用来比较一个要素的多个属性的比率关系。常用的统计图表类型有饼图、条形图、柱状图、堆叠图等。

在 ArcGIS Engine 中，无论是制作饼图、条形图、柱状图还是堆叠图，都是由 ChartRenderer 类实现的，该类实现了 IChartRenderer、IRendererFields、IMarkerSymbol 等接口。IChartRenderer 接口的主要属性如下：

(1)BaseSymbol 属性用于设置背景填充符号(当统计图绘制在面要素上时)；

(2)ChartSymbol 属性用于设置统计图表的样式，包括 IBarChartSymbol、IPieChartSymbol 和 IStackedChartSymbol 等；

(3)IChartSymbol 接口的 MaxValue 属性设置统计值中的最大值；

(4)IRendererFields 接口记录参与计算的字段集合，IMarkerSymbol 接口的 Size 属性设置统计图表形状的最大值，如在柱状图中最大值表示最大高度。

实例代码的实现思路如下：

(1)遍历所选每一个字段的属性值的最大值，记录属性集合；

(2)根据不同的选择生成对应的图表符号。如果是条形图，则生成 BarChartSymbol；

(3)创建相应图表渲染器，并对渲染器属性赋值，包括 MaxValue 属性、ChartSymbol 属性、BaseSymbol 属性，字段集合 IRendererFields 填充。

(4)将图表渲染对象与渲染图层挂钩。

7.2 功能描述

点击“Theme”Tab 页上“Chart Symbol”按钮，弹出“统计图表符号渲染”对话框，如图 7-1 所示，可选择若干字段参与符号化计算：

功能设计支持三种不同的样式：

(1)饼图：样式类型字符=Bie；

(2)柱状图：样式类型字符=Bar；

(3)堆叠图：样式类型字符=Stacked。

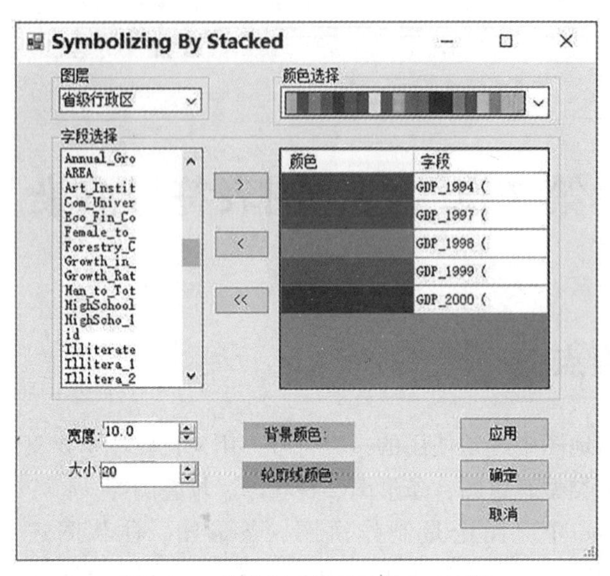

图 7-1 “统计图表符号渲染”对话框

7.3 功能实现

1. 界面设计

新建一个 Windows 窗体，命名为“ChartSymbolFrm. cs”。

从工具箱拖入表 7-1 的控件到窗体。

表 7-1 **控件属性说明**

控件	Name 属性	Text 属性	其他
ListBox	listBoxFields	选择字段	
Combox	cbxLyrSelected	选择图层	
ComboxEx	imgcbxColorRamp	色带选择	自定义派生类
NumericUpDown	numUpDownWidth	符号宽度	柱状图，堆叠图会用到
NumericUpDown	numUpDownSize	符号大小	用于柱状图，堆叠图时，代表其最大高度
Panel	PanelBackGroudColor	背景颜色	面类地物有用
Panel	panelLineColor	轮廓线颜色	默认颜色
DataGridView	dataGridView1	显示字段-符号对	
Button	btnSingleAdd	添加一个字段	
Button	btnSingleRemove	移除一个字段	
Button	btnAllRemove	移除所有字段	

续表

控件	Name 属性	Text 属性	其他
Button	btnApp	应用	
Button	btnOK	确定	DialogResult. OK
Button	btnCancel	取消	

2. 类结构设计

添加如下代码：

```
public partial class ChartSymbolFrm: Form
{
    private IMapControl3 m_mapControl;
    private DataTable m_pDataTable =null;
    private string m_strStyle ="";
    //样式字符串(Pie,Bar,Stacked 之一)
    public string _StyleString
    {
        get  { return m_strStyle;   }
        set
        {
            m_strStyle  =value;
            this. Text ="Symbolizing By "+m_strStyle;
        }
    }
    public ChartSymbolFrm(IMapControl3 mapControl)
    {
        InitializeComponent();
        m_mapControl =mapControl;

        m_pDataTable  =new DataTable();
        _StyleString  ="Pie"; //设置图表类型默认值:
    }
    //事件响应函数
    private void ChartSymbolFrm_Load(object sender, EventArgs e)
    private void cbxLyrSelected_SelectedIndexChanged(object sender, EventArgs e)
    private void imgcbxColorRamp_SelectedIndexChanged(object sender, EventArgs e)
    private void btnSingleAdd_Click(object sender, EventArgs e)
    private void btnSingleRemove_Click(object sender, EventArgs e)
    private void btnAllRemove_Click(object sender, EventArgs e)
    private void btnOk_Click(object sender, EventArgs e)
    private void btnApply_Click(object sender, EventArgs e)
```

```
    //渲染调度函数
    private void ChartRenderer()
    //核心函数
    private IChartSymbol CreateChartSymbol(string strType,double maxValue, bool isDislay3D)
    //若干功能函数
    private double GetMaxMinValue(ITable pTable, bool isMinimum)
    public IArray GetLayerFields(IFeatureLayer pfeaturelayer)
    private void FillSymbolArrayWithColor(ISymbolArray pSymbolsArray)
}
```

3. 响应函数

(1)装载事件发生后：响应函数(ChartSymbolFrm_Load)根据 Esri 提供的符号库初始化色带下拉框；

(2)图层选定后：响应函数 cbxLyrSelected_SelectedIndexChanged)将该层合法字段名填充到字段列表框；

(3)imgcbxColorRamp_SelectedIndexChanged 函数遍历 DataGridView 中"颜色"列：将单元背景色设置为色带指定颜色；

(4)btnSingleAdd_Click 函数：根据字段列表框中选定的字段，为 DataTable 添加新行等。

4. 核心函数

ChartRenderer()函数是图表渲染总的调度函数，实现步骤如下：

(1)创建背景符号；

(2)创建图表符号；

(3)创建图表渲染对象；

(4)将图表渲染对象与渲染图层挂钩。

具体代码如下：

```
//获取图层接口
IFeatureLayer _pLayer =GetFeatureLayer(...);
//创建背景符号:
ISymbol _pBaseSymbol =default(ISymbol);
{
    //生成背景颜色
    IColor BackGroudColor =ColorToIRgbColor(PanelBackGroudColor. BackColor);
    BackGroudColor. UseWindowsDithering  =true;
    _pBaseSymbol =CreateDefinedSymbol(_pLayer. FeatureClass. ShapeType, BackGroudColor);
}
//创建图表符号
double maxValue =GetMaxMinValue((ITable)_pLayer, false); //获取最大值
IChartSymbol _pChartSymbol =CreateChartSymbol(_StyleString, maxValue, true);
//创建图表渲染对象
```

```
IChartRenderer pChartRenderer=new ChartRenderer();
{
    //向渲染字段对象中添加选中的字段
    IRendererFields pRendererFields=(IRendererFields)pChartRenderer;
    for (int i=0; i < FieldsCount; i++)
    {
        string strValue=dataGridView1[1,i]. Value. ToString();
        pRendererFields. AddField(strValue, strValue);
    }

    //渲染器背景颜色,图表符号属性赋值
    pChartRenderer. BaseSymbol=_pBaseSymbol;
    pChartRenderer. UseOverposter  =false;
    pChartRenderer. ChartSymbol=_pChartSymbol;
    pChartRenderer. CreateLegend();
    //使用 IPieChartRenderer 接口设置有关属性
    IPieChartRenderer pPieChartRender=pChartRenderer as IPieChartRenderer;
    {
        //字段的最大值和最小值
        pPieChartRender. MinSize=30;
        pPieChartRender. MinValue=0;
        pPieChartRender. FlanneryCompensation  =false;
    }
}
//将图表渲染对象与渲染图层挂钩:
IGeoFeatureLayer pGeoFeatureLayer=(IGeoFeatureLayer)_pLayer;
pGeoFeatureLayer. Renderer=(IFeatureRenderer)pChartRenderer;
```

5. 辅助函数

CreateChartSymbol()函数根据类型字符串，创建不同类型的图表符号，包括 Pie、Bar、Stacked 三种。实现代码分别如下：

(1)Pie：

```
//创建饼图符号:
IPieChartSymbol pPieChartSymbol=new PieChartSymbolClass();
{
    pPieChartSymbol. Clockwise=true;
    //设置轮廓线
    ILineSymbol pOutLine=new SimpleLineSymbolClass();
    pOutLine. Color=ColorToIRgbColor(panelLineColor. BackColor);
    pOutLine. Width=1. 0;
    pPieChartSymbol. UseOutline=true;
    pPieChartSymbol. Outline=pOutLine;
```

```
    //设置饼图符号大小
    IMarkerSymbol pMarkerSymbol =(IMarkerSymbol)pPieChartSymbol;
    pMarkerSymbol. Size =Convert. ToDouble(numUpDownSize. Value);
    //填充符号数组
    ISymbolArray pSymbolArray =(ISymbolArray)pPieChartSymbol;
    FillSymbolArrayWithColor(pSymbolArray);
}
```

(2) Bar:

```
IBarChartSymbol pBarChartSymbol =new BarChartSymbolClass();
{
    //设置柱状图宽度
    pBarChartSymbol. Width =Convert. ToDouble(numUpDownWidth. Value);
    //设置柱状图最大高度
    IMarkerSymbol pMarkerSymbol =(IMarkerSymbol)pBarChartSymbol;
    pMarkerSymbol. Size =Convert. ToDouble(numUpDownSize. Value);
    //填充符号数组
    ISymbolArray pSymbolArray =(ISymbolArray)pBarChartSymbol;
    FillSymbolArrayWithColor(pSymbolArray);
}
```

(3) Stacked:

```
IStackedChartSymbol pStackedChartSymbol =new StackedChartSymbolClass();
{
    //设置轮廓线
    ILineSymbol pOutLine =new SimpleLineSymbolClass();
    pOutLine. Color =ColorToIRgbColor(panelLineColor. BackColor);
    pOutLine. Width =1. 0;
    pStackedChartSymbol. UseOutline =true;
    pStackedChartSymbol. Outline =pOutLine;
    //设置堆状图宽度
    pStackedChartSymbol. Width =Convert. ToDouble(numUpDownWidth. Value);
    //设置堆状图最大高度
    IMarkerSymbol pMarkerSymbol =(IMarkerSymbol)pStackedChartSymbol;
    pMarkerSymbol. Size =Convert. ToDouble(numUpDownSize. Value);
    //填充符号数组
    ISymbolArray pSymbolArray =(ISymbolArray)pStackedChartSymbol;
    FillSymbolArrayWithColor(pSymbolArray);
}
```

此外：GetMaxMinValue 取得指定字段的最大最小值，使用 IDataStatistics 接口实现；GetLayerFields 函数获取图层的有用字段数组；FillSymbolArrayWithColor 函数、依据 DataGridView 中给定的各字段选项背景颜色，构建填充符号数组。

还涉及两个 GetFeatureLayer 和 GetLayers，ColorToIRgbColor，CreateDefinedSymbol，

InitColorRamp 辅助函数，请参阅之前有关内容。

完整代码如下：

代码(7.3)

7.4　调用分级符号渲染窗体

在“Theme”Tab 页上添加“Chart Symbol”按钮，建立响应函数：

```
private void btnChartSymbol_Click(object sender, EventArgs e)
{
    ChartSymbolFrm frm =new ChartSymbolFrm(m_mapControl);
    frm. _StyleString ="Stacked";//"Bar";
    if (frm. ShowDialog() = = DialogResult. OK)
    {
        //更新主 Map 控件和图层控件
        this. _AxMapControl. ActiveView. Refresh();
        this. _AxMapControl. Update();
    }
}
```

7.5　编译运行

按下 F5 键，编译运行程序。

测试数据位于数据库：... \\Data(Book)\Cartographic\China+. gdb。

第 8 章　栅格数据渲染

8.1　知识要点

栅格数据渲染主要有两种方法：一是唯一值色彩渲染法，适用于离散有限值域栅格数据，用到 UniqueValueRendererClass 类，用法与要素类唯一值渲染类似；二是分级色彩渲染法，IRasterClassifyColorRampRenderer，用法与要素类分级渲染类似。它们与要素类的主要区别在于：取得唯一值集合和分级数组的方法不同。

对于唯一值渲染，栅格数据的属性表已经包含了唯一值集合，比矢量数据更简单；

对于分级渲染法，如果栅格数据存在属性表(或能够重建属性表)，属性表已包含值(Value)-频数(Count)数据，可以使用 Histogram 提取 Value-Frequency 数组。如果不存在属性表，使用波段(通常第一波段)的 Histogram 表获取波段 0~255 值的频数数组，然后将 0~255 值拉伸(或压缩)为实际值数组。

分级渲染绘制的步骤如下：

- ◆ 获取分级数组；
- ◆ 创建一个 IRasterClassifyColorRampRenderer 对象；
- ◆ 为每个分级区间配置一个相应的颜色；
- ◆ 将渲染器赋给图层的 Renderer 属性。

8.2　功能描述

点击“Theme”Tab 页上“Raster Graduate”按钮，弹出“栅格分级渲染”对话框，如图 8-1 所示，可选择图层和符号化字段。

点击“确定”按钮，得到符号化效果。

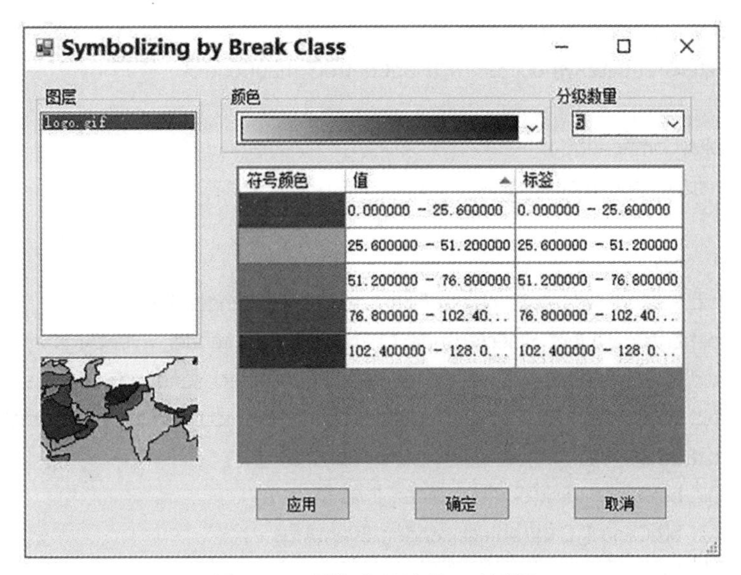

图 8-1　“栅格分级渲染”对话框

8.3　功能实现

1. 新建 Windows 窗体

新建 Windows 窗体，将其命名为“RasterGraduateSymbolizeFrm. cs”。

从工具箱拖到表 8-1 中的控件到窗体。

表 8-1　　控件属性说明

控件	Name 属性	Text 属性	其他
ListBox	ListBoxLayers	选择图层	
Combox	cbxClassNumber	分级数量	
ComboxEx	imgcbxColorRamp	色带选择	自定义派生类
DataGridView	dataGridView1	显示值符号对	
Button	btnApp	应用	
Button	btnOK	确定	DialogResult. OK
Button	btnCancel	取消	

添加如下代码：

```
public partial class RasterGraduateSymbolizeFrm: Form
{
    private IMapControl3 m_mapControl =null;
    private IRasterBand m_bandRaster =null;
```

```
        private bool _isTableExisted =true;
        public RasterGraduateSymbolizeFrm(IMapControl3 mapControl)
        {
            InitializeComponent();
            m_mapControl =mapControl;
        }
        //事件响应函数
        private void RasterGraduateSymbolizeFrm_Load(object sender, EventArgs e)
        private void ListBoxLayers_SelectedIndexChanged(object sender, EventArgs e)
        private void cbxClassNumber_SelectedIndexChanged(object sender, EventArgs e)
        private void imgcbxColorRamp_SelectedIndexChanged(object sender, EventArgs e)
        private void btnOk_Click(object sender, EventArgs e)
        private void btnApply_Click(object sender, EventArgs e)
        private void btnCancel_Click(object sender, EventArgs e)
        //核心功能函数
        private void RasterBreakClassRenderer()
        private double[] CreateStretchBreakClass(IRasterBand pRsBand, int numDesiredClasses)
        private double[] CreateBreakClass(IRasterBand pBand, int numDesiredClasses)
        //若干辅助函数
        private bool RebuildRasterAttribute(IWorkspace workspace, string rstFileName)
        private void DisplayValues(double[] clsValues)
        private IEnumColors CreateAlgorithmicColorRamp(int ClassesCount)
    }
```

2. 实现响应函数

（1）加载响应函数（RasterGraduateSymbolizeFrm_Load：填充图层列表框，初始化色带 ComboxEx 对象。

（2）RasterGraduateSymbolizeFrm_Load 函数，遍历 DataGridview 中“颜色”列，将单元背景色设置为符号颜色。

（3）输入图层选择响应函数，步骤如下：

①先取第一波段，确定栅格数据是否存在属性表；

②如果不存在，程序试图重建属性表；

③创建分级数据组，如果属性表存在，使用 CreateBreakClass（）函数，不存在使用 CreateStretchBreakClass（）函数；

④在数据表上显示分级区间；

⑤激活色带选择事件。代码如下：

```
IRasterLayer rasterLayer =this. GetRasterLayer(...);
//取得栅格数据的波段数据
IRasterBandCollection pBandCol =rasterLayer. Raster as IRasterBandCollection;
m_bandRaster =pBandCol. Item(0);
m_bandRaster. HasTable(out _isTableExisted);
```

```
//如果属性表不存在,尝试重建属性表
if (! _isTableExisted)
{
    IRasterProps rasterProps =(IRasterProps)rasterLayer. Raster;
    if (rasterProps. PixelType ! = rstPixelType. PT_DOUBLE &&
        rasterProps. PixelType ! =rstPixelType. PT_FLOAT)
    {
        IDataset pDataset =rasterLayer as IDataset;
        _isTableExisted =RebuildRasterAttribute(pDataset. Workspace, pDataset. Name);
    }
}
//创建分级数据
int numDesiredClasses =this. cbxClassNumber. SelectedIndex;
double[] clsValues =(this. _isTableExisted) ?
                    CreateBreakClass(m_bandRaster, numDesiredClasses):
                    CreateStretchBreakClass(m_bandRaster, numDesiredClasses);
//在数据表上显示分级区间
DisplayValues(clsValues);
//激活色带事件
imgcbxColorRamp_SelectedIndexChanged(sender, e);
```

3. 核心函数实现

1) CreateBreakClass 函数

实现原理：通过 IBasicHistogram 接口对栅格数据波段的属性表进行分析，获取值-频数数组，然后使用 EqualInterval 类进行等级划分，得到分级数组。代码如下：

```
//构造 Histogram
ITableHistogram pTableHistogram =new ESRI. ArcGIS. Carto. BasicTableHistogramClass();
IBasicHistogram pHistogram =pTableHistogram as IBasicHistogram;
pTableHistogram. Field ="Value";
pTableHistogram. Table =pBand. AttributeTable;
//提取值和频数数据组
object dataFrequency =new object();
object dataValues =new object();
pHistogram. GetHistogram(out dataValues, out dataFrequency);
//等间距分级
IClassifyGEN pClassify =new EqualInterval();
pClassify. Classify(dataValues, dataFrequency,ref numDesiredClasses);
return pClassify. ClassBreaks as double[];
```

2) CreateStretchBreakClass 函数

实现原理：直接使用波段的 IBasicHistogram 属性，获取 0~255 值-频数数组，然后依据栅格数据的最大值和最小值，通过拉伸(或压缩)构造出实际的值-频数数组，再使用 EqualInterval 类进行等级划分，得到分级数组。代码如下：

```
//获取 Bnd 0~255 值的频数数据组;
IRasterHistogram pRasterHistogram =pRsBand. Histogram;
double[] dblCounts =pRasterHistogram. Counts as double[];
int ValueCount =dblCounts. Length;
//获取 Band 统计数据:
IRasterStatistics pRasterStatistic =pRsBand. Statistics;
double dMaxValue =pRasterStatistic. Maximum;
double dMinValue =pRasterStatistic. Minimum;
//构造值数组
double[] dblValues =new double[ValueCount];
{
    double BinInterval =Convert. ToDouble((dMaxValue-dMinValue) / ValueCount);
    for (Int I=0; I < ValueCount; I++)
    {
        dblValues[i] =i *  BinInterval+pRasterStatistic. Minimum;
    }
}
IClassifyGEN pClassify =new GeometricalIntervalClass();
pClassify. Classify(dblValues, dblCounts,ref numDesiredClasses);
return pClassify. ClassBreaks as double[];
```

3) RasterBreakClassRenderer 函数

RasterBreakClassRenderer 函数是分级渲染的调度函数，具体实现步骤如下：

(1)获取分级数组；

(2)创建渐变色带；

(3)创建分级渲染器 RasterClassifyColorRampRendererClass；

(4)然后为不同分级配置不同颜色的符号；

(5)渲染器绑定到图层。

代码如下：

```
//获取分级数据
double[] Classes =(this. isTableExisted) ?
                CreateBreakClass(m_bandRaster, numDesiredClasses):
                Classes =CreateStretchBreakClass(m_bandRaster, numDesiredClasses);
int ClassesCount =Classes. GetUpperBound(0);

//创建色带
IEnumColors pEnumColors =CreateAlgorithmicColorRamp(ClassesCount+1);
//建立渲染器
IRasterClassifyColorRampRenderer pClassBreaksRenderer =null;
pClassBreaksRenderer  =new RasterClassifyColorRampRendererClass();
{
    //设置渲染器"值"字段属性,分级数量,排序规则
```

```
        pClassBreaksRenderer. ClassField  ="Value";
        pClassBreaksRenderer. ClassCount =ClassesCount+1;
        pClassBreaksRenderer. SortClassesAscending  =true;
        //为不同分级值配置不同颜色的符号
        for (int breakIndex =0; breakIndex <= ClassesCount; breakIndex++)
        {
            ISimpleFillSymbol pFillSymbol =new SimpleFillSymbol();
            pFillSymbol. Color =pEnumColors. Next();
            pFillSymbol. Style  =esriSimpleFillStyle. esriSFSSolid;
            pClassBreaksRenderer. set_Symbol(breakIndex, pFillSymbolas ISymbol);
            pClassBreaksRenderer. set_Break(breakIndex, Classes[breakIndex]);
            pClassBreaksRenderer. set_Label(breakIndex, Classes[breakIndex]. ToString());
        }
    }
    //渲染器绑定到图层
    IRasterLayer rasterLayer =this. GetRasterLayer(...);
    rasterLayer. Renderer =pClassBreaksRendereras IRasterRenderer;
```

4. 说明

还涉及 InitColorRamp( )等辅助函数，请参阅之前有关内容。完整代码如下：

代码(8. 3)

8. 4　调用分级符号渲染窗体

在“Theme”Tab 页上添加“Raster Graduate”按钮，建立 Click 响应函数：

```
private void btnRasterGraduate_Click(object sender, EventArgs e)
{
    RasterGraduateSymbolizeFrm frm =new RasterGraduateSymbolizeFrm(m_mapControl);
    if (frm. ShowDialog()  = = DialogResult. OK)
    {
        //更新主 Map 控件和图层控件
        this. _AxMapControl. ActiveView. Refresh();
        this. _AxMapControl. Update();
    }
}
```

8.5　编译运行

按下 F5 键，编译运行程序。

测试数据位于目录：...\\Data(Book)\Cartographic\China(shp)。

第9章 图层标注

9.1 知识要点

在 ArcGIS Engine 中，可以用更复杂的方法对要素图层进行标注。涉及 ILabelEngineLayerProperties、IAnnotateLayerPropertiesCollection、IAnnotateLayerProperties 等接口。

LabelEngineLayerProperties 是与某个要素图层关联的，用于描述要素图层的标注 LabelEngineLayerProperties 类实现了 ILabelEngineLayerProperties 接口，主要属性如下：

◆ Expression 属性用于通过 VBScript 或 JAScript 设置标注表达式或格式化标注字段；

◆ BasicOverposterLayerProperties 属性用于设置标注位置，并有处理标注冲突的功能；

◆ Symbol 属性用于设置标注字体的格式。

AnnotateLayerPropertiesCollection 是一个要素图层的属性，可自 IGeoFeaturelayer 的 AnnotationProperties 属性获取，它是标注对象(LabelEngineLayerProperties)的集合。

9.2 功能描述

在图层操作浮动菜单上点击“Layer Label”菜单项，弹出“图层标注”对话框，如图 9-1 所示。

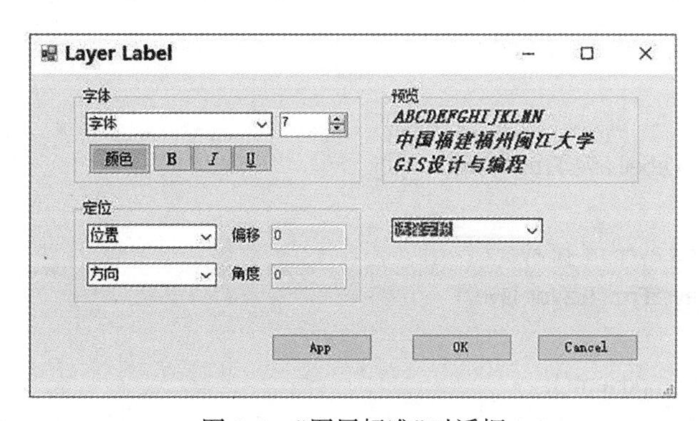

图 9-1 “图层标准”对话框

9.3　功能实现

1. 功能类界面设计

新建一个 Windows 窗体，命名为“LabelLayerFrm. cs”。

从工具箱拖动表 9-1 列出的控件到窗体。

表 9-1　　控件属性说明

控件	Name 属性	含义	其他
Combox	cbxField	标注字段	
Combox	cbxFont	字体	
NumericUpdown	nudSize	字体大小	
Button	btnColor	字体颜色	
Button	btnBold	粗体	
Button	btnItalic	斜体	
Button	btnUnderline	下画线	
Combox	cbxPosition	标注位置	
Combox	cbxOrentation	标注方向	
TextBox	txtOffset	标注偏移	
TextBox	txtAngle	标注角度	
RichTextBox	rtxtPreview	预览	
Button	btnApp	应用	
Button	btnOK	确定	DialogResult. OK
Button	btnCancel	取消	

2. 类结构设计

添加如下代码：

```
public partial class LabelLayerFrm: Form
{
    public IFeatureLayer m_pLayer;
    public LabelLayerFrm(ILayer layer)
    {
        InitializeComponent();
        m_pLayer =layeras IFeatureLayer;
    }
    //事件响应函数
```

```
    private void LabelLayerFrm_Load(object sender, EventArgs e)
    private void btnColor_Click(object sender, EventArgs e)
    private void btnBold_Click(object sender, EventArgs e)
    private void btnItalic_Click(object sender, EventArgs e)
    private void btnUnderline_Click(object sender, EventArgs e)
    private void nudSize_ValueChanged(object sender, EventArgs e)
    private void btnOK_Click(object sender, EventArgs e)
    private void btnApp_Click(object sender, EventArgs e)
    //核心功能函数
    private void LayerLabel()
    //辅助函数
    private esriOverposterPointPlacementMethod getPointPlacementMethod()
    private ILineLabelPosition getLineLabelPosition()
    private esriOverposterPolygonPlacementMethod getPolygonOrentationMethod()
    private System. Drawing. Font CreateFont()
    private void Preview()
    public IColor ColorToIRgbColor(Color color)
}
```

3. 实现响应函数

窗体加载时，LabelLayerFrm_Load 填充字段下拉框，填充字体下拉框，填充标注位置和方向下拉框；注意：控制字体的黑体、斜体、下划线三种属性的按钮，背景颜色在两个颜色中切换：它们是 AntiqueWhite、btnOK 的背景色，呈现 AntiqueWhite 颜色表示该属性被选中。

4. 核心函数实现

LayerLabel(...)是实现标注的总调度函数，步骤如下：

(1)清空默认注记属性；

(2)创建标注引擎：包括配置表达式、配置位置属性、配置文本符号；

(3)标注引擎添加到注记属性集。代码如下：

```
//清空默认注记属性
IGeoFeatureLayer pGeoFeatureLayer =m_pLayer as IGeoFeatureLayer;
pGeoFeatureLayer. AnnotationProperties. Clear();
//创建标注引擎
ILabelEngineLayerProperties pLableEngine =new LabelEngineLayerPropertiesClass();
{
    //配置表达式
    string pLable ="["+cbxField. SelectedItem. ToString()+"]";
    pLableEngine. IsExpressionSimple  =true;
    //配置位置属性
    IBasicOverposterLayerProperties4 pBasic4 =new BasicOverposterLayerPropertiesClass();
    pBasic4. NumLabelsOption  =esriBasicNumLabelsOption. esriOneLabelPerShape;
    switch (m_pLayer. FeatureClass. ShapeType)
```

```
        {
            case esriGeometryType. esriGeometryPoint:
                pBasic4. PointPlacementMethod  =this. getPointPlacementMethod();
                pBasic4. BufferRatio  =double. Parse(txtOffset. Text);
                pBasic4. PointPlacementAngles  =new double[1] { double. Parse(txtAngle. Text) };
                break;
            case esriGeometryType. esriGeometryPolyline:
                break;
            case esriGeometryType. esriGeometryPolygon:
                break;
        }
        pLableEngine. BasicOverposterLayerProperties =pBasic4 as IBasicOverposterLayerProperties;
        //配置文本符号
        ITextSymbol pTextSymbol =new TextSymbolClass();
        pTextSymbol. Font  =OLE. GetIFontDispFromFont(CreateFont()) as   IFontDisp;
        pTextSymbol. Color =ColorToIRgbColor(this. btnColor. BackColor);
        pLableEngine. Symbol =pTextSymbol;
    }
    //标注引擎属性添加到主机属性集:
    pGeoFeatureLayer. AnnotationProperties. Add(pLableEngineas IAnnotateLayerProperties);
    pGeoFeatureLayer. DisplayAnnotation  =true;
```

5. 辅助函数

提供线类型定位和角度等。

完整代码如下:

代码(9.3)

9.4　调用图层标注窗体

在图层浮动菜单上添加 Label Layer 菜单项，建立如下响应函数:

```
private void labelLayerToolStripMenuItem_Click(object sender, EventArgs e)
{
    LabelLayerFrm labelLyrFrm =new LabelLayerFrm(m_tocRightLayer);
    if (labelLyrFrm. ShowDialog() == DialogResult. OK)
    {
        _mapControl. Refresh(esriViewDrawPhase. esriViewGraphics, null, null);
    }
```

```
}
```

9.5　编译运行

按下 F5 键，编译运行程序。
测试数据位于数据库：... \\Data(Book)\Cartographic\China+. gdb。

第三篇　空间查询与统计

导读：

空间查询是用户和空间数据库交流的一种途径，通过作用于库体的函数，返回满足条件的内容。主要有两类：第一类是按属性条件进行查询，这和一般关系数据库的 SQL 查询几乎没有区别；第二类是根据对象的空间关系进行查询；第三类是联合查询，但此类查询一般通过控制结果集的合成方式，将其分解为第一类查询和第二类查询。空间查询可与各类统计分析同步进行。

ArcGIS Engine 通过“过滤器”构造查询条件，使用 ITable、IFeatureClass、IQueryDef 等接口的相关函数执行查询，以查询游标的形式返回结果集。本篇介绍使用 ArcGIS Engine 进行空间查询和统计分析的有关内容：

第 10 章　空间查询(基于属性)；

第 11 章　空间查询(基于空间关系)；

第 12 章　统计分析。

第 10 章　空间查询(基于属性)

10.1　知识要点

GIS 空间数据查询分为：基于属性特征的查询、基于空间关系的查询、联合查询。

ArcEngine 中 QueryFilterClass 类是一个依据属性约束条件的查询过滤器，IQueryFilter 是该类实现的主要接口，通过对 IQueryFilter 的 WhereClause 属性可设置任意复杂度的 SQL 条件子句，满足第一类查询条件的过滤要求。

ArcEngine 执行查询的接口主要有：IFeatureSelection 的(FeatureLayerClass 实现)，IFeatureClass 的函数(FeatureClass 实现)，前者 SelectFeatures( )方法得到选择集，后者使用 Search( )得到查询游标。

10.2　功能描述

单击“Query”Ribbon 页的“Query By Attribute”按钮，可弹出查询对话框，如图 10-1 所示。点击“+”按钮，组合关系表达式相关控件的内容构造一个 Where 子句，添加到查询条件文本框。添加多个字句时，以选定的布尔操作符连接。

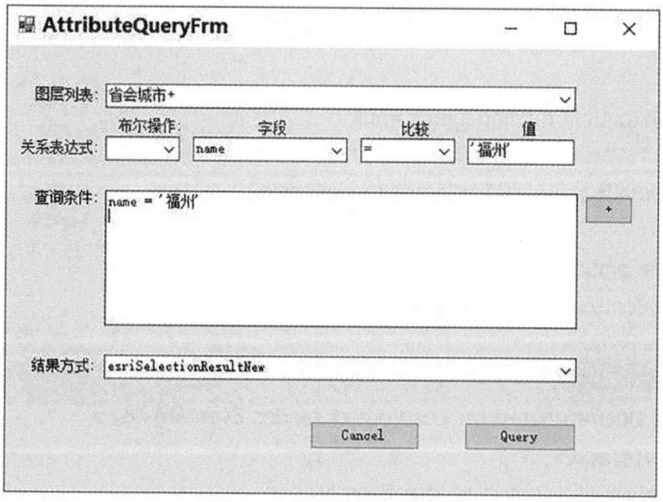

图 10-1　查询对话框

10.3　功能实现

1. 查询窗体界面设计

新建一个 Windows 窗体，命名为"QueryAttributeFrm. cs"，从工具箱中拖动 5 个 ComBox(图层列表，查询方式等)、1 个 TextBox(填写查询条件)、2 个 Button(btnQuery、Cancel)控件到窗体，见表 10-1。

表 10-1　　控件属性

控件	Name 属性	属性	其他
Combox	cbxLayers	选择图层	
Combox	cbxCompareOpr	比较操作符	设计时填充：=，>，>=，<，<=
Combox	cbxBoolOpr	布尔操作符	设计时填充：AND，OR
Combox	cbxFields	字段集	
Combox	cbxResultMethod	结果合成方式	
TextBox	txtWhereClause	Where 字句	
Button	btnWhereClause	添加 Where 字句	
Button	btnQuery	查询	
Button	btnCancel	取消	

2. 类结构设计

代码如下：

```
public partial class QueryAttributeFrm: Form
{
    //私有成员：
    private IMapControl3 m_mapControl =null;
    //构造函数:
    public AttributeQueryFrm(IMapControl3 mapControl)
    {
        InitializeComponent();
        m_mapControl =mapControl;
    }
    //装载事件响应函数:
    private void QuerAttributeyFrm_Load(object sender, EventArgs e)
    //查询按钮响应函数:
private voidbtnQuery_Click(object sender, EventArgs e)
    //=====辅助函数====
    //根据层类型 UID 获取矢量图层,函数如下：
```

```
        private IEnumLayer GetLayers()
        //根据层名获取矢量图层,函数如下:
        private IFeatureLayer GetFeatureLayer(string layerName)
        //转换查询方式字符为相应枚举类型:
        private esriSelectionResultEnum StringToResultEnum(string strMethod)
    }
```

3. 响应函数实现

1)Load 响应函数实现

窗体装载时完成两件事：一是用层名填充 cbxLayers，这里用到辅助函数 GetLayers()，它以枚举器形式返回 Map 中所有矢量数据图层接口集合；二是用 Esri 选择结果枚举类型填充 cbxResultMethod。

2)查询按钮 Click 响应函数

(1)根据层名利用辅助 GetFeatureLayer(...)函数，获取 IFeatureLayer 接口对象，转换获得要素选择接口 IFeatureSelection。

(2)创建 QueryFilter 查询过滤器，将 txtWhereClause 控件的内容(去掉换行符)赋值给 QueryFilter 的 WhereClause 属性。

(3)查询方式转换，将界面下拉框选择的结果合成方式字符串转换为枚举类型：esriSelectionResultEnum，此处用到辅助函数 ResultStringToEnum(...)。

(4)使用 IFeatureSelection 的 SelectFeatures()函数执行查询。

(5)为选择显示配置颜色。

(6)刷新选择集。

```
    IFeatureLayer pFeatureLayer =GetFeatureLayer(...);
    IFeatureSelection pFeatureSelection =pFeatureLayer as IFeatureSelection;
    //创建 QueryFilter 空间过滤器对象
    IQueryFilter pQueryFilter =new QueryFilterClass();
    pQueryFilter. WhereClause =txtWhereClause. Text. Replace("\r\n", " ");
    //执行查询
    esriSelectionResultEnum resultMethod;
    resultMethed =StringToResultEnum((string)cbxResultMethod. SelectedItem);
    pFeatureSelection. SelectFeatures(pQueryFilter, resultMethod,false);
    //刷新选择集
    this. m_mapControl. ActiveView. PartialRefresh(esriViewDrawPhase. esriViewGeoSelection,
}
```

3)图层选择响应函数

主要作用是将该图层中可用的字段填充到 Field Combox。

4)Where 子句响应函数

按照 SQL 语法规范，添加到查询条件文本框。

5)若干辅助函数

完整代码如下：

代码(10.3)

10.4　调用查询窗体

在“Query”Tab 页添加“Query By Attribute”按钮，并建立 Click 响应函数如下：

```
private void btnQueryByAttribute_Click(object sender, EventArgs e)
{
    QueryAttributeFrm queryfrm =new QueryAttributeFrm( m_mapContrl );
    Queryfrm. Show( );
}
```

10.5　编译运行

按下 F5 键，编译运行程序。

测试数据位于数据库：... \\Data(Book)\Cartographic\China+. gdb。

第 11 章　空间查询(基于空间关系)

11.1　知识要点

GIS 空间数据查询分为：基于属性特征的查询，基于空间关系的查询，以及联合查询。

ArcEngine 中 SpatialFilterClass 类是一个依据空间约束条件的查询过滤器，ISpatialFilter 是该类实现的主要接口，通过 ISpatialFilter 的 Geometry 属性可设置查询的参考空间对象，SpatialRel 属性设置查询空间关系，满足第二类查询条件的过滤要求。

ISpatialFilter 是通过继承 IQueryFilter 而来的，因此 SpatialFilterClass 对象同时具备 IQueryFilter 接口的功能，技术上 SpatialFilterClass 可满足上述第三类查询条件的过滤要求。但对于查询功能设计，ArcEngine 联合查询是通过控制当前查询结果集与原有结果集(或称选择集)的合成方式(即在当前的选择集中选择)实现。

使用 ISpatialFilter 实现空间关系查询的要点如下：

(1)由于 ISpatialFilter 只接受一个 Geometry 对象，因此使用 ISpatialFilter 实现空间关系查询时，若面对多个空间对象(例如一个选择集，一个要素类等)，就必须进行打包处理成一个 GeometryBag 对象。

(2)确定待查询空间数据集与参考空间对象的空间关系，ArcEngine 支持的空间关系包括：Intersect、Within、Contain、Touch、Cross、Overlap 等。

(3)确定查询结果集与原选择集之间的合成方式，ArcEngine 支持的结果集合成方式包括：

- 新建选择集 (Select features in)；
- 添加到当前的选择集 (Adds to the current selection)；
- 从当前的选择集中去除 (Subtracts from the current selection)；
- 在当前的选择集中选择 (Selects from the current selection)。

11.2　功能描述

点击“Query”Tab 页中“Query By Location”按钮，弹出如下空间查询对话框，如图 11-1 所示：具有类似于 ArcMap 的 Select By Location 的查询功能，即根据参考图层中的要素与目标图层的空间关系(如覆盖、相交等)，在目标图层中查询到符合要求的要素集，并高亮显示。

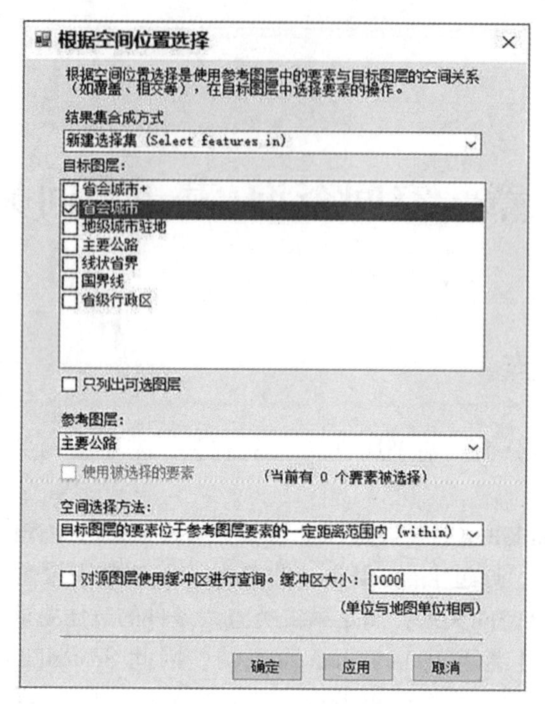

图 11-1　空间查询对话框

11.3　功能实现

11.3.1　QueryBySpatialFrm 设计

1. 界面设计

新建一个 C# Windows 类，命名为“QueryBySpatialFrm. cs”。界面元素见表 11-1。

表 11-1　**界 面 元 素**

控件	Name 属性	Text 属性	其他
Combox	cbxRefLayer	参考图层	
Combox	cbxSynthetizeMethod	结果集合成方式	
Combox	cbxSpatialRelation	空间关系	
CheckedList	checkedListBoxTargetLayers	目标图层	
CheckBox	checkBoxBuffer	参考图层应用缓冲区	
TextBox	txtBufferDistance	缓冲区大小	
Button	btnApply	应用	
Button	btnOK	确定	
Button	btnCancel	取消	

cbxSpatialRelation 属性 Items 中按顺序填充：

- ◆ 目标图层的要素与参考图层的要素相交（intersect）；
- ◆ 目标图层的要素位于参考图层要素的一定距离范围内（within）；
- ◆ 目标图层的要素包含参考图层的要素（contain）；
- ◆ 目标图层的要素在参考图层的要素内（within）；
- ◆ 目标图层的要素与参考图层要素的边界相接（touch）；
- ◆ 目标图层的要素被参考图层要素的轮廓穿过（cross）。

cbxSynthetizeMethod 属性 Items 中按顺序填充：

- ■ 新建选择集（Select features in）；
- ■ 添加到当前的选择集（Adds to the current selection）；
- ■ 从当前的选择集中去除（Subtracts from the current selection）；
- ■ 在当前的选择集中选择（Selects from the current selection）。

2. 类结构代码

具体代码如下：

```
public class QueryBySpatialFrm
{
    IMapControl3 m_mapControl =null;
    IMap m_pMap =null;
    public QueryBySpatialFrm(IMapControl3 mapControl)
    {
        InitializeComponent();
        m_mapControl =mapControl;
        m_pMap =mapControl. Map;
    }
    //窗体加载时触发事件,执行函数
    private void QueryBySpatialFrm_Load(object sender, EventArgs e)
    //点击应用按钮时,执行函数
    private void btnApply_Click(object sender, EventArgs e)
    //点击确定按钮时,执行函数
    private void btnOK_Click(object sender, EventArgs e)

//创建 Geometry 包:
    private IGeometry CreateGeometryUnion(IFeatureLayer featureLayer)
    //初始化 IGeometry 接口的对象
     private IGeometry InitializeGeometry(esriGeometryType shapeType)
}
```

11.3.2　消息响应函数

1. btnApply_ Click( )函数实现方法

(1)将参考图层中所有要素几何体打包：这是实现本功能的关键点，使用功能函数

CreateGeometryUnion( )。

(2)转换空间关系索引为相应的空间关系枚举：空间查询方法按照 ArcEngine 中枚举类型 esriSpatialRelEnum 填充在 cbxSpatialRelation 中。应用时，根据选择的索引值，使用辅助函数 IndexToSpatialRelation( )转换成相应的枚举类型。

(3)创建查询过滤器：利用前两步的参数构造一个空间过滤器。

(4)将结果集合成方法索引转换为相应的结果集合成方法枚举：类似于(2)中情形，用到辅助函数 IndexToResultEnum( )。

(5)执行选择查询函数；使用功能函数 QueryByLocation( )。

2. QueryBySpatialFrm_ Load( )函数

窗体加载时触发事件，执行本函数。主要作用：

(1)用 Map 图层名填充 checkedListBoxTargetLayers、cbxRefLayer。

(2)设置 cbxRefLayer/ cbxSynthetizeMethod/ cbxSpatialRelation 初始值。

11.3.3　核心函数

1. CreateGeometryUnion( )函数

由于查询过滤器只接受 IGeometry 参数，因此需要将参考图层所有要素的几何体合并为一个 IGeometry，CreateGeometryUnion( )函数可以实现这个功能。步骤如下：

(1)创建几何体包 GeometryBag 对象。

(2)然后遍历参考图层要素，使用 IGeometryCollection 接口将几何体逐个添加到几何体包中，如果使用缓冲区则将要素缓冲区加到包中。

(3)初始化一个与参考图层几何类型同类型的几何对象，如果使用缓冲区则一定是 Polygon 类型，详见辅助函数 InitializeGeometry(esriGeometryType)。

(4)将初始几何对象转换为 ITopologicalOperator 接口，并进行 ConstructUnion 操作。

代码如下：

```
//使用 null 作为查询过滤器得到图层中所有要素的游标
IFeatureCursor featureCursor =featureLayer. Search(null, false);
//建立几何体包,存储每一个源要素的几何体;
IGeometryCollection pGeoCols =new GeometryBag() as IGeometryCollection;
IFeature feature =featureCursor. NextFeature();
while (feature ! = null) //当游标不为空时
{
    if (checkBoxBuffer. Checked) {
        //当前要素的几何体缓冲区
        ITopologicalOperator topo =feature. Shape as ITopologicalOperator;
        double dBufferDistance =double. Parse(txtBufferDistance. Text);
        IGeometry pBuffer =topo. Buffer(dBufferDistance);
        pGeoCols. AddGeometry(pBuffer);
    }
    else
```

```
    {
        pGeoCols. AddGeometry(feature. Shape);
    }
    //移动游标到下一个要素
    feature =featureCursor. NextFeature();
}
//初始化 IGeometry 接口的对象
IGeometry geometry =InitializeGeometry(featureLayer. FeatureClass. ShapeType);
//使用 ITopologicalOperator 接口进行几何体的拓扑操作
ITopologicalOperator topologicalOperator =geometry as ITopologicalOperator;
//执行 ConstructUnion 操作,将几何体包与初始几何体合并
topologicalOperator. ConstructUnion(pGeoColsas IEnumGeometry);
//返回最新合并后的几何体
return geometry;
```

2. QueryByLocation( ) 函数

遍历被选择的目标图层，并对每一个图层进行空间查询操作：

完整代码如下：

代码(11.3)

11.4　功能调用

在“Query”Tab 页中，添加“Query By Location”按钮，建立 Click 响应函数；

```
private void btnQueryByLocation_Click(object sender, EventArgs e)
{
    QueryBySpatialFrm frm =new QueryBySpatialFrm(_mapControl);
    frm. Show();
}
```

11.5　编译测试

按下 F5 键，编译运行程序。

测试数据位于数据库：. . . \\Data(Book)\Cartographic\China+. gdb。

第12章　统计分析

12.1　知识要点

ArcGIS Engine 提供了一般性统计组件：BaseStatistics 和 DataStatistics，统计分析可得到的结果包括：

- ◆ Count——个数；
- ◆ Maximum——最大值；
- ◆ Mean——算术平均值；
- ◆ Minimum——最小值；
- ◆ StandardDeviation——标准差；
- ◆ Sum——求和。

（1）BaseStatistics（基础统计）组件用来生成和报告任意数值集合的统计结果。其中 IFrequencyStatistics 接口提供生成报告频率统计结果的功能，IGenerateStatistics 接口提供生成统计结果数据的功能，IStatisticsResults 接口提供对各统计结果的报告功能。

（2）DataStatistics 组件提供对单个字段的统计计算及单个字段的唯一值。组件创建后，用来分析的数据通过 IDataStatistics：：Cursor 属性，以游标形式传入输入表，注意 ICursor 的对象只能使用一次，如果要获取多个结果，应当再次创建游标。

IDataStatistics 是 DataStatistics 统计组件实现的唯一接口，IDataStatistics 属性包括：

- ◆ Cursor——通过游标传递输入表；
- ◆ Field——待统计的字段；
- ◆ UniqueValueCount——统计表中唯一值总数；
- ◆ UniqueValues——唯一值枚举；
- ◆ Statistics——IStatisticsResults 对象，用于返回统计信息。

12.2　功能描述

本章实现统计的基本功能：用户右击图层列表控件“TOCControl”浮动菜单上的“Statistics”菜单项，激活统计对话框，如图 12-1 所示，用户对所选图层进行统计，并支持：

（1）分组字段：有限个离散型字段；

（2）统计字段：数值型字段；

(3)统计方法等：汇总、均值、最大、最小、标准差、频数等；
(4)统计结果可另存为 Dbf 文件。

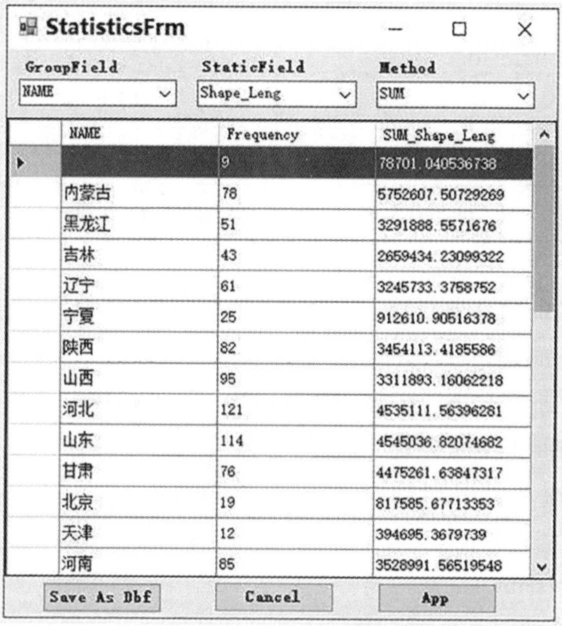

图 12-1 统计对话框

12.3 功能实现

12.3.1 StatisticsFrm 窗体设计

1)添加统计对话框类

命名为 StatisticsFrm，修改窗体的 Text 属性为“StatisticsFrm”。并添加 Button，Label，TextBox，ComboBox，DataGridView 控件。控件布局如图 12-1 所示。

2)设置控件属性

设置相应控件的相关属性，如表 12-1 所示。

表 12-1 控件的属性说明

控件类型	Name 属性	含义	备注
ComboBox	cbxGroupField	分组字段名	字符型字段
ComboBox	cbxStatisticsField	统计字段名	数值型字段
ComboBox	cbxMethod	统计方法	

续表

控件类型	Name 属性	含义	备注
DataGridView	dataGridView1	统计结果列表	
Button	btnBrowser	设置输出文件	
Button	btnApp	应用	
Button	btnCancel	取消	
Button	btnSaveAsDbf	结果保存为 Dbf	

3）添加 StatisticsFrm 的全局变量

IFeatureLayer_pFeatureLayer=null;

4）添加 StatisticsFrm 事件响应函数、功能函数、辅助函数

◆　添加应用按钮 Click 事件响应函数；

◆　添加确定按钮 Click 事件响应函数。

代码如下：

```
public partial class StatisticsFrm: Form
{
    IFeatureLayer _pFeatureLayer =null;
    public StatisticsFrm(IFeatureLayer featuerLayer )
    {
        InitializeComponent();
        _pFeatureLayer =featuerLayer;
    }
    //事件响应函数
    private void StatisticsFrm_Load(object sender, EventArgs e)
    private void btnOK_Click(object sender, EventArgs e)
    private void btnCancel_Click(object sender, EventArgs e)
    private void btnSaveAsDbf_Click(object sender, EventArgs e)
    //功能函数
    public DataTable AggregateForGeodatabase(string groupField, string sumField, string Method)
    public DataTable Aggregate(string sumField, string Method)
    public DataTable Aggregate(string groupField, string sumField, string Method)
    //辅助函数
    private IEnumerator GetUniqueValues(IFeatureClass pFC, string groupField)
    private string ConvertStaticString(IStatisticsResults pResults, string Method)
}
```

12. 3. 2 StatisticsFrm 响应函数

1. Load 事件响应函数的实现

对选定的图层的要素类字段集，用字符型字段和数值型字段分别填充分组字段和统计字段控件(cbxGroupField、cbxStaticField)，统计操作符(“SUM”、“AVG”等)填充 cbxMethod 控件。

2. 应用按钮响应函数 btnApp_ Click( )

应用按钮响应函数执行统计分析操作，根据分组字段取值是否有效，决定调用分组聚合函数，还是一般聚合函数。统计结果存放在 DataTable 中，作为 DataGridView 的数据源，在表格空间中显示出来。

3. btnSaveAsDbf_ Click( )

本函数调用 Dbf 操作类 DbfOper 的 WriteDbf( )函数，将 DataGridView 数据源中的数据写成 Dbf 表，结果存为当前目录。DbfOper 源代码参看附录 5。

12. 3. 3 不分组聚合函数

Aggregate( )不分组聚合函数，实现步骤如下：

(1)初始化 DataTable，用频数(Frequency)，“统计方法”+“字段名”，建立表头；

(2)使用 IDataStatistics 获取统计结果；

(3)将结果添加为 DataTable 的一行。

代码如下：

```
string frquencyField ="Frequency";
string staticField =Method+"_"+sumField;
//初始化 DataTable
DataTable pTable =new DataTable(_pFeatureLayer. Name);
pTable. Columns. Add(frquencyField);
pTable. Columns. Add(staticField);
//获取统计结果
IFeatureClass pFC =_pFeatureLayer. FeatureClass;
ICursor groupCursor =pFC. Search(null, false) as ICursor;
IDataStatistics pDatdaS =new DataStatisticsClass();
{
    pDatdaS. Field =sumField;
    pDatdaS. Cursor =groupCursor;
}
IStatisticsResults pResults =pDatdaS. Statistics;
//将结果添加为 DataTable 的一行
DataRow pRow =pTable. NewRow();
pRow[frquencyField] =pResults. Count;
pRow[staticField] =ConvertStaticString(pResults, Method);
pTable. Rows. Add(pRow);
```

12.3.4 分组聚合函数

Aggregate( )分组聚合函数，实现步骤如下：

(1)初始化 DataTable，用“分组字段名”、频数(Frequency)，“统计方法”+“字段名”，建立表头。

(2)获取分组字段的唯一值集合，使用辅助函数 GetUniqueValues( )。

(3)遍历唯一值集合，为分组字段每个唯一值，在 DataTable 中生成一行统计数据：

- ◆ 对每个唯一值构造一个查询过滤器；
- ◆ 用过滤器获取等于该唯一值的游标；
- ◆ 用 IDataStatistics 获取统计结果；
- ◆ 将结果添加为 DataTable 的一行。

代码如下：

```
string frquencyField ="Frequency";
string staticField =Method+"_"+sumField;
DataTable pTable =new DataTable(_pFeatureLayer. Name);
pTable. Columns. Add(groupField);
pTable. Columns. Add(frquencyField);
pTable. Columns. Add(staticField);
//获取分组字段的唯一值集合
IFeatureClass pFC =_pFeatureLayer. FeatureClass;
IEnumerator Em =GetUniqueValues(pFC, groupField);
Em. Reset();
while (Em. MoveNext())
{
    object obj =Em. Current;
    //按分组条件构造过滤器
    IQueryFilter pQueryFilter =new QueryFilterClass();
    pQueryFilter. WhereClause =groupField +"='"+ obj. ToString()+"'";
    ICursor groupCursor =pFC. Search(pQueryFilter, false) as ICursor;
    //获取统计结果
    IDataStatistics pDatdaS =new DataStatisticsClass();
    {
        pDatdaS. Field =sumField;
        pDatdaS. Cursor =groupCursor;
    }
    IStatisticsResults pResults =pDatdaS. Statistics;
    //将结果在 Table 中添加行
    DataRow pRow =pTable. NewRow();
    pRow[groupField] =obj;
    pRow[frquencyField] =pResults. Count;
```

```
        pRow[staticField]=ConvertStaticString(pResults, Method);
        pTable. Rows. Add(pRow);
    }
    return pTable;
```

对于数据源为数据库的分组聚合计算，可用工作空间创建 IQueryDef2 接口，按 SQL “GROUPBY”子句规范构造查询条件，然后调用 IQueryDef2 的 Evaluate2( )该方法，直接获得分组聚合结果，此方法需要为 IQueryDef2 接口配置聚合 SQL 语句。利用数据库聚合运算功能，计算速度会快很多。代码如下：

```
string frquencyField="Frequency";
string staticField=Method+"_"+sumField;
DataTable pTable=new DataTable(_pFeatureLayer. Name);
pTable. Columns. Add(groupField);
pTable. Columns. Add(frquencyField);
pTable. Columns. Add(staticField);
//初始化 IQueryDef2 接口：
IDataset pDataset=_pFeatureLayer. FeatureClass as IDataset;
IFeatureWorkspace pFWorkspace=pDataset. Workspace as IFeatureWorkspace;
IQueryDef2 qf=pFWorkspace. CreateQueryDef() as IQueryDef2;
qf. Tables=_pFeatureLayer. Name;
qf. SubFields=groupField +", COUNT("+sumField+") AS "+frquencyField
                        +", "+ Method+ "("+sumField+") AS "+staticField;
qf. PostfixClause ="GROUP BY "+groupField;
//调用 Evaluate2 函数获取分组聚合游标；
ICursor feacur=qf. Evaluate2(false);
//将结果在 Table 中添加行
IRow pRow=null;
int groupIDx=feacur. FindField(groupField);
int frequencyIDx=feacur. FindField(frquencyField);
int staticIDx=feacur. FindField(staticField);
while ((pRow=feacur. NextRow())! = null)
{
    DataRow pDataRow=pTable. NewRow();
    string str0=pRow. get_Value(groupIDx). ToString();
    string str1=pRow. get_Value(frequencyIDx). ToString();
    string str2=pRow. get_Value(staticIDx). ToString();
    pDataRow[groupField]=str0;
    pDataRow[frquencyField]=str1;
    pDataRow[staticField]=str2;
    pTable. Rows. Add(pDataRow);
}
```

12.3.5　辅助函数

GetUniqueValues( )函数通过 IDataStatistics 实现，代码如下：

```
ICursor cursor=pFC.Search(null, false) as ICursor;
IDataStatistics pDatdaS=new DataStatisticsClass();
{
    pDatdaS.Field=groupField;
    pDatdaS.Cursor=cursor;
}

IEnumerator Em=pDatdaS.UniqueValues;
```

完整代码如下：

代码(12.3)

12.4　功能调用

在图层操作浮动菜单上添加一菜单项(命名为 Statistics)，创建并修改 Click 事件响应函数，代码如下：

```
private void statisticsToolStripMenuItem_Click(object sender, EventArgs e)
{
    StatisticsFrm frm=new StatisticsFrm(this.m_tocRightLayer as IFeatureLayer);
    frm.Show();
}
```

12.5　功能测试

- ◆ 按下 F5 键，编译运行程序。
- ◆ 添加数据：...\\Data\\制图数据\\主要公里(分政区).shp。
- ◆ 点击浮动菜单“Statistics”弹出分析窗口，选择分组字段“NAME”，统计字段“Shape_Length”，统计方法：SUM。
- ◆ 按“App”即可生成统计结果。

测试数据位于数据库：...\\Data(Book)\Cartographic\China+.gdb。

第四篇　空 间 分 析

导读：

空间分析是基于地理对象的位置和形态特征的分析技术，通过各种分析算法，从空间数据中获取有关地理对象的空间位置、空间分布、空间形态、空间演变等信息(通俗地说，就是空间分析回答是什么、在哪里、有多少和怎么样，通常不回答为什么)。通过空间分析，可以揭示空间数据中更深刻、更内在的规律。

空间分析是GIS区别于一般信息系统的主要功能特征。目前大多数GIS软件具有空间分析功能，应用范围十分广泛，从地质地理现象到社会经济现象，各种具有空间属性的变量都可以应用空间分析技术进行研究。

ArcGIS Engine 除提供丰富的空间分析接口外，还可以通过 Geoprocessor 调用 ArcToobox 中几乎所有的 GP 工具分析方法，本章通过几个典型的空间分析实例，介绍使用 ArcGIS Engine 实现空间分析的技术方法，其中以矢量数据缓冲区分析和叠加分析为例介绍 GP 分析的方法和步骤。内容包括：

第 13 章　缓冲区分析(使用 GP 工具)；

第 14 章　矢量数据叠置分析(使用 GP 工具)；

第 15 章　栅格数据重分类；

第 16 章　栅格数据叠加分析；

第 17 章　运输网络分析；

第 18 章　几何网络分析；

第 19 章　成本路径分析；

第 20 章　表面分析。

第13章　缓冲区分析(使用GP工具)

13.1　知识要点

缓冲区分析(Buffer)是对选中的一组或一类地图要素(点、线或面)按设定的距离条件，围绕其要素而形成一定距离的缓冲多边形实体，从而得出被研究实体影响范围的分析方法。缓冲区分析应用的实例有：污染源对其周围的污染量随距离而减小，确定受污染的区域；为失火建筑找到距其500m范围内所有的消防水管等。

从ArcGIS 9.3后，ArcEngine提供GP工具分析方法，极大地降低了开发难度，使用GP工具的步骤如下：

(1)构建一个Geoprocessor的类对象GP，将由它来执行Geoprocessing的工具；

(2)构建一个Geoprocessing工具的类对象，比如本章的Intersect工具的类对象Intersect；

(3)为工具填写参数，参数分为in和out，Required和Optional；

(4)调用GP的Execute()方法执行Geoprocessing工具。

使用GP工具开发的难点在于为工具配置参数，有关GP分析的更多知识请参看叠加分析。

从ArcGIS 10开始，ArcGIS开始支持Geoprocessing工具异步执行(后台处理)，此性能只支持64位，需要安装“ArcGIS Engine Background Geoprocessing(64-bit)”。应用步骤和前台使用步骤一样，只是执行Geoprocessing工具改为Geoprocessor的ExecuteAsync()方法。Geoprocessor类提供了以下5种事件供用户监控执行状态，初始化Geoprocessor后可订阅以下事件：

(1)MessagesCreated：触发新消息事件(常用)；

(2)ProgressChanged：进度更新事件；

(3)ToolExecuted：执行完成事件(常用)；

(4)ToolExecuting：执行中事件；

(5)ToolboxChanged：工具变更事件。

13.2　功能描述

本章将介绍使用GP工具进行缓冲区分析的过程，采用异步处理方式调用ESRI.ArcGIS.AnalysisTools的Buffer工具，操作界面包括：缓冲图层选择、缓冲距离及单位/缓冲字段、存储空间、输出要素类、分析过程信息显示等，为显示执行过程进行时，工具执行时使用自动进程条(由 Timer 控制)。最后介绍使用 BaseCommand 扩展将功能按命令包装的方法。

实现功能：点击“Spatial Analysis”Tab 页“Buffer”按钮，弹出缓冲区分析对话框，操作界面如图 13-1 所示。

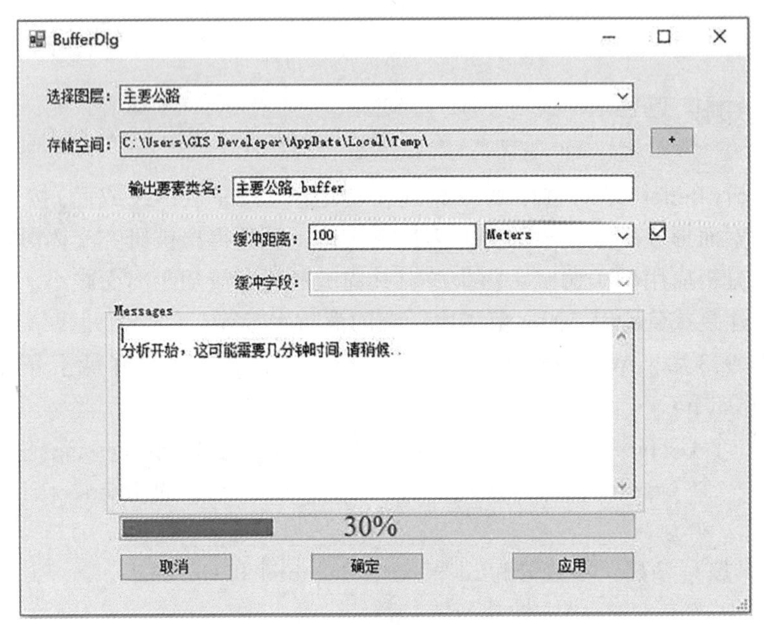

图 13-1　缓冲区分析对话框

13.3　功能实现

13.3.1　BufferAnalystFrm 设计

1. 界面设计

项目中添加一个新的窗体，名称为“BufferAnalystFrm”，Name 属性设为“缓冲区分析”，添加 3 个 ComboBox、4 个 TextBox、4 个 Button、1 个 Check 控件，设置控件的相关属性见表 13-1。

表 13-1　**控件的属性说明**

控件	Name 属性	含义	其他
Combox	cbxLayers	选择图层	
TextBox	txtOutputPath	存储空间	ReadOnly

续表

控件	Name 属性	含义	其他
TextBox	txtFCname	输出要素类名称	
TextBox	txtBufferDistance	缓冲距离	
Combox	cbxUnits	长度单位	
Combox	cbxBufferFields	缓冲字段	Enabled=false
CheckBox	chkBufferDistance	长度或字段选择	Checked=true
ProgressBar	progressBar1	进度条	
TextBox	txtMessages	信息	MultiLine
Button	btnOutputPath	存储空间设置	
Button	btnAnalyst	应用	
Button	btnCancel	关闭	
Button	btnOK	确定	DialogResult. OK

2. 类结构设计

修改类定义代码：

```
public partial class BufferAnalystFrm: Form
{
    //添加类成员变量
    private const uint WM_VSCROLL =0x0115;
    private const uint SB_BOTTOM =7;
    privateIMap _pMap =null;
    privateGeoprocessor _Gpr =null;
    private System. Timers. Timer _timer =null;
    //构造函数
    public BufferAnalystFrm(IMap pMap)
    {
        InitializeComponent();
        m_pMap =pMap;
        progressBar1. Visible  =false;
    }
    //后台进程事件响应函数
    public void on_TimerElapsed(object source, System. Timers. ElapsedEventArgs e)
    public void gp_MessagesCreated(object sender, MessagesCreatedEventArgs e)
    public void gp_ToolExecuted(object sender, ToolExecutedEventArgs e)
```

```
    //窗体加载时触发事件,执行函数
    private void BufferAnalystFrm_Load(object sender, EventArgs e)
    //点击输出路径按钮时,执行函数
    private void btnOutputPath_Click(object sender, EventArgs e)
    //点击“取消”按钮时,执行函数
    private void btnCancel_Click(object sender, EventArgs e)
    //点击“应用”按钮时,执行函数
    private void btnAnalyst_Click(object sender, EventArgs e)
    //点击“确定”按钮时,执行函数
    private void btnOK_Click(object sender, EventArgs e)
    //选择图层时事件,触发函数
    private void cbxLayers_SelectedIndexChanged(object sender, EventArgs e)
    //点击 check 按钮事件,触发函数
    private void chkBufferDistance_CheckedChanged(object sender, EventArgs e)

    //核心函数:
    private void resultBufferAnalystTab()
    //=====若干功能函数====
    //根据层名获取要素层
    private IFeatureLayer GetFeatureLayer(string layerName)
    //获取所有要素层的枚举器
    private IEnumLayer GetFeatureLayers()
    //有效性检验函数
    private bool ValidateCheck()
    // Function for returning the tool messages.
    private string ReturnMessages(IGeoProcessorResult2 result)
    //滚动消息窗口
    private void ScrollToBottom()
}
```

13.3.2　消息响应函数

1. 载入响应函数 BufferAnalystFrm_ Load( )

BufferAnalystFrm 在载入时需要做以下几件事：

(1)用 Map 图层名填充 cbxLayers；

(2)用 esri 单位填充 cbxUnits；

(3)设置默认存储空间，这里我们将默认输出路径设为系统临时存储空间；

(4)初始化 Timer：每 500 毫秒触发一个 Elapsed 事件，订阅 Elapsed 事件；

(5)初始化 Geoprocessor，订阅 MessagesCreated、ToolExecuted 事件。

代码如下：

```
    IEnumLayer layers =GetFeatureLayers();
    layers. Reset();
    ILayer layer =null;
    while ((layer =layers. Next()) ! = null)
    {
        cbxLayers. Items. Add(layer. Name);
    }
    //set fault output path
    string tempDir =System. IO. Path. GetTempPath();
    txtOutputPath. Text =System. IO. Path. Combine(tempDir, "");
    //set cboUnits
    foreach (var perName in Enum. GetValues(typeof(esriUnits)))
    {
        this. cbxUnits. Items. Add(perName. ToString(). Substring(4));
    }
    //set the default units of the buffer
    int units =Convert. ToInt32(_pMap. MapUnits);
    cbxUnits. SelectedIndex =units;
    //initialize Timer
    _timer =new System. Timers. Timer(500);
    _timer. Elapsed +=new System. Timers. ElapsedEventHandler(on_TimerElapsed);
    //initialize Geoprocessor
    _Gpr =new Geoprocessor();
    _Gpr. MessagesCreated +=new
            EventHandler< MessagesCreatedEventArgs>(gp_MessagesCreated);
    _Gpr. ToolExecuted +=new
            EventHandler<ToolExecutedEventArgs>(gp_ToolExecuted);
}
```

2. 输出路径设置响应函数 btnOutputLayer_ Click( )

输出路径设置由 FolderBrowserDialog 实现。

3. “应用”和“确定”按钮响应函数

btnAnalyst_Click( )和 btnOK_Click( )分别响应“应用”和“确定”按钮点击事件，这两个响应函数都调用 resultBufferAnalystTab( )核心函数激活缓冲区分析操作，只是btnOK_Click( )在分析完成后关闭对话框。

4. 图层选择响应函数

cbxLayers_SelectedIndexChanged( )响应函数，主要作用是将选定的图层中可作缓冲距离的字段填充到 cbxBufferFields 控件。

5. 缓冲距离和缓冲字段选择响应函数

chkBufferDistance_CheckedChanged( )响应函数，控制缓冲距离控件和缓冲字段控件的可操作性。

6. Timer. Elapsed 事件响应函数

异步工作状态下，自动刷新进度条，为避免消息阻塞，采用 Windows 的 Invoke 方法调用刷新函数，为此先构造刷新函数 mi，代码如下：

```
MethodInvoker mi =new MethodInvoker(() =>
{
    if (progressBar1. Value >= progressBar1. Maximum)
        progressBar1. Value =0;
    int step =(progressBar1. Maximum / 10);
    progressBar1. Value += step;
});
if (this. IsHandleCreated)
{
    this. Invoke(mi);
}
```

7. GP. MessagesCreated 事件响应函数

异步工作状态下，将 Geoprocessor 消息描述显示在消息栏。

8. GP. ToolExecuted 事件响应函数

收到此消息，表明异步处理已完成。先停止 Timer，progressBar 设为不可见，然后根据结果状态更新消息栏，若分析成功，显示“分析成功”；若失败，则用 ReturnMessages 函数提取“问题描述”再显示在消息栏。

13. 3. 3　核心函数

核心函数 resultBufferAnalystTab( ) 根据界面参数设置，完成缓冲区分析。步骤如下：

(1) 有效性验证：如果不满足计算条件，则直接返回。由函数 ValidateCheck( ) 实现；

(2) 设置 Geoprocessor 代理类工作环境(设置工作空间等)；

(3) 创建 GPProcess 缓冲区分析工具；

(4) 配置工具参数；

(5) 启动 Timer，运行 GPProcess 工具；

(6) 显示缓冲区分析处理过程消息。

具体代码如下：

```
IFeatureLayer layer =GetFeatureLayer(...);
txtMessages. Text +="\r\n 分析开始,这可能需要几分钟时间,请稍候 . \r\n";
txtMessages. Update();
//重置进程条:
progressBar1. Visible =true;
progressBar1. Maximum =100;//设置最大长度值
progressBar1. Value =0;//设置当前值
```

```
progressBar1. Step =1;//设置步长
//1: Setting up the Geoprocessor
_Gpr. OverwriteOutput  =true;
_Gpr. SetEnvironmentValue("workspace", this. txtOutputPath. Text);
//2: create a new instance of a buffer tool
ESRI. ArcGIS. AnalysisTools. Buffer buffer =new ESRI. ArcGIS. AnalysisTools. Buffer();
//3: set paramiter of tool
buffer. in_features =layer;
buffer. out_feature_class  =this. txtFCname. Text;
buffer. dissolve_option ="ALL";
if (chkBufferDistance. Checked)
{
    string bufferDistanceUnits =txtBufferDistance. Text+" "+cbxUnits. SelectedItem. ToString();
    buffer. buffer_distance_or_field =bufferDistanceUnits;
}
else
{
    string bufferField =cbxBufferFields. SelectedItem. ToString();
    buffer. buffer_distance_or_field =bufferField;
}
//4: execute the buffer tool (very easy:-))
_timer. Start();
IGeoProcessorResult results =null;
try
{
    results =(IGeoProcessorResult)_Gpr. ExecuteAsync(buffer);
}
catch (Exception ex)
{
    txtMessages. Text +="Failed to buffer layer: "+layer. Name+"\r\n";
}
```

13.3.4　辅助函数

(1)图层操作函数;

(2)有效性检验函数;

(3)消息栏滚屏函数;

(4)GP 结果分析函数，主要用于出现异常时，查看产生异常的原因。代码如下:

```
StringBuilder sb =new StringBuilder();
IGPMessages msgs =result. GetResultMessages();
for (int i =0; i < result. MessageCount; i++)
```

```
{
    IGPMessage msg =msgs. GetMessage(i) as IGPMessage;
    System. Diagnostics. Trace. WriteLine(msg. Description);
    sb. AppendFormat("{0}\n", msg. Description);
}
return sb. ToString();
```

完整代码如下：

代码(13. 3)

13. 4 功能调用

13. 4. 1 直接调用

在“Spatial Analysis”Tab 页添加“Buffer”按钮，建立 Click 响应函数；

```
private void btnBuffer_Click(object sender, EventArgs e)
{
    BufferAnalystFrm frm =new BufferAnalystFrm (m_mapControl. Map);
    frm. Show();
}
```

13. 4. 2 包装成 Command

如果 Buffer 功能包装成 ArcEngine 中 BaseTool 或 BaseCommand 的派生类，则可按命令方式调用，基类 BaseTool 和 BaseCommand 的区别是前者支持鼠标事件，在命令启动后可进行人机交互操作(例如在地图上拾取位置点等)，后者不支持。Buffer 不需要人机交互，所以从 BaseCommand 继承。

1. 建立缓冲区命令类 BufferCommand

(1) 新建 BufferCommand 底稿：选择添加新项，在 ArcGIS 目录下“Extending ArcObjects”中选择“Base Command”模板，如图 13-2 所示。

(2)修改构造函数 BufferCommand( )：修改成员变量的值(base. m_category、base. m_caption 等)，使类库功能名称正确；

(3)重写 OnClick( )函数：在其中启动 BufferAnalistFrm 对话框。

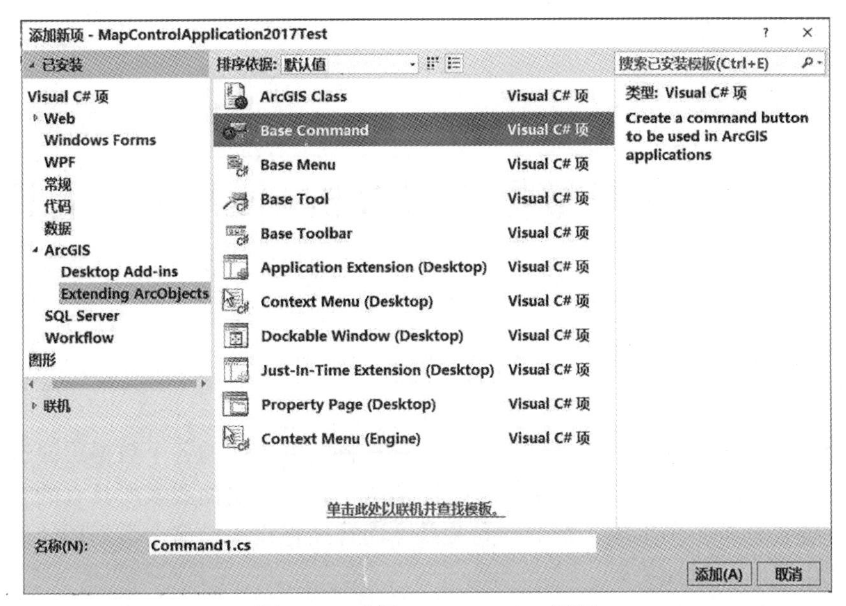

图 13-2　选择 Base Command 模板

完整代码如下:

代码(13.4)

2. 调用自定义命令

```
private void btnBuffer_Click(object sender, EventArgs e)
{
    BufferCommand pCommand =new BufferCommand();
    pCommand. OnCreate(_mapControl. Object);
    pCommand. OnClick();
}
```

13.5　程序测试

(1)启动“缓冲区分析按钮”，弹出缓冲区分析对话框;
(2)选择缓存分析的图层，选择距离及单位，设置输出的图层;
(3)点击“分析”按钮，当出现“分析完成”字样时，工作完成。
测试数据位于目录: ... \\Data(Book)\Buildings。

第 14 章　矢量数据叠置分析(使用 GP 工具)

14.1　知识要点

叠置分析是 GIS 中一种常见的分析功能，它是将有关主题的各个数据层面进行叠置产生一个新的数据的分析方法，其结果综合了原来两个或多个层面要素所具有的空间特征和属性，同时叠置分析不仅生成了新的空间关系，而且还将输入的多个数据层的属性联系起来，从而产生了新的属性关系。

叠置分析是拓扑运算的范畴。拓扑运算包括：缓冲区(Buffer)、裁切(Clip)、凸多边形(ConvexHull)、切割(Cut)、差(Difference)、交集(Intersect)、对称差分(又称为异或，SymmetricDifference)和并集(Union)等，这些拓扑运算在 ArcEngine 的 ITopologicalOperator 接口中定义，高级几何对象(构成要素的几何对象：Multipoint、Point，Polygon 和 Polyline 等)都实现了这个接口；如果要使用在低等级的几何对象上(如 Segment、Path 或 Ring)，需要将它们组合成高级别几何对象。

ITopologicalOperator 接口是面向单个要素的。ArcEngine 还提供了面向数据集的接口：IBasicGeoprocessor 提供了 Clip，Dissolve，Intersect，Union，Merge 等方法。为降低 ArcObjects 的开发复杂度。从 ArcGIS 9.3 后，ArcEngine 提供了 GP 工具分析方法，其中 Geoprocessing 组件包括数据分析、数据管理和数据转换等上百个 Geoprocessing 工具；由 Geoprocessor 对象可以方便地调用 Geoprocessing 中的各类工具，它是执行 ArcGIS 中 Geoprocessing 工具的唯一访问点。

使用 GP 工具的步骤详见前文 13.1 节，此处不再重复介绍。

14.2　功能描述

本章将介绍使用 GP 工具进行叠加分析的过程，采用异步处理方式调用 ESRI.ArcGIS.AnalysisTools 的 Overlay 分析工具，操作界面包括：输入图层选择，叠加图层选择，存储空间，输出要素类，叠加方式(Union、Intersect、Identify、Erase)，分析过程信息显示等，为显示执行过程进行时，工具执行时使用自动进程条(由 Timer 控制)。

实现功能：在“Spatial Analysis”Tab 页中单击“Overlay”按钮，弹出叠加分析对话框；根据输入图层的要素与叠加图层的要素，进行 Union、Intersect、Identify、Erase 等操作，生成新的要素集。操作界面如图 14-1 所示。

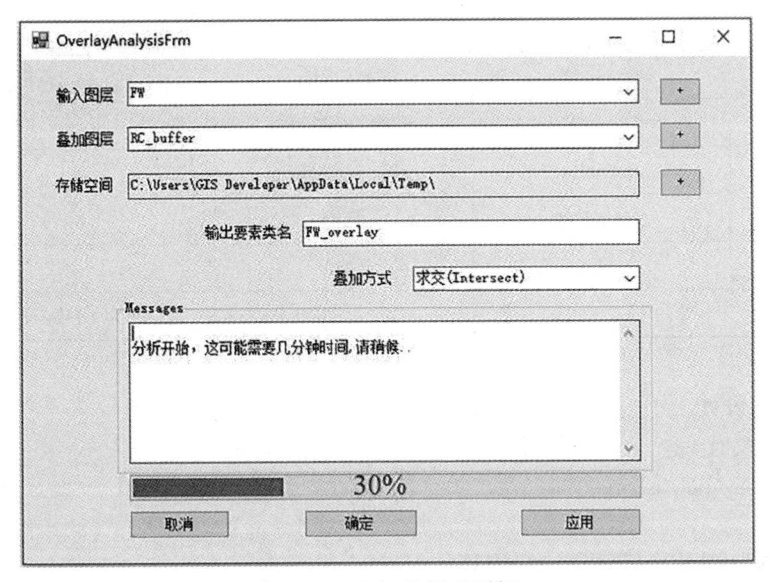

图 14-1　叠加分析对话框

14.3　功能实现

14.3.1　OverlayAnalysisFrm 设计

1. 界面设计

在项目中添加一个新的窗体，名称为“OverlayAnalysisFrm”，Name 属性设为“叠置分析”，添加 3 个 ComboBox、2 个 TextBox、4 个 Button、1 个 Progress 和 1 个 GroupBox 控件，各控件属性设置见表 14-1。

表 14-1　**控件属性说明**

控件类型	Name 属性	控件说明	备注
ComBox	cbxInputLayers	输入要素	
ComBox	cbxOverlayLayers	叠置要素	
ComBox	cbxOverLayMethod	叠置分析的方式	
TextBox	txtOutputPath	结果存储空间	
TextBox	txtFCname	输出要素类名称	
TextBox	txtMessage	叠置分析处理过程消息	Multiline 属性设为 True, ScrollBars 属性设为 Vertical, Dock 属性设为 Fill
ProgressBar	progressBar1	进度条	

续表

控件类型	Name 属性	控件说明	备注
Button	btnOutputPath	选择存储空间	
Button	btnAnalyst	进行叠置分析	
Button	btnCancel	取消	
Button	btnOK	确定	
GroupBox			作为 txtMessage 的容器

2. 类结构设计

修改类定义代码：

```
public class OverlayAnalysisFrm
{
    private const uint WM_VSCROLL =0x0115;
    private const uint SB_BOTTOM =7;

    private IMap _pMap =null;
    private Geoprocessor _Gpr =null;
    private System. Timers. Timer _timer =null;

    public OverlayAnalystFrm(IMap pMap)
    {
        InitializeComponent();
        _pMap =pMap;

        progressBar1. Visible =false;
    }

    //后台进程事件响应函数
    public void on_TimerElapsed(object source, System. Timers. ElapsedEventArgs e)
    public void gp_MessagesCreated(object sender, MessagesCreatedEventArgs e)
    public void gp_ToolExecuted(object sender, ToolExecutedEventArgs e)
    //窗体加载时触发事件,执行函数
    private void OverlayAnalysisFrm_Load(object sender, EventArgs e)
    //点击应用按钮时,执行函数
    private void btnAnalyst_Click(object sender, EventArgs e)
    //点击确定按钮时,执行函数
    private void btnOK_Click(object sender, EventArgs e)
    //点击输出路径按钮时,执行函数
    private void btnOutputLayer_Click(object sender, EventArgs e)
```

```
    //=====若干功能函数=====
    private IGPProcess CreateGeoprocessorTool(string strOverlay)
    private IGpValueTableObject ContructMultiParameter(IFeatureLayer inputLayer,
    IFeatureLayer overlayLayer)
    private IGPProcess CreateIntersectTool(IGpValueTableObject valTbl, string strOutputClass)
    private IGPProcess CreateUnionTool(IGpValueTableObject valTbl, string strOutputClass)
    private IGPProcess CreateIdentityTool(IFeatureLayer inputLayer, IFeatureLayer overlayLayer,
    string strOutputClass)
    private IGPProcess CreateClipTool(IFeatureLayer inputLayer,IFeatureLayer overlayLayer,
    string strOutputClass)
    private IGPProcess CreateEraseTool(IFeatureLayer inputLayer, IFeatureLayer overlayLayer,
    string strOutputClass)
    //运行 DGP 工具
    private string RunTool(Geoprocessor geoprocessor, IGPProcess process, ITrackCancel TC)
    // Function for returning the tool messages.
    private string ReturnMessages(IGeoProcessorResult2 result)
    //滚动消息窗口
    private void ScrollToBottom()
}
```

14.3.2　消息响应函数

1. 载入响应函数 OverlayAnalysisFrm_Load( )

OverlayAnalysisFrm 在载入时需要做以下几件事：

(1)用 Map 图层名填充 cbxInputLayers，cbxOverlayLayers；

(2)加载 5 种叠置方式到 cbxOverlayMethod 中；

(3)设置缓冲区文件的默认输出路径，这里我们将默认输出路径设为系统临时目录；

(4)初始化 Timer：每 500 毫秒触发一个 Elapsed 事件，订阅 Elapsed 事件；

(5)初始化 Geoprocessor，订阅 MessagesCreated、ToolExecuted 事件。

2. 输出路径设置响应函数 btnOutputLayer_Click( )

输出路径设置由 FolderBrowserDialog 实现。

3. 分析响应函数 btnAnalyst_Click( )

分析响应函数负责执行指定类型的叠加分析操作，步骤如下：

(1)调用 ValidateCheck( )函数有效性验证。如果不满足计算条件，则直接返回；

(2)设置 Geoprocessor 环境参数；

(3)调用 CreateGeoprocessorTool( )函数，创建 GPProcess 叠加分析工具，并配置好参数；

(4)调用 RunTool( )函数运行 GPProcess 工具；

(5)显示叠置分析处理过程消息。

其他响应函数请参考第 11 章。

14.3.3　核心函数

1. CreateGeoprocessorTool()函数

本函数根据叠加方式创建相应的 GP 工具。每个工具对应一个创建子函数，分别是：

- ◆ CreateIntersectTool()；
- ◆ CreateUnionTool()；
- ◆ CreateIdentityTool()；
- ◆ CreateClipTool()；
- ◆ CreateEraseTool()。

实现代码如下：

```
IFeatureLayer inputLayer =GetFeatureLayer(...);
IFeatureLayer overlayLayer =GetFeatureLayer(...);
string strOutputClass =this. txtFCname. Text;//输出要素名
//根据叠加方式创建 gp 工具：
IGpValueTableObject valTbl =null;
IGPProcess gpTool =null;
switch (strOverlay)
{
    case "求交(Intersect)":
        valTbl =ContructMultiParameter(inputLayer, overlayLayer);
        gpTool =CreateIntersectTool(valTbl, strOutputClass);
        break;
    case "求并(Union)":
        valTbl =ContructMultiParameter(inputLayer, overlayLayer);
        gpTool =CreateUnionTool(valTbl, strOutputClass);
        break;
    case "标识(Identity)":
        gpTool =CreateIdentityTool(inputLayer, overlayLayer, strOutputClass);
        break;
    case "裁剪(Clip)":
        gpTool =CreateClipTool(inputLayer, overlayLayer, strOutputClass);
        break;
    case "擦除(Erase)":
        gpTool =CreateEraseTool(inputLayer, overlayLayer, strOutputClass);
        break;
    default:
        break;;
}
```

而 Identity、Clip、Erase 工具是针对两个要素的运算，其实质是使用叠置要素对输入要素进行更新的一个过程。他们是针对输入要素 in_features 和叠加要素(例如：identity_ features)分别赋值。CreateIdentityTool( )函数代码如下：

```
//创建工具
Identity identityTool =new Identity();
//设置工具参数
identityTool. in_features =inputLayer; //设置输入要素
identityTool. identity_features =overlayLayer; //设置叠加要素
identityTool. out_feature_class =strOutputClass;//设置输出路径
```

因为在 ArcGIS 的叠置分析中 Union 和 Intersect 两种工具可以针对两个以上的图层进行叠置运算，它们输入参数要打包成一个参数(类型为 IGpValueTableObject 接口)，然后赋值给 in_ features 参数。Union 和 Intersect 参数打包方式是一致的，ContructMultiParameter( )函数负责打包，该函数代码如下：

```
//准备多重输入参数
IGpValueTableObject valTbl =new GpValueTableObjectClass();
valTbl. SetColumns(2);
object row ="";
row =inputLayer;
valTbl. AddRow(ref row);
row =overlayLayer;
valTbl. AddRow(ref row);
```

完整代码如下：

代码(14. 3)

14. 4　功能调用

在"Spatial Analysis"Tab 页添加"Overlay"按钮。建立 Click 响应函数；

```
private void btnOverlay_Click(object sender, EventArgs e)
{
    OverlayAnalysisFrm frm =new OverlayAnalysisFrm (_mapControl. Map);
    frm. Show();
}
```

14. 5　编译测试

按下 F5 键，编译运行程序，点击"Overlay"，弹出叠置分析参数设置窗口，指定分析要素层，并设置输出路径。

测试数据位于目录：. . . \\Data(Book)\Buildings。

第 15 章　栅格数据重分类

15.1　知识要点

所谓重分类，就是依据一定规则对原有栅格像元值重新分类，并按新分类赋予一组新值并输出。

在 ArcGIS Engine 中，RasterReclassOpClass 类实现了栅格数据的重分类。该类实现了两个主要接口，分别是 IReclassOp，IRasterAnalysisEnvironment 接口。IReclassOp 接口包含了以下几种分类分析方法：

(1) Reclass：使用表重分类；

(2) ReclassByASCIIFile：使用 ASCII 文件重分类；

(3) Slice：分割；

(4) Lookup：查找表；

(5) ReclassByRemap：构造映射表进行重分类。

下面以构造映射表进行重分类为例介绍重分类的方法，其他分类方法请读者参阅 ArcGIS Engine 的帮助文档。

15.2　功能描述

单击"Spatial Analysis"Tab 页"Reclassify"按钮，弹出重分类对话框，即根据输入栅格数据图层，进行重分类操作，生成新的栅格数据集。操作界面如图 15-1 所示。

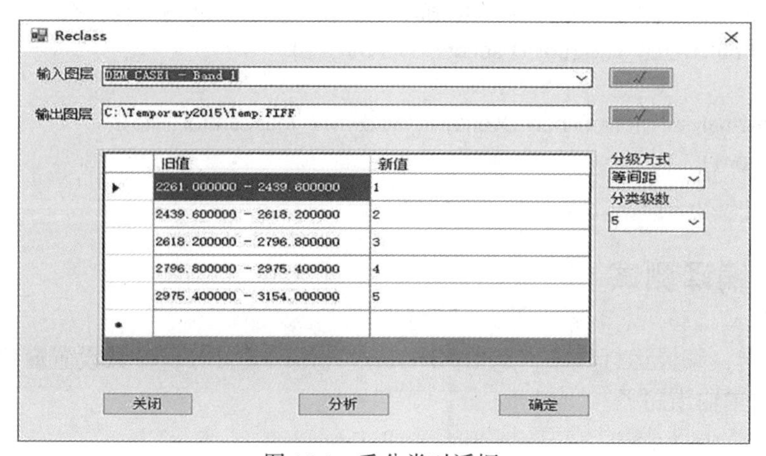

图 15-1　重分类对话框

15.3 功能实现

15.3.1 ReclassifyFrm 设计

1. 界面设计

项目中添加一个新的窗体，名称为“ReclassifyFrm”，Name 属性设为“重分类”，添加 3 个 ComboBox、2 个 TextBox、2 个 Button、1 个 DataGridView 控件。

控件属性设置见表 15-1。

表 15-1 **控件属性说明**

控件类型	Name 属性	控件说明	备注
ComBox	cbxInLayers	输入栅格数据	
ComBox	cbxCount	分类级数	
ComBox	cbxTypeCls	分类方式	
TextBox	txtInterval	间隔	
TextBox	txtOutLayers	输出结果文件名	
Button	btnOK	进行叠置分析	
Button	btnCancel	取消	
DataGridView	m_ pDataTable	展示映射表	

2. 类结构设计

添加如下代码，修改类定义：

```
public class ReclassifyFrm
{
    private IMapControl3 m_mapControl;
    private DataTable m_pDataTable =null;
    private ITable m_iArttributeTable =null;
    private IRasterStatistics m_rstStatistic =null;
    public ReclassifyFrm(IMapControl3 mapControl)
    {
        InitializeComponent();
        m_mapControl =mapControl;
        m_pDataTable =new DataTable();
    }
    //窗体加载时触发事件,执行函数
    private void ReclassifyFrm_Load(object sender, EventArgs e)
    //输入图层选择响应函数
```

```
        private void cbxInLayer_SelectedIndexChanged(object sender, EventArgs e)
        //分类方式选择响应函数
        private void cbxTypeCls_SelectedIndexChanged(object sender, EventArgs e)

        //点击响应函数,执行重分类操作
        private void btnAnalyst_Click(object sender, EventArgs e)
        //点击输出路径按钮时,执行函数
        private void btnOutLayer_Click(object sender, EventArgs e)
        //取消
        private void btnCancel_Click(object sender, EventArgs e)

    //====若干功能函数====:
        private double[] CreateBreakClass(IRasterBand pBand, int numDesiredClasses)
        private ITable getAttrTableByErgodic(IRaster pRaster)
        private IClassifyGEN CreateClassifyGEN( )
        //分级映射图函数
        private void RemapRefresh(rstPixelType pixelType)
        private IRemap ConstructRemap()
        //内存中初始化一个内存 ITable
        private ITable InitializeITable()
        //指定路径的工作空间
        private IWorkspace OpenRasterWorkspace(string outputPath)
        //获取当前视图中栅格图层集合
        private IEnumLayer GetRasterLayers()
        //通过图层名得到栅格图层
        private IRasterLayer GetRasterLayer(string layerName)
        //显示栅格结果
        private void ShowRasterResult(IGeoDataset geoDataset, string interType)
    }
```

15.3.2 消息响应函数

1. 载入响应函数 ReclassifyFrm_Load( )

ReclassifyFrm 在载入时需要做以下几件事：

(1)用 IMapControl3. Map 包含的图层名称填充 cbxInLayers；

(2)将六种分类方式名称(等间距、分位数、标准差、自然分割、几何间隔、自定义)填充到 cbxTypeCls 中，也可在设计时填充；

(3)设置输出文件的默认输出路径，这里我们将默认输出路径设为系统临时目录。

2. 输入图层选择响应函数

本函数在选择到某图层时必须为 m_iArttributeTable 赋值(同时为 m_rstStatistic 赋值)，以后计算以此为条件。

(1)先取第一波段，确定栅格数据是否存在属性表；

（2）如果不存在，则程序试图重建属性表；

（3）如果重建失败（当数据类型为连续性数据类型），则使用 getAttrTableByErgodic（）函数独立计算一个属性表。

代码如下：

```
IRasterLayer rasterLayer =GetRasterLayer(...);
IRasterProps rasterProps =(IRasterProps)rasterLayer. Raster;
//取第一波段
IRasterBandCollection pBandCol =rasterLayer. Raster as IRasterBandCollection;
IRasterBand pBand =pBandCol. Item(0);
//计算属性表
bool bAttrTableExist;
pBand. HasTable(out bAttrTableExist);
if (bAttrTableExist)
{
    m_iAttributeTable =pBand. AttributeTable;
}
else if (rasterProps. PixelType ! = rstPixelType. PT_DOUBLE &&
        rasterProps. PixelType ! =rstPixelType. PT_FLOAT)
{
    IDataset pDataset =rasterLayer as IDataset;
    RebuildRasterAttribute(pDataset. Workspace, pDataset. Name);
    m_iAttributeTable =pBand. AttributeTable;
}
else
{
    //获取栅格属性表
    m_iAttributeTable =getAttrTableByErgodic(rasterLayer. Raster);
}
//获取 Raster 的 Statistics 信息：
pBand. ComputeStatsAndHist();
IRasterHistogram pHistogram =pBand. Histogram;
m_rstStatistic =pBand. Statistics;
RemapRefresh(rasterProps. PixelType);
```

3. 输出路径设置响应函数 btnOutLayer_Click（）

输出路径设置由 SaveFileDialog 实现。

4. 分析响应函数 btnAnalyst_Click（）

分析响应函数负责执行指定分类方式的分类操作。步骤如下：

（1）根据 DataGridView 中定义的新旧数值对照关系，构造新旧值映射图（Remap）；

（2）创建重分类接口对象（IReclassOp）；

（3）执行重分类计算；

（4）结果保存到指定位置。

5. 分类方式变化响应函数 cbxTypeCls_SelectedIndexChanged( )

本函数控制“间隔输入”文本框是否有效，还能激活 cbxInLayer_SelectedIndexChanged( )函数。

15.3.3　核心函数

1. RemapRefresh( )函数

RemapRefresh( )函数首先获取分级数组填充 DataTable。然后更新 DataGridView 数据源，并刷新显示。

2. CreateBreakClass( )函数

本函数创建分级数组。方法是从波段数据属性表[Value]字段和[Count]字段获取需要的[值]及其[频数]，以及相应的统计信息，然后根据分类方式创建分级器，执行分级计算。

代码参见 6.3。

3. CreateClassifyGEN( )函数

本函数创建 6 种分级器，代码如下：

```
string TypeCls =cbxTypeCls. Items[cbxTypeCls. SelectedIndex]. ToString();
double dblCurrentIntervalRange =double. Parse(txtInterval. Text);
IClassifyGEN pClassify =null;
switch (TypeCls)
{
case "等间距":
        pClassify  =new EqualInterval();
        break;
case "分位数":
        pClassify  =new Quantile();
        break;
case "自然分割":
        pClassify  =new NaturalBreaks();
        break;
case "几何间隔":
        pClassify  =new GeometricalIntervalClass();
        break;
case "标准差":
        pClassify  =new StandardDeviation();
        IDeviationInterval pStdDev =(IDeviationInterval)pClassify;
        pStdDev. Mean =m_rstStatistic.Mean;
        pStdDev. StandardDev =m_rstStatistic. StandardDeviation;
        pStdDev. DeviationInterval =1;
        break;
case "自定义":
```

```
            pClassify  =new DefinedInterval();
            IIntervalRange pIntervalRange =(IIntervalRange)pClassify;
            pIntervalRange. IntervalRange =dblCurrentIntervalRange;
            break;
    default:
            break;
    }
```

4. getAttrTableByErgodic( )

对于离散栅格数据直接返回其属性表即可。对于浮点类栅格数据，其属性表不存在。采用如下思路构造属性表：

(1)按小数点后 6 位的准确度离散化；

(2)Dictionary 结构统计频数；

(3)Dictionary 转换为 ITable。

代码如下：

```
    IRasterProps rasterProps =(IRasterProps)pRaster;
    IRaster2 pRaster2 =pRaster as IRaster2;
    int nodata =0;
    //遍历像元阵列,统计准确到 0. 000001 的像元频数
    Dictionary<double, long> ValueFrequence =new Dictionary<double, long>();
    for (int y =0; y<rasterProps. Height; y++) {
        for (int x =0; x < rasterProps. Width; x++) {
        //object obj =pSafeArray. GetValue(x, y);
        object obj =pRaster2. GetPixelValue(0, x, y);
        if (obj  = = null)
        {
            nodata++;
            continue;
        }
        double value =Convert. ToDouble(obj);
        value  =Math. Round(value *   1000000. 0)/ 1000000. 0;
        if (! ValueFrequence. ContainsKey(value)) {
            ValueFrequence. Add(value, 1);
        }
        else if (ValueFrequence. ContainsKey(value)) {
            ValueFrequence[value] =ValueFrequence[value]+1;
        }
    }
}
//Dictionary 转 ITable
ITable pTable =InitializeITable();
IOrderedEnumerable<KeyValuePair<double, long>> sort =ValueFrequence. OrderBy(x  => x. Key);
```

```
foreach (KeyValuePair<double, long> kv in sort) {
    IRow row =pTable. CreateRow();
    row. Value[0] =kv. Key;
    row. Value[1] =kv. Value;
    row. Store();
}
```

15.3.4　辅助函数

InitializeITable( )提供初始化内存中的功能；ConstructRemap( )根据 DataGradview 新旧对照数据构造一个映射表。

完整代码如下：

代码(15.3)

15.4　功能调用

在“Spatial Analysis”页上添加“Reclassify”按钮。建立 Click 响应函数。

```
private void btnReclassify_Click(object sender, EventArgs e)
{
    ReclassifyFrm frm =new Reclassify (_mapControl);
    frm. Show();
}
```

15.5　编译测试

按下 F5 键，编译运行程序，点击菜单“Reclassify”，弹出分析窗口，添加分析图层，并设置输出文件路径和文件名，确认映射表是否符合要求(必要时做适当编辑)，按“分析”即生成重新分类后的数据。

测试数据位于数据库：... \\Data(Book)\Raster\DEM. gdb。

第 16 章　栅格数据叠加分析

16.1　知识要点

栅格计算是栅格数据叠加空间分析中最常用的方法，利用栅格计算，可将复杂的矢量数据叠加分析转变为简单的算术运算。ArcGIS Engine 支持数学计算、三角函数、逻辑运算和按位运算等栅格计算类型。RasterMathOpsClass 实现了所有的栅格计算接口，对应以上几种计算类型，该类实现了如下接口：

(1)IMathOp，包含数学计算的所有方法；包括：加(Plus)、减(Minus)、乘(Times)、除(Divide)、绝对值(Abs)、指数(Exp)和对数(Ln)等；

(2)ILogicalop，包含逻辑运算的所有方法；包括：布尔与(Boolean And)、布尔非(Boolean Not)、布尔或(Boolean Or)、大于(Greater Than)、大于等于(Greater Than Equal)、小于(Less Than)、小于等于(Less Than Equal)和等于(Equal To)等；

(3)ITrigOp，包含三角函数运算的所有方法；

(4)IBitwiseOp，包含按位运算的所有方法；

(5)IRaster Analysis Environment，设置空间分析环境。

16.2　功能描述

本章实现栅格权重叠加计算的基本功能：用户右键单击"Spatial Analyst"工具条上"Weight Caculator"按钮，激活权重叠加计算对话框，控件布局如图 16-1 所示。

用户可选择输入图层 1、输入图层 2、输出文件、权重 1(对应输入图层 1)与权重 2(对应输入图层 2)。

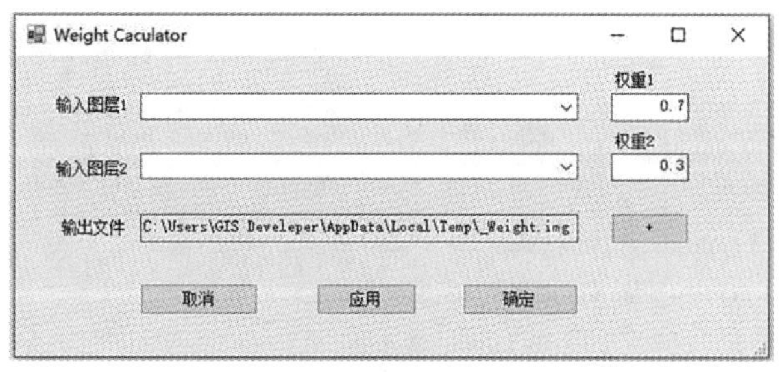

图 16-1　权重叠加计算对话框

16.3　功能实现

16.3.1　WeightCaculatorFrm 窗体设计

1. 界面设计

添加权重叠加计算对话框类，命名为 WeightCaculatorFrm，修改窗体的 Text 属性为 "Weight Caculator"，并添加 Button、Label、TextBox、Combobox 控件。

设置相应控件的相关属性，见表 16-1。

表 16-1　**控件属性说明**

控件类型	Name 属性	含义	备注
ComboBox	cbxRasterLyr1	输入栅格图层 1	
ComboBox	cbxRasterLyr2	输入栅格图层 2	也可输入一个常数
TextBox	txtWeight1	权重 1	
TextBox	txtWeight2	权重 2	
TextBox	txtOutputFile	输出结果文件名	
Button	btnBrowser	设置输出文件	
Button	btnApp	应用	
Button	btnCancel	取消	
Button	btnOK	确定	

2. 类结构设计

◆ 添加 RasterCaculatorFrm 的全局变量
privateIMapControl3_mapControl;

◆ 添加 RasterCaculatorFrm 事件响应函数、功能函数、辅助函数：

■ 添加应用按钮 Click 事件响应函数；

■ 添加确定按钮 Click 事件响应函数；

■ ……

代码如下：

```
public partial class WeightCaculatorFrm: Form
{
    private IMapControl3 _mapControl =null;
    public WeightCaculatorFrm(IMapControl3 mapControl)
    {
        InitializeComponent();
        _mapControl =mapControl;
```

```
    }

    #region Event Function
    private void WeightCaculatorFrm_Load(object sender, EventArgs e)
    private void btnBrowser_Click(object sender, EventArgs e)
    private void cbxRasterLyr1_SelectedIndexChanged(object sender, EventArgs e)
    private void btnApp_Click(object sender, EventArgs e)
    private void btnCancel_Click(object sender, EventArgs e)
    private void btnOK_Click(object sender, EventArgs e)
    #endregion
    #region Suport Function
    //设置分析环境
    private void SetAnalysisEnvironment(IRasterAnalysisEnvironment rasAnaEnv, IRasterProps rProps)
    //结果保存到指定位置
    private void SaveAs(IGeoDataset pData,string outputFileName)
    //制作一个常量栅格数据
    public IRaster MakeConstantRaster(string path, IRasterProps rProps, double value)
    private IRasterLayer GetRasterLayer(string layerName)
    private IEnumLayer GetRasterLayers()
    #endregion
}
```

16.3.2 响应函数实现

1. Load 事件响应函数的实现

用 MapControl 中图层名填充 cbxRasterLyr1，cbxRasterLyr2(输入图层)控件，设置默认输出文件名。

2. 输出文件设置响应函数

输出文件设置由 SaveFileDialog 实现。输入图层 1 改变时，通过 Changed 事件响应函数 cbxRasterLyr1_SelectedIndexChanged( )得到默认值。

3. 响应函数 btnApp_ Click( )

应用响应函数执行栅格计算操作。步骤如下：

(1)获取输入栅格图层 1、输入栅格图层 2；

(2)获取权重值，并以此构造一个常数栅格矩阵(用到辅助函数 MakeConstantRaster)；

(3)初始化 IMathOp 接口，并设置栅格计算环境；

(4)利用 IMathOp 接口进行叠加计算，包括两次乘法，一次加法；

(5)结果保存并显示。代码如下：

```
//输出文件和目录
string outputFileName =this. txtOutputFile. Text;
string outputPath =System. IO. Path. GetDirectoryName(outputFileName);
```

```
//输入栅格数据 1:
IRasterLayer pRasterLayer1 =GetRasterLayer(cbxRasterLyr1. Text);
IRaster pRaster1 =pRasterLayer1. Raster;
//输入栅格数据 2:
IRasterLayer pRasterLayer2 =GetRasterLayer(cbxRasterLyr2. Text);;
IRaster pRaster2 =pRasterLayer2. Raster;
//生成常数栅格
double weight1 =double. Parse(this. txtWeight1. Text);
double weight2 =double. Parse(this. txtWeight2. Text);
IRaster rstWeight1 =MakeConstantRaster(outputPath, pRaster1 as IRasterProps, weight1);
IRaster rstWeight2 =MakeConstantRaster(outputPath, pRaster2 as IRasterProps, weight2);
//初始化 IMathOp 接口:
IMathOp pMath =new RasterMathOpsClass();
//设置栅格分析环境:
SetAnalysisEnvironment(pMath as IRasterAnalysisEnvironment, pRaster1 as IRasterProps);
//按权重进行叠加计算:
IGeoDataset multi1 =pMath. Times(pRaster1 as IGeoDataset, rstWeight1 as IGeoDataset);
IGeoDataset multi2 =pMath. Times(pRaster2 as IGeoDataset, rstWeight2 as IGeoDataset);
IGeoDataset plus3 =pMath. Plus(multi1, multi2);
//保存结果并显示:
SaveAndShow(plus3, outputFileName);
```

16.3.3　辅助函数

(1)SetAnalysisEnvironment()主要用来设置范围、栅格元大小。

(2)MakeConstantRaster()函数创建常数栅格矩阵，主要用 RasterMakerOpClass 的 IRasterMakerOp 接口实现，代码如下：

```
IWorkspaceFactory workspaceFactory =new RasterWorkspaceFactoryClass();
IWorkspace workspace =workspaceFactory. OpenFromFile(path, 0);
IRasterMakerOp rasterMakerOp =new RasterMakerOpClass();
IRasterAnalysisEnvironment rasAnaEnv =(IRasterAnalysisEnvironment)rasterMakerOp;
{
    SetAnalysisEnvironment(rasAnaEnv, rProps);
    rasAnaEnv. OutWorkspace =workspace;
}
IRaster raster =rasterMakerOp. MakeConstant(value, true) as IRaster;
```

(3)SaveAndShow()函数将结果保存到指定位置，并在 Map 中显示。代码如下：

```
//准备开工作空间
IWorkspaceFactory wsf =new RasterWorkspaceFactoryClass();
IWorkspace ws =wsf. OpenFromFile(outputPath, 0);
//保存到指定文件
ISaveAs pSaveAs =pData as ISaveAs;
```

```
pSaveAs. SaveAs(fileName, ws,"IMAGINE Image");
//添加到 MapControl
IRasterLayer pRlayer =new RasterLayer();
pRlayer. CreateFromRaster(pDataas Raster);
pRlayer. Name =fileName;
_mapControl. AddLayer(pRlayer, 0);
```

(4) GetRasterLayer( ) 和 GetRasterLayers( ) 两个函数，依据图层面取得栅格数据图层接口。完整代码如下：

代码(16. 3)

16. 4　功能调用

在主菜单 Spatial Analyst 上添加一个按钮(命名为 Weight Caculator)，创建并修改 Click 事件响应函数，代码如下：

```
private void btnWeightOverlay_Click(object sender, EventArgs e)
{
    WeightCaculatorFrm frm =new WeightCaculatorFrm(_mapControl);
    if (frm. ShowDialog() = = DialogResult. OK)
    {
        this. _mapControl. ActiveView. Refresh();
    }
}
```

16. 5　功能测试

(1) 按下 F5 键，编译运行程序；

(2) 点击菜单“Weight CalCulate”，弹出分析窗口，设置输出文件名，选择：

◆　分析图层 1= DEM_CASE1；

◆　分析图层 2= DEM_CASE1。

(3) 按“应用”即生成新的栅格数据。

测试数据位于数据库：... \\Data(Book)\Raster\DEM. gdb。

第 17 章　运输网络分析

17.1　知识要点

GIS 网络由一系列相互连通的点和边组成，是用来描述地理要素(资源)流动情况的特殊数据结构。其中网络边是具有一定长度和物流的网络要素，节点是两条或两条以上边的交会处，是两条边之间进行物流转换的网络要素。

GIS 的网络分析是依据网络拓扑关系，通过考察网络元素的空间及属性数据，以图论和运筹学等数学理论模型为基础，对网络的性能特征进行多方面评价的一种分析计算。

ArcGIS Engine 网络分析有两种方式，一是网络数据集(网络数据结构为 NetworkDataset)，网络中流动的资源自身可以决定流向(如汽车，一些特别限制除外)。二是几何网络(网络数据结构为 Geometric Network)，网络中流动的资源自身不能决定流向(如水流、电流)。

本章介绍基于 NetworkDataset 的网络分析方法(为简化学习曲线，网络结构数据由 ArcCatalog 创建)，主要接口有 INASolver、INAContext。

网络分析的思路分为以下几步：

(1)打开网络数据集。

(2)创建网络分析求解器 INASolver 接口对象，实现该接口的类分别是：

- NARouteSolver(最短路径分析)；
- NAServiceAreaSolver(服务范围分析)；
- NAClosestFacilitySolver(最近服务设施分析)；
- NAODCostMatrixSolverClass(成本矩阵分析)；
- NALocationAllocationSolverClass(位置指派分析)。

(3)创建网络分析上下文对象 INAContext，该接口的主要作用是将 INASolver 、INetworkDataset、INAClasses(位置数据类)等对象集成在一起，构成网络分析环境。

该接口用 INASolver 接口 CreateContext()方法创建，然后转换为 INAContextEdit 接口捆绑网络数据集。

(4)为 INAContext 加载位置点信息；用到 INAClassLoader。

(5)设置分析参数：用到 INASolverSettings 接口，INASolver 转换得到该接口。

(6)进行分析：用 INASolver 的 Solve()函数。

(7)显示结果信息。

17.2　功能描述

点击“Network”Tab 页，如果网络数据集已经加载到视图(可用 Add Data 工具)，则 RibbonBar：“Network Dataset Analysis”所有按钮有效，如图 17-1 所示。

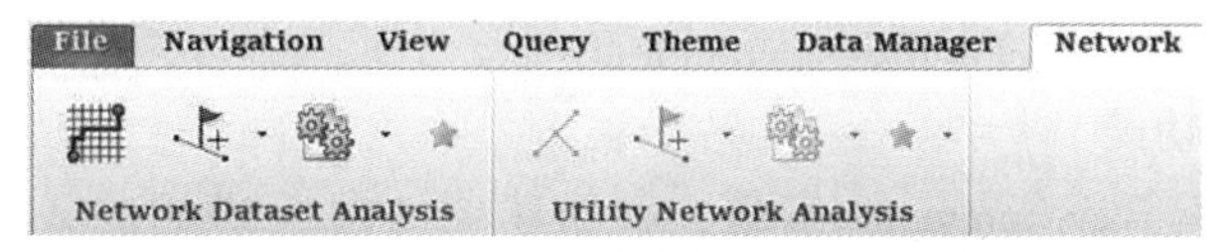

图 17-1　Network Dataset Analysis 所有按钮

包括四个按钮(从左到右顺序)，作用如下：

(1)求解(btnNetworkDatasetSolve)按钮：分析求解。

(2)位置添加(btnNetworkAddPosition)下拉菜单(ButtonItem 类型)，如图 17-2(a)所示：

◆　添加站点(Add Stops)；
◆　添加障碍(Add Barriers)；
◆　添加设施(Add Facilities)；
◆　添加事故(Add Incidents)。

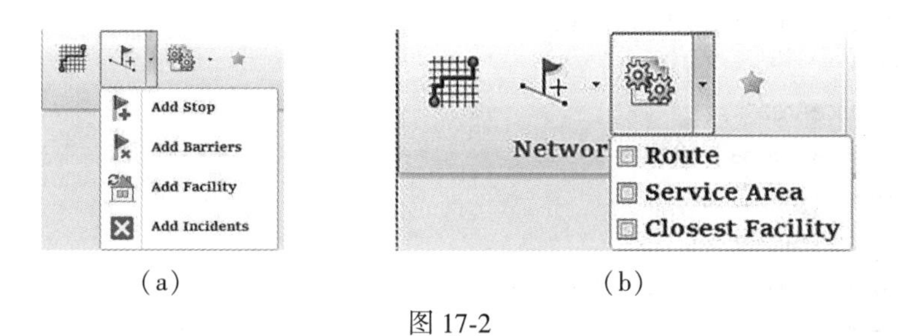

(a)　　(b)

图 17-2

(3)方法选择下拉菜单(CheckBoxItem 类型)，如图 17-2(b)所示；

◆　Route；
◆　Service Area；
◆　Closest Facility。

(4)清除按钮(Clear)，清除所有的位置点。

17.3　功能实现

17.3.1　工具条功能实现

1. 站点/障碍点添加功能

站点/障碍点添加功能激活后，光标在屏幕上拾取站点/障碍点的位置，将其转化为

Mark 类型的图形元素，显示站点/障碍点符号标志；同时将其转化的 Point 要素对象分别存入临时数据库(TemporaryGeodatabase. gdb)的 Stops、Barriers 要素类中，供之后分析用。

功能类继承 BaseTool 实现，在新建项的模板浏览窗口，选择 ArcEngine 的 BaseTool 模板，功能类取名为 AddNetStopsTool/AddNetBarriersTool。新工具框架生成后，重载鼠标响应函数：OnClick( )、OnMouseDown( )。

设施点/事故点的添加按钮功能，完全类似于站点/障碍点添加功能，不同的是存入到临时数据库的不同的数据集 Facilities、Incidents 中。

2. 分析(Solve)功能

Solve 功能类继承 BaseCommand 实现，在新建项的模板浏览窗口，选择 ArcEngine 的 BaseCommand 模板，功能类取名为 SolveTool。新工具框架生成后，重载鼠标响应函数 OnClick( )；本函数根据 m_NASelectedString 变量值分别调用不同的分析函数，OnClick( )源代码如下：

```
string strName =NetworkAnalyst. getTemporaryPath(path)+
                                                   "\\data\\HuanbaoGeodatabase. gdb";
IFeatureWorkspace pFWorkspace =NetworkAnalyst. OpenWorkspace(strName) as
                                                   IFeatureWorkspace;
switch (m_NASelectedString)
{
    case "Route":
        shortestRouteAnalyst(pFWorkspace);
        break;
    case "ServiceArea":
        ServiceAreaAnalyst(pFWorkspace);
        break;
    case "ClosestFacility":
        ClosestFacilityAnalyst(pFWorkspace);
        break;
    default:
        break;
}
```

包括：最近设施分析函数、最近区域分析函数、最短路径分析函数、获取代价属性名(这里网络定义中的第一个)。这里用到 NetworkAnalyst 核心功能类，稍后介绍。

3. 典型分析函数实现

典型分析函数包括：最近设施分析函数、最近区域分析函数、最短路径分析函数。分析函数步骤如下：

(1)创建网络分析上下文对象；

(2)加载站点/障碍点要素，并设置捕捉容差；

(3)设置分析参数；

(4)执行分析操作；

(5)创建 INALayer 层，显示分析结果。

shortestRouteAnalyst( )代码介绍如下：

```
//创建网络分析上下文
INAContext pNAContext =NetworkAnalyst. CreateSolverContext(m_NetworkDataset, "Route");
//加载站点/障碍点要素,并设置容差:
IFeatureClass stopsFClass =pFWorkspace. OpenFeatureClass(LocationTypeEnum. Stops);
IFeatureClass barriesFClass =pFWorkspace. OpenFeatureClass(LocationTypeEnum. Barriers);
NetworkAnalyst. LoadNANetworkLocations ( pNAContext, LocationTypeEnum. Stops, stopsFClass as
ITable, 80);
NetworkAnalyst. LoadNANetworkLocations ( pNAContext, LocationTypeEnum. Barriers. ToString ( ),
barriesFClass as ITable, 5);
//分析参数设置:
string ImpedanceName =getImpedanceAttributeName(m_NetworkDataset);
NetworkAnalyst. SetRouteSolverSettings(pNAContext, ImpedanceName, true);
//执行分析操作
NetworkAnalyst. Solve(pNAContext);
//创建 INALayer 层:
INALayer naLayer =pNAContext. Solver. CreateLayer(pNAContext);
ILayer layer1 =naLayer. get_LayerByNAClassName("Routes");
layer1. Name ="最短路径";
//添加 INALayer 层到 Map:
m_hookHelper. FocusMap. AddLayer(layer1);
m_hookHelper. ActiveView. Refresh();
```

完整代码如下：

代码(17. 3. 1)

17. 3. 2　核心功能类的实现

为方便操作，将网络分析的核心功能封装为 NetWorkAnalyst 类，共有成员为静态成员，方便直接调用。

1. NetWorkAnalyst 设计

```
class NetWorkAnalysClass
{
    //载入位置数据,Stops 或 Barriers
    public static void LoadNANetworkLocations(LocationTypeEnum enumLocation,
                                    ITable inputFC, INAContext pNAContext, double dSnapTolerance)

    //创建路径分析上下文 INAContext
```

```
    public static INAContext CreateSolverContext(INetworkDataset networkDataset, string type)
    // Solve the problem 进行最短路径分析
    public static string Solve(INAContext pNAContext)
    // Set Solver Settings 设置分析参数(阻抗属性等)
    public static void SetRouteSolverSettings(INAContext NAContext,
                                    string ImpedanceName, bool isRouteOptimal)
    public static void SetClosestFacilitySolverSettings(INAContext NAContext,
                                    string ImpedanceName, int targetCount)
    public static void SetServiceAreaSolverSettings(INAContext NAContext,
                                    string ImpedanceName, IDoubleArray BreaksArr)

    //获取临时数据库存放路径
    public static string getTemporaryPath(string path)
    //其他若干辅助函数
}
```

这里定义枚举类型 LocationTypeEnum，且要求临时数据库中相应的要素类名称与枚举名称相同。

```
public enum LocationTypeEnum
{
    Stops =0,
    Barriers =1,
    Facilities =2,
    Incidents =3,
    Origins =4,
    Destinations =5,
}
```

2. NetWorkAnalyst 实现

1)CreateSolverContext()函数

本函数根据已经打开的网络数据集，创建路径分析上下文 INAContext，源代码如下：

```
INASolver naSolver;
switch (type)
{
    case "Route":
        naSolver =new NARouteSolver();
        break;
    case "ServiceArea":
        naSolver =new NAServiceAreaSolverClass();
        break;
    case "ClosestFacility":
        naSolver =new NAClosestFacilitySolverClass();
        break;
```

```
        case "ODCostMatrixSolver":
            naSolver =new NAODCostMatrixSolverClass();
            break;
        case "VRPSolver":
            naSolver =new NAVRPSolverClass();
            break;
        case "LocationAllocationSolver":
            naSolver =new NALocationAllocationSolverClass();
            break;
        default:
            naSolver =new NAClosestFacilitySolver();
            break;
    }

    IDatasetComponent dsComponent =networkDataset as IDatasetComponent;
    IDENetworkDataset deNDS =dsComponent. DataElement as IDENetworkDataset;
    INAContextEdit contextEdit =null;
    contextEdit =naSolver. CreateContext(deNDS, naSolver. Name) as INAContextEdit;
    contextEdit. Bind(networkDataset,new GPMessagesClass());
    return (contextEdit as INAContext);
}
```

2) LoadNANetworkLocations 函数

本函数将记录在临时数据库的位置数据(Stops 或 Barriers)载入 INAContext，步骤如下：

- 清空分析上下文中已存在的位置点；
- 创建位置加载器 NAClassLoader；
- 设置捕捉容差；
- 设置字段匹配；
- 设置排除网络受限；
- 加载网络位置点数据；
- 发送消息。

源代码如下：

```
INamedSet pNamedSet =NAContext. NAClasses;
INAClass pNAClass =pNamedSet. get_ItemByName(strNAClassName) as INAClass;
//删除分析上下文中已存在的位置点
pNAClass. DeleteAllRows();
//创建 NAClassLoader
INAClassLoader loader =new NAClassLoaderClass();
{
    loader. Locator =NAContext. Locator;
    loader. Locator. SnapTolerance =dSnapTolerance;//设置捕捉容限值
```

```
        loader.NAClass=pNAClass;
        INAClassFieldMap fieldMap=new NAClassFieldMapClass();
        fieldMap.CreateMapping(pNAClass.ClassDefinition, inputTable.Fields);
        loader.FieldMap=fieldMap;
    }
    //排除网络受限
    INALocator3 locator=NAContext.Locator as INALocator3;
    locator.ExcludeRestrictedElements =false;
    locator.CacheRestrictedElements(NAContext);
    //加载网络位置点数据
    int rowsIn=0;
    int rowsLocated=0;
    ICursor pCursor=inputTable.Search(null, true);
    loader.Load(pCursor,null, ref rowsIn, ref rowsLocated);
    //发送消息
    ((INAContextEdit)NAContext).ContextChanged();
```

3)分析参数设置

以下列出最短路径分析参数设置代码：

```
    INASolver naSolver=NAContext.Solver;
    INARouteSolver cfSolver=naSolver as INARouteSolver;
    {
        //设置生成线的类型(基于真实网络的几何形状生成线,并尽可能增加测度)
        cfSolver.OutputLines =esriNAOutputLineType.esriNAOutputLineTrueShapeWithMeasure;
        //创建遍历结果
        cfSolver.CreateTraversalResult =true;
        //不使用时间窗口
        cfSolver.UseTimeWindows =false;
        //线路优化(reorder for optimal route)
        cfSolver.FindBestSequence=isRouteOptimal;
        cfSolver.PreserveFirstStop =false;
        cfSolver.PreserveLastStop =false;
    }
    //Generic Settings
    INASolverSettings naSolverSettings=naSolver as INASolverSettings;
    {
        //设置路径分析阻抗属性(Set the impedance attribute)
        naSolverSettings.ImpedanceAttributeName=ImpedanceName;
        //限制U形转向限制(Restrict UTurns)
        naSolverSettings.RestrictUTurns =esriNetworkForwardStarBacktrack.esriNFSBNoBacktrack;
        //设置忽略无效位置
        naSolverSettings.IgnoreInvalidLocations =true;
```

```
}
    //更新分析上下文
    UpdateContextAfterSettingsChanged(NAContext);
```

4) Solve( ) 函数

本函数执行上下文的分析器 Solver 的 Solve( ) 函数，返回过程信息。

5) getTemporaryPath( ) 函数

本函数根据应用程序执行文件目录，返回临时数据库所在路径：

完整代码如下：

代码(17.3.2)

17.4　功能调用

1) 在 MainForm 中添加类成员变量

在 MainForm 中添加类成员变量如下：

```
private INetworkDataset m_NetworkDataset=null;
string path=System.AppDomain.CurrentDomain.SetupInformation.ApplicationBase;
```

2) 添加启动页

在 RibbonControl 中添加“Network”Tab 页，建立 Click 响应函数，此函数判断是否有打开的网络数据集，如果有，就赋值给 m_NetworkDataset 变量并进行记录，将 ribbonBarNetwork 设为可见。

3) 添加工具条消息响应函数

```
private void btnNetworkDatasetSolve_Click(object sender, EventArgs e)
private void btnAddStops_Click(object sender, EventArgs e)
private void btnAddBarriers_Click(object sender, EventArgs e)
private void btnAddFacility_Click(object sender, EventArgs e)
private void btnAddIncidents_Click(object sender, EventArgs e)
private void btnNetworkClear_Click(object sender, EventArgs e)
```

完整代码如下：

代码(17.4)

17.5　运行测试

按下 F5 键，编译运行程序。

测试数据位于数据库：... \\Data(Book)\HuanbaoGeodatabase.gdb。

第 18 章　几何网络分析

18.1　知识要点

本章介绍几何网络(Geometric Network)追踪分析等内容。网络结构数据直接在 ArcCatalog 中创建。

几何网络分析的思路分为以下几步：

(1)打开 Geometric Network 网络；

(2)创建追踪器；相关接口 ITraceFlowSolverGEN；

(3)向追踪器中添加节点标记元素 PutJunctionOrigins(...)、添加边标记元素 PutEdgeOrigins(...)、添加节点/边障碍元素 set_ ElementBarriers(...)；

(4)执行追踪计算；使用追踪器函数 FindFlowElements()、FindPath()等；

(5)显示结果信息。

18.2　功能描述

点击“Network” Tab 页。如果几何网络已经加载到视图(可用 Add Data 工具加载)，“Utility Network Analysis” RibbonBar 上所有按钮有效，如图 18-1 所示。

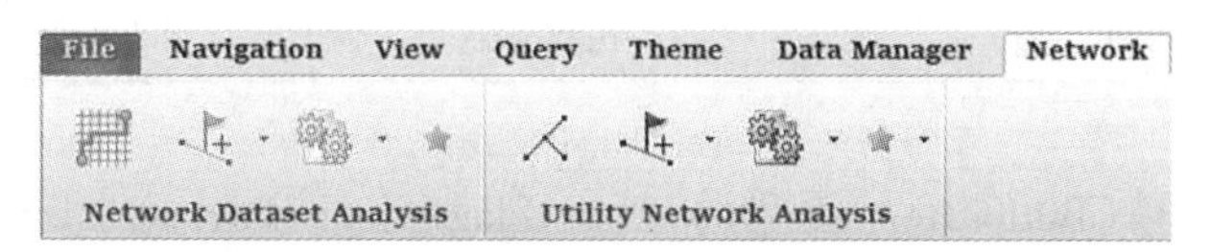

图 18-1　Utility Network Analysis 所有按钮

包括 4 个按钮(按从左到右顺序)，作用如下：

(1)求解(btnUtilityNASolve)按钮：分析求解。

(2)位置添加下拉菜单(ButtonItem 类型)，点击右侧下三角，显示如图 18-2(a)所示 4 个选项：

- 添加节点标志(Add Junction Flag)；
- 添加边标志(Add Edge Flag)；
- 添加节点障碍(Add Junction Barriers)；
- 添加边障碍(Add Edge Barriers)。

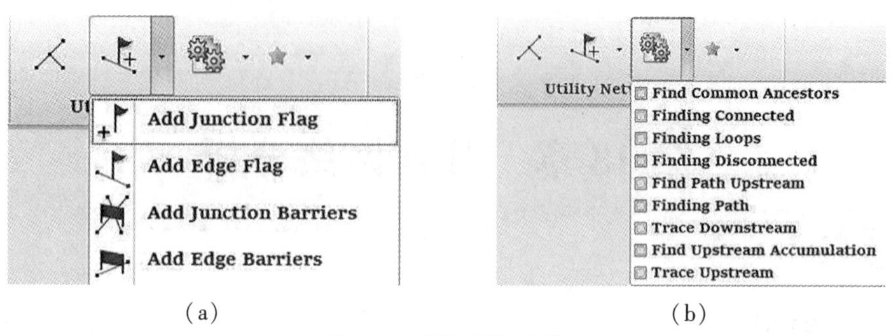

(a)　　　　　　　　　　　　　　　(b)

图 18-2　添加下拉菜单

(3)方法选择下拉菜单(CheckBoxItem 类型)，如图 18-2(b)所示：
可选择方法及含义见表 18-1：

表 18-1　　　　　　　　　　　**可选择方法及含义**

方法名	对应追踪器方法	注释
Find Common Ancestors	FindCommonAncestors	查找共同祖先
Finding Connected	FindFlowElements	查找相连接的网络要素
Finding Loops	FindCircuits	查找网络中的环
Finding Disconnected	FindFlowUnreachedElements	查找未连接的网络要素
Find Path Upstream	FindSource	查找上游路径
Finding Path	FindPath	查找路径
Trace Downstream	FindFlowElements	下游追踪
Find Upstream Accumulation	FindAccumulation	查找上游路径累积消耗
Trace Upstream	FindSource	上游追踪

(4)清除下拉菜单(ButtonItem 类型)：Clear Flag/Clear Barriers/Clear Result，分别清除标志点、障碍点、分析结果。

18.3　功能实现

18.3.1　工具条功能实现

1. 节点标志/ 边标志添加功能

节点标志/边标志添加功能激活后，光标在屏幕上拾取点，捕捉与之最近的节点/ 最近的边，及其相应的位置点信息，如果在容差范围内没有捕捉到网络元素，则操作被忽略。

之后，在位置点上创建一个 Mark 类型的图形元素，显示节点标志/边标志符号；同时将其转化成 Point 要素对象分别存入临时数据库（TemporaryGeodatabase. gdb）的 JunctionFlag、EdgeFlag 要素类中，要素类中 EID 属性字段记录捕捉到的网络元素的 FID，供之后分析使用。

功能类继承 BaseTool 实现，在新建项的模板浏览窗口，选择 ArcEngine 的 BaseTool 模板，功能类取名为 ToolAddJunctionFlag/ ToolAddEdgeFlag。新工具框架生成后，重载鼠标响应函数：OnClick( )、OnMouseDown( )。

注意：节点标注点、边标志的添加功能，主要区别在于寻找最近网络元素使用不同方法，前者使用 IPointToEID 的 GetNearestJunction（…）寻找最近 Junction，后者 GetNearestEdge(…)寻找最近 Edge。

节点事故点/边事故点的添加按钮功能，完全类似于节点标志点/边事标志点添加功能，不同的是存入到临时数据库的不同的数据集 JunctionBarries、EdgeBarries 中。

2. 分析(ToolSolve)功能

ToolSolve 功能类继承 BaseCommand 实现，在新建项的模板浏览窗口，选择 ArcEngine 的 Base Command 模板，功能类取名为 ToolSolve。新工具框架生成后，重载鼠标响应函数 OnClick( )；本函数根据 m_NASelectedIndex 变量值记录不同追踪类型。

重载 OnClick( )函数，实现分析功能，步骤如下：

(1)打开节点标志/边标志/节点障碍点/边障碍点要素类；

(2)创建追踪器；

(3)添加节点标志/边标志/节点障碍点/边障碍点元素；

(4)执行追踪计算；

(5)显示分析结果；

源代码如下：

```
string strName =NetworkAnalyst. getTemporaryPath(path) +"\\data\\HuanbaoGeodatabase. gdb";
IFeatureWorkspace pFWorkspace =NetworkAnalyst. OpenWorkspace(strName)
as IFeatureWorkspace;
//打开节点、边、障碍点、障碍边要素
FeatureClass JunctionFClass
      =pFWorkspace. OpenFeatureClass(LocationTypeEnum. JunctionFlag. ToString());
IFeatureClass EdgeFClass
      = pFWorkspace. OpenFeatureClass(LocationTypeEnum. EdgeFlag. ToString());
IFeatureClass JunctionBarriesFClass
      = pFWorkspace. OpenFeatureClass(LocationTypeEnum. JunctionBarriers. ToString());
IFeatureClass EdgeBarriesFClass
      = pFWorkspace. OpenFeatureClass(LocationTypeEnum. EdgeBarriers. ToString());
//创建追踪器
ITraceFlowSolverGEN traceFlowSolverGEN =new TraceFlowSolverClass();
INetSolver netSolver =traceFlowSolverGEN as INetSolver;
netSolver. SourceNetwork =m_geometricNetwork. Network;
```

```
UtilityNetworkAnalyst. GeometricNetwork =m_geometricNetwork;
//添加节点元素
IJunctionFlag[] JunctionFlagArr =UtilityNetworkAnalyst. LoadJunctionFlagLocation(JunctionFClass);
int junctionCount =JunctionFlagArr. Length;
traceFlowSolverGEN. PutJunctionOrigins(ref JunctionFlagArr);
//添加边元素
IEdgeFlag[] EdgeFlagArr =UtilityNetworkAnalyst. LoadEdgeFlagLocation(EdgeFClass);
int edgeCount =EdgeFlagArr. Length;
traceFlowSolverGEN. PutEdgeOrigins(ref EdgeFlagArr);
//添加节点/边障碍元素
INetElementBarriers netBarriersGEN =null;
netBarriersGEN  =UtilityNetworkAnalyst. LoadJunctionBarriers(JunctionBarriesFClass)
as INetElementBarriers;
netSolver. set_ElementBarriers(esriElementType. esriETJunction, netBarriersGEN);
netBarriersGEN  =UtilityNetworkAnalyst. LoadEdgeBarriers(EdgeBarriesFClass)
as INetElementBarriers;
netSolver. set_ElementBarriers(esriElementType. esriETEdge, netBarriersGEN);
//执行追踪计算
IEnumNetEID junctionEIDs =null;
IEnumNetEID edgeEIDs =null;
string sCost =UtilityNetworkAnalyst. TraceFlowSolver(traceFlowSolverGEN, m_NASelectedIndex,
                                    junctionCount, edgeCount,out junctionEIDs, out edgeEIDs);
//首先清除已有的分析结果
UtilityNetworkAnalyst. ClearElements(m_hookHelper. ActiveView, "Result");
//结果化图形元素
IColor pColor =ColorToIRgbColor(Color. FromArgb(255, 0, 0));
if(junctionEIDs. Count >0 )
    GeographicJunctionResults(junctionEIDs, pColor);
if (edgeEIDs. Count > 0)
    GeographicEdgeResults(edgeEIDs, pColor);
//刷新地图中的图形
IActiveView pActiveView =m_hookHelper. ActiveView;
pActiveView. PartialRefresh(esriViewDrawPhase. esriViewGraphics, null, pActiveView. Extent);
```

这里用到 UtilityNetworkAnalyst，NetworkAnalyst 核心功能类，稍后介绍。

完整代码如下：

代码(18. 3. 1)

18.3.2　核心功能类的实现

为方便操作，将网络分析的核心功能封装为 UtilityNetWorkAnalyst，共有成员为静态成员，方便直接调用。

1. UtilityNetWorkAnalyst 设计

实现代码如下：

```
public class UtilityNetworkAnalyst
{
    private static IGeometricNetwork m_geometricNetwork = null;
    public static IGeometricNetwork GeometricNetwork
    {
        set { m_geometricNetwork = value; }
    }

    //加载节点标志信息
    public static IJunctionFlag[] LoadJunctionFlagLocation(IFeatureClass inputFC)

    //加载边标志信息
    public static IEdgeFlag[] LoadEdgeFlagLocation(IFeatureClass inputFC)

    //加载网络障碍信息
    public static INetElementBarriers LoadNetworkBarriers(IFeatureClass inputFC,
                                                          esriElementType elementType)

    //追踪计算
    public static string TraceFlowSolver(ITraceFlowSolverGEN traceFlowSolverGEN,
            int SelectedIndex, int JunctionFlagsCount, int EdgeFlagsCount,
            out IEnumNetEID junctionEIDs, out IEnumNetEID edgeEIDs)
    //若干辅助函数
    //获取临时数据库存放路径：
    public static string getTemporaryPath(string path)
    //清除视图中的图形元素
    public static void ClearElements(IActiveView activeView, string elementName)
    //耗费汇总函数
    private static int GetSegmentCosts(object[] segmentCosts)
}
```

位置枚举类型 LocationTypeEnum 扩充如下，注意要求临时数据库中相应的要素类名称与枚举名称要相同。

```
public enum LocationTypeEnum
{
    JunctionFlag = 6,
```

```
        EdgeFlag =7,
        JunctionBarriers =8,
        EdgeBarriers =9,
        BurstPipe =10,
    }
```

2. UtilityNetWorkAnalyst 实现

1) LoadJunctionFlagLocation( )

函数根据已经打开的节点标志要素类，获取节点标志结构数组 IJunctionFlag[ ]，源代码如下：

```
//获取 INetElements 接口
INetElements netElements =m_geometricNetwork. Network as INetElements;
int userClassID =0;
int userID =0;
int userSubID =0;
//初始化管点标志数组
int count =inputFC. FeatureCount(null);
IJunctionFlag[] JunctionFlagArr =new IJunctionFlag[count];
//遍历节点标志要素类,将其转化为管点标志数组
IFeatureCursor pFCursor =inputFC. Search(null, false);
IFeature pFeature =null;
int i =0;
while ((pFeature =pFCursor. NextFeature()) ! = null)
{
    int nearestJunctionEID =(int)pFeature. get_Value(2);
    netElements. QueryIDs(nearestJunctionEID,esriElementType. esriETJunction,
                                                  out userClassID, out userID, out userSubID);
    //创建管点标识,并将其加入管点标识数组中
    INetFlag junctionFlag =new JunctionFlagClass() as INetFlag;
    junctionFlag. UserClassID =userClassID;
    junctionFlag. UserID =userID;
    JunctionFlagArr[i] =junctionFlag as IJunctionFlag;
    i++;
}
return JunctionFlagArr;
```

2) LoadEdgeFlagLocation( )

函数根据已经打开的边标志要素类，获取边标志结构数组 IEdgeFlag[ ]，源代码如下：

```
//获取 INetElements 接口
INetElements netElements =m_geometricNetwork. Network as INetElements;
int userClassID =0;
int userID =0;
int userSubID =0;
```

```
//初始化边标志数组
int count =inputFC. FeatureCount(null);
IEdgeFlag[] EdgeFlagArr =new IEdgeFlag[count];
//遍历边标志要素类,将其转化为边标志数组
IFeatureCursor pFCursor =inputFC. Search(null, false);
IFeature pFeature =null;
int i =0;
while ((pFeature =pFCursor. NextFeature()) ! = null) {
    int nearestEdgeEID =(int)pFeature. get_Value(2);
    netElements. QueryIDs(nearestEdgeEID,esriElementType. esriETEdge,
                                              out userClassID, out userID, out userSubID);

    //创建管线标识,并将其加入管线标识数组
    INetFlag edgeFlag =new EdgeFlagClass() as INetFlag;
    edgeFlag. UserClassID =userClassID;
    edgeFlag. UserID =userID;
    EdgeFlagArr[i] =edgeFlagas IEdgeFlag;
    i++;
}
return EdgeFlagArr;
```

3) LoadNetworkBarriers( )源代码如下:

```
int count =inputFC. FeatureCount(null);
//如果目前有管点障碍,则加入分析器中
    int[] BarrierEIDs =new int[count];
    //遍历障碍要素类,将 EID 属性转化为整型数组
    IFeatureCursor pFCursor =inputFC. Search(null, false);
    IFeature pFeature =null;
    int i =0;
    while ((pFeature =pFCursor. NextFeature()) ! = null) {
        BarrierEIDs[i] =(int)pFeature. get_Value(2);
        i++;
    }
    //创建网络障碍接口对象
    INetElementBarriersGEN netElementBarriersGEN =new NetElementBarriersClass();
    netElementBarriersGEN. Network =m_geometricNetwork. Network;
    netElementBarriersGEN. ElementType  =elementType;
    netElementBarriersGEN. SetBarriersByEID(ref BarrierEIDs);
    return netElementBarriersGEN as INetElementBarriers;
```

4) TraceFlowSolver( )

本函数根据方法索引号(SelectedIndex), 执行追踪器 ITraceFlowSolverGEN 的对应函数, 返回累计耗费数据。源代码如下:

```
//定义 EnumNetEIDArrayClass 变量,用于记录追踪路线经过的管点和管边。
junctionEIDs =new EnumNetEIDArrayClass();
edgeEIDs =new EnumNetEIDArrayClass();
    switch (SelectedIndex)
    {
        case 0://查找共同祖先
            traceFlowSolverGEN. FindCommonAncestors(
                                                        esriFlowElements. esriFEJunctionsAndEdges,
                                                        out junctionEIDs, out edgeEIDs);
            break;
        case 1://查找相连接的网络要素
            break;
        case 2://查找网络中的环
            break;
        case 3://查找未连接的网络要素
            break;
        case 4://查找上游路径,同时获取网络追踪的耗费
            break;
        case 5: //查找路径,同时获取网络追踪的耗费
            break;
        case 6://下游追踪
            break;
        case 7://查找上游路径累积消耗,同时获取网络追踪的耗费
        case 8://上游追踪。
            break;
    }
```

5)ClearElements()

根据 Element 的名称清除当前视图中的 Element。

完整代码如下:

代码(18.3.2)

18.4　功能调用

1)在 MainForm 中添加类成员变量:

```
privateI GeometricNetwork m_geometricNetwork=null;
```

2)添加启动菜单

在 RibbonControl 的“Network”Tab 页建立 Click 响应函数；此函数用来判断当前视图中是否有已打开的几何网络，如果有，就用第一个网络数据结构赋值 m_geometricNetwork 变量，并将分析工具条 ribbonBarUtilityNetwork 设为有效。

3)添加工具条消息响应函数

```
private void btnUtilityNASolve_Click(object sender, EventArgs e)
private void btnAddJunctionFlag_Click(object sender, EventArgs e)
private void btnAddEdgeFlag_Click(object sender, EventArgs e)
private void btnAddJunctionBarriers_Click(object sender, EventArgs e)
private void btnAddEdgeBarriers_Click(object sender, EventArgs e)
private void btnClearFlag_Click(object sender, EventArgs e)
private void btnClearBarriers_Click(object sender, EventArgs e)
private void btnClearResult_Click(object sender, EventArgs e)
```

完整代码如下：

代码(18.4)

18.5　运行测试

按下 F5 键，编译运行程序。

测试数据位于数据库：...\\Data(Book)\HuanbaoGeodatabase.gdb。

第19章　成本路径分析

19.1　知识要点

距离分析是指根据每一栅格相距其最邻近“源”的距离计算，得到每一栅格与其邻近目标“源”的相互关系。进行距离分析时，如果考虑通过每一个栅格的通行成本(时间、金钱等)，即是所谓“成本距离”，否则就是“欧氏距离”分析。成本数据通常是一个单独的成本栅格数据(一般基于重分类来完成)。

在 ArcGIS Engine 中，RasterDistanceOpClass 类实现了距离分析。该类实现了两个主要的接口，分别是 IDistanceOp 和 IRasterAnalysisEnvironment 接口。IDistanceOp 接口包含了距离分析的所有方法，主要有：

(1)EucDistance：欧氏距离；

(2)EucDirection：欧氏方向；

(3)EucAllocation：欧氏分配；

(4)CostDistance：成本距离；

(5)CostBackLink：成本回溯链接；

(6)CostAllocation：成本分配；

(7)CostPath：成本路径；

(8)Corridor：廊道分析。

19.2　功能描述

单击“Saptial Analysis”页上“Cost Distance”按钮，弹出成本距离分析对话框，如图19-1所示，即可根据输入成本图层、源图层、目标图层，生成成本路径栅格数据集。

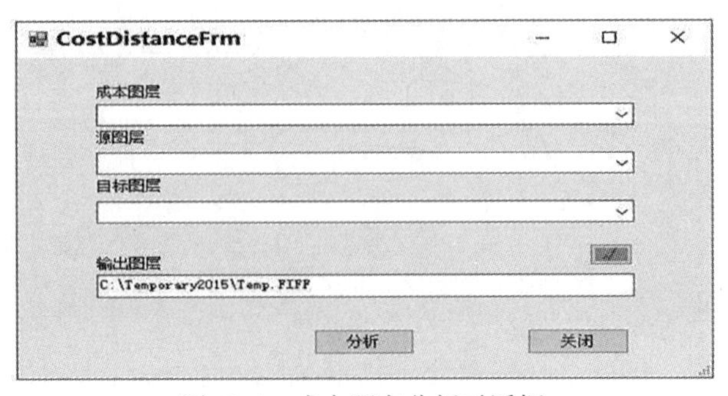

图19-1　成本距离分析对话框

19.3 功能实现

19.3.1 CostDistanceFrm 设计

1. 界面设计

在项目中添加一个新的窗体，名称为“CostDistanceFrm”，Name 属性设为“成本距离”，添加 3 个 ComboBox、1 个 TextBox、2 个 Button 控件。

控件属性设置见表 19-1：

表 19-1　　**控件属性说明**

控件类型	Name 属性	控件说明	备注
ComBox	cbxCostLayer	成本图层	
ComBox	cbxSourceLayer	源图层	
ComBox	cbxTargetLayer	目标图层	
TextBox	txtOutLayer	输出结果文件名	
Button	btnAnalyst	分析按钮	
Button	btnCancel	取消按钮	

2. 类结构设计

添加如下引用代码，修改类定义代码：

```
public partial class CostDistanceFrm: Form
{
    private IMapControl3 m_mapControl;
    public CostDistanceFrm(IMapControl3 mapControl)
    {
        InitializeComponent();
        m_mapControl =mapControl;
    }
    //窗体加载时触发事件,执行函数
    private void CostDistanceFrm_Load(object sender, EventArgs e)
    //点击输出路径按钮时,执行函数
    private void btnOutLayer_Click(object sender, EventArgs e)
    //点击响应函数,执行操作
    private void btnAnalyst_Click(object sender, EventArgs e)
    //取消按钮响应函数:
    private void BtnCancel_Click(object sender, EventArgs e)
```

```
    //若干功能函数:
    public void CalCostDistance(IRasterLayer costRasterLayer,
                                IFeatureClass sourceFclass, IFeatureClass targetFclass,
                                string outputFileName)
    private void SetAnalysisEnvironment(IRasterAnalysisEnvironment rasAnaEnv,
                                        IRaster costRaster)
    //生成图层的工作空间
    private IWorkspace OpenRasterWorkspace(string outputFileName)
    //显示栅格结果
    private void ShowRasterResult(IGeoDataset geoDataset, string interType)
}
```

19.3.2　消息响应函数

1. 载入响应函数 CostDistanceFrm_ Load( )

Load 响应函数主要完成如下工作:

◆　用 m_mapControl 栅格图层名填充 cbxCostLayers; 矢量图层名填充 cbxSourceFLayer、cbxTargetFLayer;

◆　设置输出文件的默认输出路径, 这里我们将默认输出路径设为系统临时目录。

2. 输出路径设置响应函数 btnOutLayer_Click( )

输出路径设置由 SaveFileDialog 实现。

3. 分析响应函数 btnAnalyst_Click( )

◆　准备参数: 源、目标、成本;

◆　调用 CalCostDistance( ) 函数。

19.3.3　核心函数

1. CalCostDistance( )

CalCostDistance( ) 函数完成成本路径分析全部工作, 步骤如下: 其中(3)至(4)是为(5)准备数据。

(1)创建距离分析接口对象;

(2)设置分析环境; 使用 SetAnalysisEnvironment( ) 函数;

(3)成本距离计算; 调用 IDistanceOp2 接口的 CostDistance 方法, 输入源数据集(可以是点类型, 也可以是线类型)、成本数据集, 生成由源到达分析区域内任意一点的成本距离。

(4)回溯链接方向计算; 调用 IDistanceOp2 接口的 CostBackLink 方法, 输入源数据集、成本数据集, 生成由源到达分析区域内任意一点的回溯链接方向。

(5)成本路径计算; 调用 IDistanceOp2 接口的 CostPath 方法, 输入成本数据集、回溯链接方向数据集、目标数据集(只能是点类型, 否则结果无意义), 生成由源到目标的最短成本路径。

(6)结果保存到指定位置。

具体代码如下：

```
IGeoDataset sourceDs=sourceFclass as IGeoDataset;
IGeoDataset targerDs=targetFclass as IGeoDataset;
IGeoDataset costDs=costRasterLayer.Raster as IGeoDataset;
//创建距离分析接口对象,
IDistanceOp2 distanceOp=new RasterDistanceOpClass();
//设置分析环境
IRasterAnalysisEnvironment rasAnaEnv=distanceOp as IRasterAnalysisEnvironment;
SetAnalysisEnvironment(rasAnaEnv, costRasterLayer.Raster);
//成本距离计算
object maxDistance=System.Reflection.Missing.Value;
object valueRaster=System.Reflection.Missing.Value;
IGeoDataset distanceDs = distanceOp.CostDistance(sourceDs, costDs, ref maxDistance, ref valueRaster);
ShowRasterResult(distanceDs,"CostDistance");
//回溯链接方向计算
IGeoDataset backLink=distanceOp.CostBackLink(sourceDs, costDs, ref maxDistance, ref valueRaster);
ShowRasterResult(backLink,"BackLink");
//成本路径计算
IGeoDataset outputDataset = distanceOp.CostPath(targerDs, distanceDs, backLink, esriGeoAnalysisPathEnum.esriGeoAnalysisPathBestSingle);
ShowRasterResult(outputDataset,"CostPath");
//结果保存到指定位置
IWorkspace ws=OpenRasterWorkspace(outputFileName);
string fileName=System.IO.Path.GetFileName(outputFileName);
ISaveAs pSaveAs=outputDataset as ISaveAs;
pSaveAs.SaveAs(fileName, ws,"IMAGINE Image");
```

2. SetAnalysisEnvironment( )函数

本函数负责设置栅格分析环境，这是十分重要的一步，所有基于栅格分析的分析方法，都必须设置好分析环境，它是通过 IRasterAnalysisEnvironment 接口来实现的，所有进行的栅格分析的组件都实现了 IRasterAnalysisEnvironment 接口。

代码如下：

```
//设置生成图层的范围
IGeoDataset rGeoDataset=pRaster as IGeoDataset;
object extent=rGeoDataset.Extent;
object missing=System.Reflection.Missing.Value;
rasAnaEnv.SetExtent(esriRasterEnvSettingEnum.esriRasterEnvValue, ref extent, ref missing);
//设置生成图层的栅格大小
IRasterProps rProps=pRaster as IRasterProps;
IPnt p=rProps.MeanCellSize();
object cellsize=(p.X+p.Y) / 2;
```

```
rasAnaEnv. SetCellSize(esriRasterEnvSettingEnum. esriRasterEnvMinOf, ref cellsize);
```

3. 显示栅格结果辅助函数

代码如下：

```
//创建栅格图层
IRasterLayer rasterLayer =new RasterLayerClass();
IRaster raster =new Raster();
raster =(IRaster)geoDataset;
rasterLayer. CreateFromRaster(raster);
rasterLayer. Name =interType;
//添加到 Map

m_mapControl. AddLayer((ILayer)rasterLayer, 0);
m_mapControl. ActiveView. Refresh();
```

完整代码如下：

代码(19. 3)

19. 4　功能调用

在“Saptial Analysis”Tab 页，添加“Cost Distance”按钮。建立 Click 响应函数；

```
private void btnCostDistance_Click(object sender, EventArgs e)
{
    CostDistabceFrm frm =new CostDistabceFrm (_mapControl);
    frm. Show();
}
```

19. 5　编译测试

按下 F5 键，编译运行程序，点击“Cost Distance”，弹出分析窗口，添加分析图层，并设置输出文件路径和文件名。

第 20 章　表 面 分 析

20.1　知识要点

在 ArcGIS Engine 中，RasterSurfaceOpClass 类实现了栅格数据的表面分析。该类实现了两个主要的接口，分别是 IRasterAnalysisEnvironment 接口和 ISurfaceOp 接口。ISurfaceOp 接口包含栅格数据表面分析的所有方法，主要有：

- ◆ 坡度分析(Slope)；
- ◆ 坡向分析(Aspect)；
- ◆ 生成等值线(Contour)；
- ◆ 填挖方(CutFill)；
- ◆ 山体阴影(HillShade)；
- ◆ 曲率(Curvature)；
- ◆ 可见性(Visibility)。

下面将介绍坡度、坡向、等值线、填挖方、山体阴影、曲率和可见性这几种常用的表面分析方法，其他方法请读者自行参阅 ArcGIS Engine 的帮助文档。

20.2　功能描述

单击"Spatial Analysis"页"DEM Analyst"按钮，弹出如图 20-1 所示表面分析对话框，即根据输入的栅格图层和矢量图层，生成相应的 DEM 分析结果数据(输出栅格数据)。

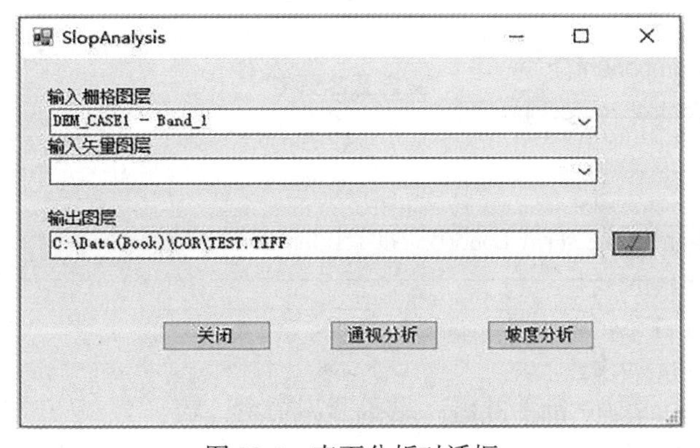

图 20-1　表面分析对话框

20.3　功能实现

20.3.1　DemAnalysisFrm 设计

1. 界面设计

在项目中添加一个新的窗体，名称为“DemAnalysisFrm”，Name 属性设为“DemAnalysis”，添加 3 个 Label、2 个 ComboBox、1 个 TextBox、4 个 Button 控件。

控件属性设置见表 20-1。

表 20-1　　控件属性说明

控件类型	Name 属性	控件说明	备注
ComBox	cbxRasterLayer	输入栅格图层	
ComBox	cbxFeatureLayer	输入矢量图层	
TextBox	cbxOutRaster	输出栅格数据	
Button	btnSlopAnalyst	坡度分析按钮	
Button	btnVisibility	通视分析按钮	
Button	btnBrowser	文件浏览按钮	
Button	btnCancel	取消按钮	

2. 类结构设计

通过添加如下代码，实现修改类定义代码：

```
public partial class DemAnalysisFrm: Form
{
    IMapControl3 m_mapControl =null;
    //构造函数
    public DemAnalysisFrm(IMapControl3 mapControl)
    {
        InitializeComponent();
        m_mapControl =mapControl;
    }
    //装载响应函数：
    private void DemAnalysisFrm_Load(object sender, EventArgs e)
    //坡度分析按钮响应函数：
    private void btnSlopAnalyst_Click(object sender, EventArgs e)
    //可视分析按钮响应函数：
    private void btnVisibility_Click(object sender, EventArgs e)
    //取消按钮响应函数：
```

```
        private void btnCancel_Click(object sender, EventArgs e)
        //文件浏览响应函数
        private void btnBrowser_Click(object sender, EventArgs e)

        //核心功能函数
        //坡度分析：
        private void SlopeAnalyst(IRasterLayer rasterLayer, string outputFileName)
        //通视分析：
        private void ViewAnalyst(IRasterLayer rasterLayer, IFeatureLayer featureLayer,
        string outputFileName)
        //分析环境设置：
        private void SetAnalysisEnvironment(IRasterAnalysisEnvironment rasAnaEnv,
        IRaster costRaster)

        //辅助函数================
        //设置生成图层的工作空间：
        private IWorkspace OpenRasterWorkspace(string outputFileName)
        //获取图层接口：
        private ILayer getLayerFromName(string layerName)
        //显示栅格结果：
        private void ShowRasterResult(IGeoDataset geoDataset, string interType)
}
```

20.3.2 消息响应函数

1. 载入响应函数 DemAnalysisFrm_Load( )

用 IMapControl3. Map 中的栅格图层名填充 cbxRasterLayer；矢量图层填充 cbxFeatureLayer。

2. 输出文件设置响应函数 btnOutRaster_Click( )

输出文件设置由 SaveFileDialog 实现。

3. 分析响应函数 btnSlopAnalyst_Click( )/ btnVisibility_Click( )

准备输入参数，调用相应的核心功能函数。

20.3.3 核心函数

1. SlopeAnalyst( )

SlopeAnalyst( ) 完成坡度分析工作，步骤如下：

(1)创建表面分析接口对象；

(2)设置分析环境，使用 SetAnalysisEnvironment( )函数；

(3)坡度分析计算，调用 ISurfaceOp 接口的 Slope 方法；

(4)结果保存到指定位置。代码如下：

```
IGeoDataset rasDataset=rasterLayer. Raster as IGeoDataset;
//创建表面分析接口对象：
```

```
    ISurfaceOp surfaceOp =new RasterSurfaceOpClass();
    IRasterAnalysisEnvironment rasAnaEnv =surfaceOp as IRasterAnalysisEnvironment;
    //设置分析环境:
    SetAnalysisEnvironment(rasAnaEnv, rasterLayer. Raster);
    //坡度分析:
    object zFactor =new object();
    IGeoDataset outputDataset =surfaceOp. Slope(rasDataset,
                            esriGeoAnalysisSlopeEnum. esriGeoAnalysisSlopeDegrees, ref zFactor);
    //显示分析结果:
    ShowRasterResult(outputDataset, "Slop");
    //保存结果:
    string fileName =System. IO. Path. GetFileName(outputFileName);
    IRasterWorkspace workspace =OpenRasterWorkspace(outputFileName) as IRasterWorkspace;
    IRasterBandCollection rasterBandCollection =outputDataset as IRasterBandCollection;
    rasterBandCollection. SaveAs(fileName, workspaceas IWorkspace, "TIFF");
}
```

2. ViewAnalyst( )

ViewAnalyst( )完成可视分析工作，步骤如下：

(1)创建表面分析接口对象；

(2)设置分析环境，使用 SetAnalysisEnvironment( )函数；

(3)通视分析计算，调用 ISurfaceOp 接口的 Visibility 方法；

(4)结果保存到指定位置。

3. SetAnalysisEnvironment( )函数

本函数负责设置栅格分析环境，这是十分重要的一步，所有基于栅格分析的分析方法，都必须设置好分析环境，它是通过 IRasterAnalysisEnvironment 接口来实现的，所有进行的栅格分析的组件都实现了 IRasterAnalysisEnvironment 接口。

有关辅助函数参考上一章。

完整代码如下：

代码(20. 3)

20. 4　功能调用

在“Spatial Analysis”页上添加“DEM Analyst”按钮。建立 Click 响应函数；

```
private void btnEMAnalyst_Click(object sender, EventArgs e)
{
```

```
        DemAnalysisFrm frm =new DemAnalysisFrm(m_sceneControl);
        frm. ShowDialog();
    }
```

20. 5　编译测试

按下 F5 键，编译运行程序。

运行程序，点击按钮“DEM Analyst”，弹出分析窗口，添加输入图层，并设置输出文件路径和文件名。

测试数据位于目录：... \\Data(Book)\CostDistance。

第五篇　空间数据处理

导读：

空间数据处理是地理信息系统的重要功能之一，包含两个方面：一是对原始采集的数据或质量不符合要求的数据进行处理（编辑、补充、加工等），使其符合 GIS 建库的要求；二是利用已存在的空间数据经过处理（变换、重构、提取）派生出其他数据。

ArcGIS Engine 提供了大量的空间数据处理工具，本篇介绍常用典型的空间数据处理方法，内容如下：

第 21 章　Geometry 编程；

第 22 章　2D 对象转换 MultiPatch 对象；

第 23 章　拓扑检查；

第 24 章　空间参考系与投影变换；

第 25 章　空间插值（IDW）；

第 26 章　TIN/DEM 生成。

第 21 章　Geometry 编程

21.1　知识要点

了解 ArcGIS 几何对象模型，需要从 Geometry 对象模型图入手，如图 21-1 所示。

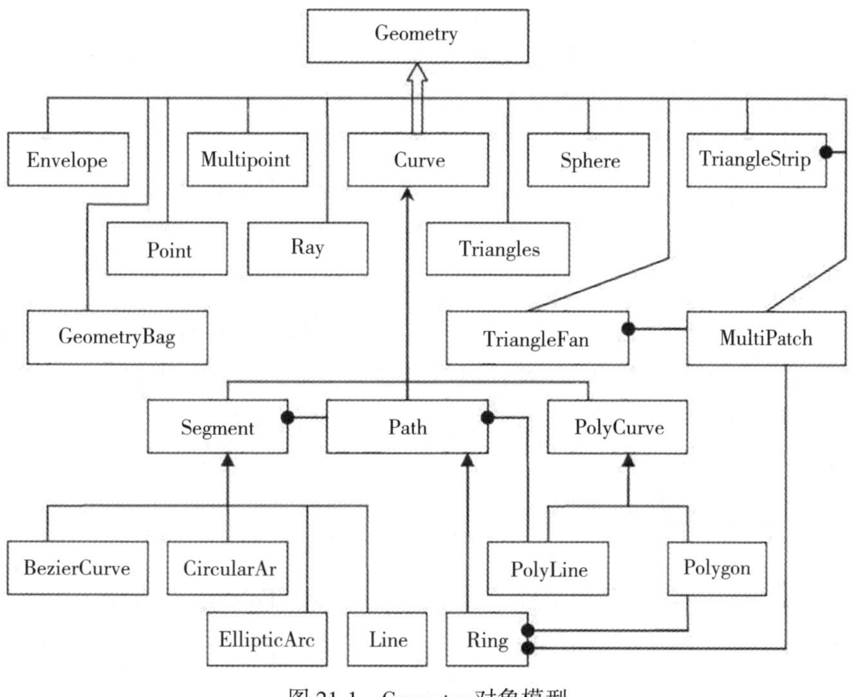

图 21-1　Geometry 对象模型

(1)Segment 对象是一个有起点和终点的“线段”，也就是说 Segment 只有两个点，至于两点之间的线是直的，还是曲的，需要其余的参数定义。所以 Segment 是由起点、终点和参数三个方面决定的。Segment 有 4 个子类，它的 4 个子类分别是直线、圆弧、椭圆弧、贝赛尔曲线。

(2)Path 是连续(首尾相接)Segment 的集合，除了路径的第一个 Segment，其余的 Segment 的起始点都是前一个 Segment 的终止点，当 Path 封闭时(即起始点和终止点有相同的坐标值)就是 Ring。

Path/Ring 实现了 IPointCollection 接口；对于简单的 Path 对象(直线段组成)，可用这个接口直接创建 Path。

(3)Polyline/Polygon 是 Path/Ring 组成的有序集合，IGeometryCollection 接口提供了访问 Polyline/Polygon 中的 Path/Ring 的方法。

一个 Polyline 对象必须满足以下准则：

◆　组成 Polyline 的 Path 对象都是有效的；

◆　Path 不会重合、相交或自相交；

◆　多个 Path 对象可以连接于某一个节点，也可以是分离的；

◆　长度为 0 的 Path 对象是不被允许的。

一个 Polygon 对象必须满足以下准则：

◆　组成 Polygon 对象的每一个 Ring 都是有效的；

◆　Ring 之间的边界不能重合；

◆　外部环是有方向的，它是顺时针方向；

◆　内部环在一个多边形中定义了一个洞，它是逆时针方向；

◆　面积为 0 的环是不允许的。

(4)Geometry 对象分为两个层次，一个是直接用来构成要素的 Geometry 对象，另一个是构成这些对象的部件对象，前者称为高级几何对象(Polyline、Polygon、Point 等)，后者称为低级几何对象(Path、Ring、Segment 等)。

(5)为保证 Polyline/Polygon 的合法性，在构造时可调用 ITopologicOperator 接口的 Simplify()函数进行合法化处理。注意：只有高级几何对象才能实现这个接口，如果需要对低级几何对象进行合法化操作，可将其包装成高级几何对象。

21.2　功能描述

本章通过读取 EPSCOR 数据文件，介绍构建 Point、Polyline、Polygon 几何对象的方法。EPSCOR 文件是 EPS 数字测图软件支持的一种较简单的 GIS 数据文本格式，按分块记录几何图形实体，以空格作为分隔符，每块格式如下：

【编码】【点数】【线型】　　//块头

【点 id】【E】【N】【H】　　//数据体

…(多行，每个点一行)

预期功能是：用户点击主菜单“Data Manager”中“Convert Cor File”菜单项，出现 Cor 文件转换对话框，选择 COR 格式数据文件，设置输出 SHP 文件等，设置转换类型，点击确认后，程序将读取 Cor 文件中数据块，根据数据类型构建 Point、Polygon 或 Polyline 要素，并添加到指定的 shp 文件中。控件布局如图 21-2 所示。

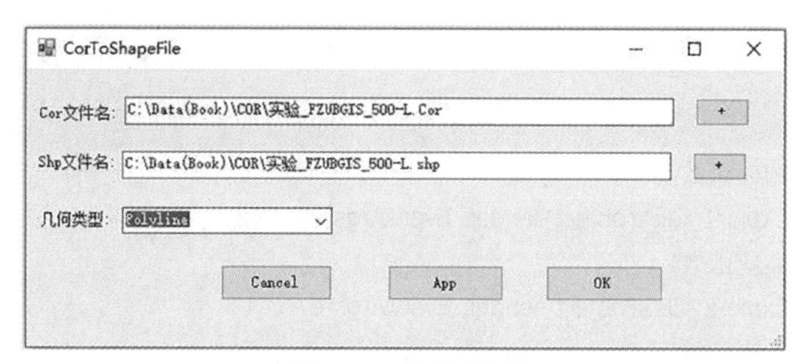

图 21-2　控件布局

21.3　功能实现

21.3.1　CortoShapefileFrm 设计

1)界面设计

新建窗体(取名为：CortoShapefileFrm)设置相应控件的相关属性，见表 21-1。

表 21-1　**控件属性说明**

控件	Name 属性	含义	备注
TextBox	txtCorFileName	Cor 文件名	
TextBox	txtShapeFileName	输出 shp 文件名	
ComboBox	cbxshpType	几何类型	集合中填写行：Point、Polyline、Polygon
Button	btnExplor1	输入文件浏览	
Button	btnExplor2	输出文件浏览	
Button	btnApply	转换	
Button	btnCancel	关闭	
Button	btnOK	确定	

2)类结构设计

代码如下：

```
public partial class CorToShapefileFrm: Form
{
    object obj =Type. Missing;
    private IMapControl3 m_mapControl =null;
    public CorToShapefileFrm(IMapControl3 mapControl)
    {
        InitializeComponent();
```

```
        m_mapControl =mapControl;
    }

    //输入文件浏览响应函数
    private void btnExplor1_Click(object sender, EventArgs e)
    //输出文件浏览响应函数
    private void btnExplor2_Click(object sender, EventArgs e)
    //输入文件变化响应函数
    private void txtCorFileName_TextChanged(object sender, EventArgs e)
    //执行响应函数
    private void btnApply_Click(object sender, EventArgs e)
    private void btnCancel_Click(object sender, EventArgs e)
    private void btnOK_Click(object sender, EventArgs e)

    //功能函数:将 COR 文件的面图层转为目标要素类(Point)
    private void SaveTo_TargetFeatueClas_P(StreamReader sr, IFeatureClass targetFC)
    //功能函数:将 COR 文件的面图层转为目标要素类(Polyline)
    private void SaveTo_TargetFeatueClas_L(StreamReader sr, IFeatureClass targetFC)
    //功能函数:将 COR 文件的面图层转为目标要素类(Polygon)
    private void SaveTo_TargetFeatueClas_A(StreamReader sr, IFeatureClass targetFC)

    //辅助函数:创建一个 Shp 要素类
    private IFeatureClass CreateFeatureClassForCor(string shpFullName,
    esriGeometryType geoType)
    //辅助函数:读取一个 Ring
    private IRing ReadRingByCount(StreamReader sr, int nPointCount)
    //辅助函数:读取一个 path
    private IRing ReadRingByCount(StreamReader sr, int nPointCount)
    //辅助函数:读取文件中一行字符串
    private bool ReadLineString(StreamReader sr, ref string str)
    //辅助函数:将几何类型字符串转换为几何类型枚举类型
    private esriGeometryType StringToGeometryType(string TypeOfString)
}
```

21.3.2　CortoShapefileFrm 响应函数

1. btnApply_click()函数

btnApply_Click()函数负责调度转换流程，步骤如下：

- 创建目标要素：用到辅助函数 CreateFeatureClassForCor()；
- 获取一个指向文件流的流读取器；
- 根据目标类型，存储 COR 数据到目标要素类中，本例仅实现 polyline 类型转换，其他部分请读者自行完成；

◆　添加目标要素类到图层。

代码如下：

```
//创建目标要素：
esriGeometryType geometryType =StringToGeometryType(this. cbxshpType. Text);
IFeatureClass targetFC =CreateFeatureClassForCor( txtShapeFileName. Text, geometryType );
//获取一个指向文件流的流读取器
FileInfo fi =new FileInfo(txtCorFileName. Text);
FileStream fs =fi. Open(FileMode. Open, FileAccess. Read, FileShare. ReadWrite);
StreamReader sReader =new StreamReader(fs, Encoding. GetEncoding("gb2312"));
//存储 COR 数据到目标要素中
switch (geometryType)
{
case esriGeometryType. esriGeometryPolygon:
    SaveTo_TargetFeatueClas_A(sReader, targetFC);
    break;
case esriGeometryType. esriGeometryPolyline:
    SaveToTargetFeatueClas_L(sReader, targetFC);
    break;
case esriGeometryType. esriGeometryPoint:
    SaveToTargetFeatueClas_P(sReader, targetFC);
default:
    break;
}
//关闭文件流
sReader. Close();
fs. Close();
//添加目标要素图层
IFeatureLayer pfeatureLyr =new FeatureLayerClass();
pfeatureLyr. FeatureClass =targetFC;
pfeatureLyr. Name =targetFC. AliasName;
m_mapControl. AddLayer(pfeatureLyr, 0);
```

2. 其他响应函数

主要实现一些人机交互操作。

21. 3. 3　SaveTo_TargetFeatueClas_"X"功能函数实现

共有三个功能函数，分别如下：

SaveTo_TargetFeatureClas_P()；

SaveTo_TargetFeatureClas_L()；

SaveTo_TargetFeatureClas_A()。

分别用辅助函数 ReadPointByCount( )、ReadPathByCount( )、ReadRingByCount( )读取 COR 文件中的文本，每读取一个 COR 数据块，生成一个 Point 或者 Path/Ring 几何实体，

如果是 Point 则直接用它创建新要素，对于 Path/Ring 实体则包装成一个 Polyline/Polygon 再创建新要素，最后将从块头分解到的编码信息存储到新要素的“CODE”字段中。

SaveTo_TargetFeatureClas_L( )函数代码如下：

```
int iCode =targetFC. Fields. FindField("CODE");
string str ="";
object obj =Type. Missing;
//将每个 COR 数据块转换为一个要素：
while (ReadLineString(sr, ref str))
{
    string[] strArr =str. Split(new char[] {' '});
    int nCode =int. Parse(strArr[0]);
    int nPointCount =int. Parse(strArr[1]);
    IPath pPath =ReadPathByCount(sr, nPointCount);
    if (pnt ! = null)
    {
        IGeometryCollection polyline = new PolylineClass();
        polyline.AddGeometry(pPath,ref obj, ref obj);
        //创建新要素
        IFeature pFeature =targetFC. CreateFeature();
        pFeature. Shape =polyline as IGeometry; //保存图形
        pFeature. set_Value(iCode, nCode);//保存编码信息
        pFeature. Store();
    }
    else {
    break;
    }
}
```

21.3.4　辅助函数

(1)CreateFeatureClassForCor( )函数：

创建一个与 COR 文件内容匹配的要素类(包含自定义字段:【CODE】)，这里用到 GeodatabaseOper 类，该类提供如下功能函数：

- 空间参考系创建及克隆；
- 字段定义集创建及克隆；
- 要素属性匹配与复制；
- 打开 gdb、shp 工作空间；
- 要素类创建与复制等。

为简化学习曲线，该类已实现(代码见附录 4)，存放 GeodatabaseOper. dll 组件中，直接添加 GeodatabaseOper. dll 引用到项目，即可正常使用。

代码如下：

```
//获取 shp 工作空间(目录名)、shapefile 文件名:
string shpPathName =System. IO. Path. GetDirectoryName(shpFullName);
string shpFileName =System. IO. Path. GetFileName(shpFullName);
//创建"CODE"字段描述:
IFields userFields= new FieldsClass();
IFieldsEdit pFieldsEdit =(IFieldsEdit)userFields;
{
    IField pField =new FieldClass();
    IFieldEdit pFieldEdit =(IFieldEdit)pField;
    pFieldEdit. Name_2 ="CODE";
    pFieldEdit. AliasName_2 ="CODE";
    pFieldEdit. Type_2 =esriFieldType. esriFieldTypeInteger;
    pFieldsEdit. AddField(pField);
}
//打开工作空间:
IFeatureWorkspace fcWorkspace = GeodatabaseOper. OpenShapefileWorkspace (shpPathName) as IFeatureWorkspace;
//创建新要素类:
IFeatureClass fcClass =GeodatabaseOper. CreateFeatureClass(userFields, geoType, null, fcWorkspace, shpFileName);
```

(2) ReadPointByCount、ReadPathByCount、ReadRingByCount 等函数，分别从 COR 文件中读取点、线、面数据；ReadPathByCount( ) 函数代码如下：

```
IPointCollection pointList =new PathClass();
for (int i =0; i < nPointCount; i++)
{
    string str ="";
    if (! ReadLineString(sr, ref str))
        return null;
    string[] strArr =str. Split(new char[] { ' ' });
    if (strArr. Length < 3)
        return null;

    double x =double. Parse(strArr[1]);
    double y =double. Parse(strArr[2]);
    //double z =double. Parse(strArr[3]);

    IPoint point =new PointClass();
    point. PutCoords(x, y);
    object obj =Type. Missing;
    pointList. AddPoint(point,ref obj, ref obj);
}
```

```
return pointList as IPath;
```

(3)ReadLineString 函数取一行文本；

(4)StringToGeometryType 函数将字符串转换为 GeometryType 枚举类型。

完整代码如下：

代码(21.3)

21.4　功能调用

在主"Data Manager"菜单上添加 Convert Cor File 菜单项，并创建响应函数，代码如下：

```
private void btnCorToShp_Click(object sender, EventArgs e)
{
    CorToShapefileFrm frm =new CorToShapefileFrm(_mapControl);
    frm. ShowDialog();
}
```

21.5　编译测试

(1)按下 F5 键，编译运行程序；

(2)点击按钮"Cor To ShapeFile"启动 COR 转换对话框；

(3)选择 COR 文件名：... \\Data\\COR\\实验_FZUBGIS_500-A. Cor;

(4)指定几何类型：Polyline;

(5)点击"应用"，生成"实验_FZUBGIS_500-A. shp"文件。

测试数据位于目录：... \\Data(Book)\COR。

第22章　2D对象转换MultiPatch对象

22.1　知识要点

MultiPatch是ArcGIS用于描述3D图形的几何结构，可以由TriangleStrip、TriangleFan、Triangle和ring对象组合而成。

MultiPatch可以通过多种方式创建，除通过直接导入外部3D格式数据文件(3D Studio Max.3ds files，OpenFlight.flt files，COLLADA.dae files，Sketchup.skpfiles，VRML.wrl files)创建外，ArcGIS Engine提供了多种创建MultiPatch几何对象的方法，常用方法是使用IConstructMultiPatch接口和ConstructIExtrude接口，拉伸Polyline对象(拉伸为墙)和Polygon对象(拉伸为多面体)来创建MultiPatch对象。此外，3D符号也可转换为MultiPatch对象。

如果创建没有贴图纹理，只需将创建好的MultiPatch各个组成部分，通过MultiPatch的IGeometryCollection接口逐一添加即可。如果MultiPatch每个组成部分需要添加纹理信息，应通过IGeometryMaterialList为MultiPatch各组成部分定义材质等属性信息，然后使用IGeneralMultiPatchCreator对象来创建带纹理的MultiPatch对象。

IGeneralMultiPatchInfo接口可获取MultiPatch的各个组成部分的属性信息。

22.2　功能描述

南方某市勘测院生产的地下管线测量数据，采用二维坐标(起点、终点)表示一管段，高程和管径等信息存放在属性表中，字段名及含义见表22-1。

表22-1　**字段名及含义**

序　号	1	2	3	4
字段名称	QDGXGC	ZDGXGC	GJ	CZ
含　义	起点高程	终点高程	管径	材质

算法思路：

(1)利用起点高程、终点高程、管径属性信息、重建管道中线的三维坐标；

(2)如果没有指定纹理信息，按管径大小在坐标原点XOY平面构建管段底截面，通过拉升获得管段的竖直模型，然后再通过平移旋转恢复至正确位置。

(3)如果指定了纹理信息，按 TriangleStrip 构造管段三维模型，即按管径大小构建管段底截面和顶截面，由底截面 2 点+顶截面 1 点，或底截面 1 点+顶截面 2 点开始，交替组成三角形，将道壁表示成三角形带，构造时设置相应的纹理坐标。

本章介绍使用 ArcGIS Engine 有关接口，利用二维管线信息生成三维管线模型，实现功能如下：点击“Data Handling”Tab 页的“Construct Multipatch”按钮，弹出 Construct 3D Pip 对话框：根据选定输入图层、目标数据集，起点高程、终点高程、管径所在“字段”，即可完成 2D 数据生成三维管线数据，操作界面如图 22-1 所示。

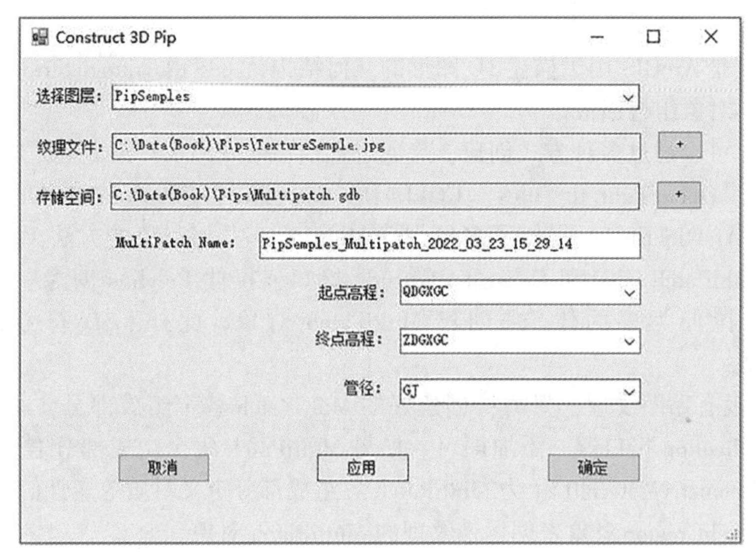

图 22-1　操作界面

22.3　功能实现

22.3.1　Construct3DPipMultipatchFrm 设计

1)窗体界面设计

新建窗体，取名为 Construct3DPipMultipatchFrm，设置相应控件的相关属性，见表 22-2。

表 22-2　**相应控件及属性**

控件	Name 属性	含义	备注
ComboBox	cbxLayers	选择图层	输入图层
TextBox	txtOutputPath	存储空间	输出路径

续表

控件	Name 属性	含义	备注
TextBox	txtFcname	输出要素类名	
TextBox	txtTextureFile	纹理文件名	
ComboBox	cbxFromAltitudeFields	起点高程	
ComboBox	cbxToAltitudeFields	终点高程	
ComboBox	cbxPipeDiameterFileds	管径	
Button	btnTextureFile	纹理文件浏览	
Button	btnOutputPath	存储路径浏览	
Button	btnApp	应用	
Button	btnCancel	关闭	
Button	btnOK	确定	

2)类设计

代码如下：

```
public partial class Construct3DPipMultipatchFrm: Form
{
    private IMap _pMap =null;
    public Construct3DPipMultipatchFrm(IMap pMap)
    {
        InitializeComponent();
        _pMap =pMap;
    }
    #region Event Function
    private void Construct3DPipMultipatchFrm_Load(object sender, EventArgs e)
    private void cbxLayers_SelectedIndexChanged(object sender, EventArgs e)
    private void btnOutputPath_Click(object sender, EventArgs e)
    private void btnTextureFile_Click(object sender, EventArgs e)
    private void btnCancel_Click(object sender, EventArgs e)
    private void btnOK_Click(object sender, EventArgs e)
    private void btnApp_Click(object sender, EventArgs e)
    #endregion

    #region Key Function
    public bool Export3DPipe ( IFeatureClass inFeatureClass, IFeatureClass saveFeatureClass, string textureFile )
    //用拉伸的方法创建 MultiPatch 类型的管线
    public IGeometry GeneratePipeByExtrude(IGeometry pGeo, double r, int division)
```

```
    //用 TriangleStrip 创建带纹理的 MultiPatch 类型管线
    public IGeometry Construct3DPipeWithTexture (IGeometry pGeo, double R, int division, string textureFile)
    #endregion

    #region Support Function
    //添加 Z 值
    private IGeometry getGeometryAddZ(IGeometry pGeom, double qdgc, double zdgc)
    private List<IPoint> CalCulateTriStripPointPair(IPoint fromPnt, IPoint toPnt, IVector3D VectorCross)
    //设置贴图的点
    private List<IPoint> SetTextureCoordinate(string textureFile)
    //设置 Part 每个部分的属性信息
    public void SetPartProperty(IGeneralMultiPatchCreator multiPatchCreator, int partIndex,esriPatchType
                         partType, int materialIndex, int ptIndex, int texptIndex)
    private void MakeZAware(IGeometry geometry)
    private IPoint ConstructPoint3D(double x, double y, double z)
    //时间信息字符串
    public string DateTimeToString(DateTime inDateTime)
    #endregion
}
```

22.3.2　响应函数

1) btnApply_Click( ) 函数

btnApply_Click( ) 函数工作流程如下：

- ◆ 从界面获取参数；
- ◆ 创建输出要素类；
- ◆ 主要调用 Export3DPipe( ) 函数。

2) Load 事件响应函数

利用 Map 中 FeatureClass 图层填充 cbxLayers。

3) cbxLayers_SelectedIndexChanged 响应函数

根据选择的图层填充起点高程、终点高程、管径下拉框。

4) 其他响应函数

22.3.3　调度控制函数

Export3DPipe( ) 实现程序的调度控制，工作流程如下：

(1) 根据字段名解析相关字段的索引。

(2) 建立目标要素类 Insert 游标。

(3) 建立字段映射字典，为后续属性复制做准备。

(4) 利用 Search 标遍历输入要素类：

- ◆ 构造目标要素类的缓冲要素；

◆　对每个要素的 IGeometry，利用起点高程、终点高程、管径属性信息、重建管道中线的三维坐标；

◆　调用 GeneratePipeByExtrude( ) 函数或 Construct3DPipeWithTexture( ) 函数创建三维管线模型，赋值给缓冲要素的 shape；

◆　缓冲要素属性复制；

◆　缓冲要素插入目标要素。

代码如下：

```
IDataset pDataset =(IDataset)inFeatureClass;
//获取 OID、SHAPE 字段的索引
int lng_OID =inFeatureClass. FindField(inFeatureClass. OIDFieldName);
int lng_SHAPE =inFeatureClass. FindField(inFeatureClass. ShapeFieldName);
//获取起点高程(QDGC)、终点高程(2DGC)、管径(GJ)字段的索引
int lng_strSurH =inFeatureClass. Fields. FindField(strQDGC);
int lng_endSurH =inFeatureClass. Fields. FindField(strZDGC);
int lng_Diameter =inFeatureClass. Fields. FindField(strGJ);
//建立目标要素 Insert 游标
IFeatureCursor saveFeatCursor =saveFeatureClass. Insert(true);
IFeature saveFeature =null;
//生成两个要素类字段的对应表
Dictionary<int, int> pFieldsDict =new Dictionary<int, int>();
GeodatabaseOper. GetFCFieldsDirectory(inFeatureClass, saveFeatureClass, ref pFieldsDict);
//建立输入要素的 Search 游标
IFeatureCursor inFeatCursor =inFeatureClass. Search(null, false);
int nCount =inFeatureClass. FeatureCount(null);
IFeature inFeature =inFeatCursor. NextFeature();
//使用 IFeatureBuffer 在内存中产生缓存避免多次打开,关闭数据库
IFeatureBuffer saveFeatBuf =null;
long n =0;
while (inFeature ! = null)
{
    try
    {
        saveFeatBuf =saveFeatureClass. CreateFeatureBuffer();
        saveFeature =saveFeatBufas IFeature;
        //计算管道起点终点中心高程
        double qdgc =double. Parse(inFeature. get_Value(lng_strSurH). ToString());
        double zdgc =double. Parse(inFeature. get_Value(lng_endSurH). ToString());
        double Diameter =double. Parse(inFeature. get_Value(lng_Diameter). ToString());
        double r= Diameter / 2000;//cm 单位换算
        qdgc =qdgc-Diameter;
        zdgc =zdgc-Diameter;
```

```
            //创建 3Dmetry:
            IGeometry geometry3D =getGeometryAddZ(inFeature. ShapeCopy, qdgc, zdgc);
            //创建 Multipatch
            if (! System. IO. File. Exists(textureFile))
                saveFeature. Shape =GeneratePipeByExtrude(geometry3D, r, 100);
            else
                saveFeature. Shape =Construct3DPipeWithTexture(geometry3D, r, 100, textureFile);

            //设置属性
            GeodatabaseOper. CopyFeatureProperty(inFeature, saveFeature, pFieldsDict);
            //插入要素
            saveFeatCursor. InsertFeature(saveFeatBuf);
        }
        catch (Exception ex)
        {
            System. Windows. Forms. MessageBox. Show(ex. ToString());
        }
        finally
        {
            saveFeature  =null;
            n++;
            //每 2000 个推送一次
            if (n % 2000  == 0) {
                saveFeatCursor. Flush();
            }
            inFeature =inFeatCursor. NextFeature();
        }
    }
    //完成剩余推送
    saveFeatCursor. Flush();
```

22.3.4　拉伸创建 MultiPatch

GeneratePipeByExtrude( )函数用拉伸的方法创建 MultiPatch 类型，工作流程如下：

(1)按管径大小在 XOY 平面上建立一个三维矢量(起点在坐标原点，长度等于管径)，绕 Z 轴旋转这个矢量，计算管底截面数据；

(2)使用 IConstructMultiPatch 接口 ConstructExtrude( )函数，拉伸底截面至管线长度，生成竖直的管道模型；

(3)计算 Z 向量与实际管线方向的夹角，Z 向量与管线矢量交运算得到旋转轴，然后用 Transforms3D. RotateVector3D( )函数将管道模型旋转至实际管线平行方向；

(4)用 Transforms3D. Move3D 平移至正确位置。

代码如下：

```
    IPointCollection pPointList =pGeo as IPointCollection;
    IPoint fromPoint =pPointList. get_Point(0);
    IPoint toPoint =pPointList. get_Point(1);
    object _Missing =Type. Missing;
    //设置拉升的 Geometry 的 ZAware =true.
    IPointCollection pPointCol =new PolygonClass();
    MakeZAware(pPointColas IGeometry);
    //构造单位 2 轴向量,以管径 r 构造 X 向量
    IVector3D pVectorZ =new Vector3DClass();
    pVectorZ. SetComponents(0, 0, 1);
    IVector3D VectorXOY =new Vector3DClass();
    VectorXOY. SetComponents(r, 0, 0);
    //计算管道截面
    double Angle =2 *  Math. PI / division;
    for (int i =0; i < division; i++)
    {
        VectorXOY. Rotate(Angle, pVectorZ);
          IPoint  pPoint  =  ConstructPoint3D  ( VectorXOY. XComponent,  VectorXOY. YComponent,
VectorXOY. ZComponent);
        pPointCol. AddPoint(pPoint,ref _Missing, ref _Missing);
    }
    //Close Polygon
    (pPointColas IPolygon). Close();
    //计算管线长度+拉升构建 Multipatch
    double  length  =  Math. Sqrt ( Math. Pow (( fromPoint. X-toPoint. X ),  2 ) + Math. Pow (( fromPoint. Y-
toPoint. Y), 2)+Math. Pow((fromPoint. Z-toPoint. Z), 2));
    IConstructMultiPatch ConstructPath =new MultiPatchClass();
    ConstructPath. ConstructExtrude(length, pPointColas IGeometry);
    //Z 向量与实际管线方向夹角
    IVector3D pVectorPipe =new Vector3DClass();
    pVectorPipe. SetComponents(toPoint. X-fromPoint. X, toPoint. Y-fromPoint. Y, toPoint. Z-fromPoint. Z);
    double RotateAngle =Math. Acos(pVectorPipe. ZComponent / pVectorPipe. Magnitude);
    //矢量交运算得到旋转轴+旋转模型
    IVector3D VectorAxis =pVectorZ. CrossProduct(pVectorPipe) as IVector3D;
    ITransform3D transforms3D =ConstructPath as ITransform3D;
    transforms3D. RotateVector3D(VectorAxis, RotateAngle);
    //平移到所在位置
    transforms3D. Move3D(fromPoint. X, fromPoint. Y, fromPoint. Z);
    IGeometry pGeometry =ConstructPath as IGeometry;
```

22. 3. 5　创建带纹理的 MultiPath

Construct3DPipeWithTexture( )函数，按 TriangleStrip 构造创建带纹理的管段三维模型，

工作流程如下：

（1）初始化材质列表对象、设置贴图的坐标点；

（2）初始化 GeneralMultiPatchCreator 对象，该对象将 Multipatch 分为若干部分：执行 Init( )设置模型总点数，对应纹理点数(通常和模型点数相同)，part 个数(本例为 1)，材质列表对象等，使用辅助函数 SetPartProperty( )设置 Part 属性信息：Patch 类型、材质索引、part 起点索引，part 纹理点索引等。

（3）由向量交运算得到管线的垂直向量，长度重置为管径大小；

（4）按指定的分辨率(360 等分数)迭代计算 TriangleStrip 点：

- 绕管线矢量旋转垂直向量一个单位，计算管道截面的一个点(中心在原点)；
- 用辅助函数 CalCulateTriStripPointPair( )，计算底截面、顶截面点对；
- 向 GeneralMultiPatchCreator 接口添加 TriangleStrip 点对，和对应纹理坐标；

（5）GeneralMultiPatchCreator. CreateMultiPatch( )函数创建 MultiPatch 模型。

代码如下：

```
IPointCollection pPointList=pGeo as IPointCollection;
IPoint fromPnt=pPointList. get_Point(0);
IPoint toPnt=pPointList. get_Point(1);
//初始化材质列表对象
IGeometryMaterialList materialList=new GeometryMaterialListClass();
{
    //创建图形材质对象
    IGeometryMaterial texture=new GeometryMaterialClass();
    texture. TextureImage=textureFile;// @"d:\temp\img01. jgp";
    materialList. AddMaterial(texture);// 向材质列表添加材质
}
//设置贴图的点
List<IPoint> texturePntArr=SetTextureCoordinate(textureFile);
// 初始化 GeneralMultiPatchCreator 对象
IGeneralMultiPatchCreator multiPatchCreator=new GeneralMultiPatchCreatorClass();
{
    int number=2 *  (division+1);
    multiPatchCreator. Init(number, 1,false, false, false, number, materialList);
    //设置 Part 属性,使用三角带
    SetPartProperty(multiPatchCreator, 0,esriPatchType. esriPatchTypeTriangleStrip, 0, 0, 0);
}
//构造三角带
if ((fromPnt as IZAware). ZSimple && (toPnt as IZAware). ZSimple)
{
    //管线轴向向量
    IVector3D VectorPipe=new Vector3DClass();
    VectorPipe. SetComponents(toPnt. X-fromPnt. X, toPnt. Y-fromPnt. Y, toPnt. Z-fromPnt. Z);//Z 轴
```

单位向量,

```
        VectorPipe. Normalize();
        IVector3D VectorZ =new Vector3DClass();
        VectorZ. SetComponents(0, 0, 1);

        //向量交运算得到管线的垂直向量、长度设置为管径 R、得到管底截面向量;
        IVector3D VectorCross =VectorPipe. CrossProduct(VectorZ) as IVector3D;
        VectorCross. Magnitude =R;
        object Missing =Type. Missing;
        //构造三角形带
        double Angle =2 *  Math. PI / division;
        for (int i =0; i <= division; i++)
        {
            var values =CalCulateTriStripPointPair(fromPnt, toPnt, VectorCross);
            multiPatchCreator. SetPoint(2 *  i, values[0]);
            multiPatchCreator. SetTexturePoint(2 *  i, texturePntArr[(2 *  i) % 4]);
            multiPatchCreator. SetPoint(2 *  i+1, values[1]);
            multiPatchCreator. SetTexturePoint(2 *  i+1, texturePntArr[(2 *  i+1) % 4]);
            //旋转底面上的向量
            VectorCross. Rotate(Angle, VectorPipe);
        }
        IMultiPatch multiPatch =multiPatchCreator. CreateMultiPatch() as IMultiPatch;
        return multiPatch;
    }
    else
    {
        return null;
    }
```

22.3.6　辅助函数

(1)SetPartProperty 函数;

(2)SetTextureCoordinate 函数;

(3)CalCulateTristripPointPair 函数，代码如下:

```
double Xfrom =fromPnt. X+VectorCross. XComponent;
double Yfrom =fromPnt. Y+VectorCross. YComponent;
double Zfrom =fromPnt. Z+VectorCross. ZComponent;
double Xto =toPnt. X+VectorCross. XComponent;
double Yto =toPnt. Y+VectorCross. YComponent;
double Zto =toPnt. Z+VectorCross. ZComponent;
IPoint PntA =ConstructPoint3D(Xfrom,Yfrom,Zfrom);
IPoint PntB =ConstructPoint3D(Xto, Yto, Zto);
```

```
List<IPoint> ptArr =new List<IPoint>();
ptArr. Add(PntA);
ptArr. Add(PntB);
```

完整代码如下：

代码(22. 3)

22. 4　功能集成

在主菜单“Data Hangdling”上添加“Construct Multipatch”按钮，并创建响应函数，代码如下：

```
private void btnMultipatch_Click(object sender, EventArgs e)
{
    Construct3DPipMultipatchFrm frm =new Construct3DPipMultipatchFrm(_mapControl. Map);
    if (frm. ShowDialog() = = System. Windows. Forms. DialogResult. OK) {
    }
}
```

22. 5　编译测试

(1)按下 F5 键，编译运行程序；

(2)添加数据 C：\Data(Book)\Pips\PipSample. shp；

(3)点击按钮“Construct Multipatch”，启动 Construct 3D Pip 对话框；

(4)选择 PipSample 图层；指定输出文件；

(5)指定存储空间：C:\Data(Book)\Pips\Multipatch. gdb；

(6)指定纹理文件：C:\Data(Book)\Pips\TextureSample. jpg；

(7)输入 Multipatch 要素名；

(8)选择起点高程、终点高程、管径相应的字段；

(9)点击“应用”，生成 3D Pip 要素类。

第23章　拓扑检查

23.1　知识要点

拓扑是一个或多个 Geodatabase 要素类的特殊集合，这个集合共同遵守若干几何特征一致性规则(拓扑规则)。一个典型的例子是：公共道路、成片土地和建筑物遵循如下规则：地块不应重叠，地块和公共道路也不应重叠，建筑物应当被包含在地块内。

拓扑结构隶属于数据集，一个要素数据集可以拥有多个拓扑；一个拓扑可以添加多个要素类；参与构建拓扑的要素应是简单要素类，拓扑不会修改要素类的定义。

ArcEngine 允许定义这些类型的规则，并提供验证工具来识别违反规则的功能，以及明确允许违反规则的功能。常用接口是 ITopologyContainer2/ ITopologyContainer，ITopology，ITopologyRuleContainer 接口：

(1) ITopologyContainer2 用于创建 ITopology ，用到如下两个方法：

◆　ITopologyContainer. CreateTopology( )；

◆　ITopologyContainer2. CreateTopologyEx( )。

(2) ITopologyRuleContainer 添加拓扑规则；

◆　TopologyRuleContainer. AddRule( )。

(3) ITopology 添加图层，验证拓扑：

◆　ITopology. ValidateTopology( )；

◆　ITopology. AddClass( )。

23.2　功能描述

点击“Data Handling”Tab 页的“Topology”按钮，弹出拓扑分析对话框，即根据选定的目标数据集，在列表中定义拓扑规则等，即可进行拓扑检查分析。操作界面如图 23-1 所示。

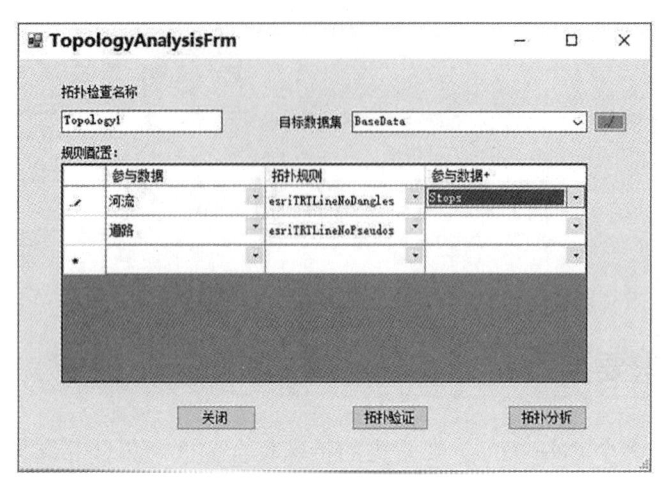

图 23-1　操作界面

23.3　功能实现

23.3.1　TopologyAnalysisFrm 设计

1. 界面设计

在项目中添加一个新的窗体，名称为“TopologyAnalysisFrm”，Name 属性设为“TopologyAnalysis”，添加 1 个 ComboBox、1 个 TextBox、4 个 Button、1 个 DataGridView 控件。

控件属性设置见表 23-1。

表 23-1　**控件属性说明**

控件类型	Name 属性	控件说明	备注
ComBox	cbxDatasetName	目标数据集	
TextBox	txtTopoName	拓扑检查名称	
Button	btnDatasetBrowesr	数据集浏览	
Button	btnTopoAnalyst	拓扑分析	
Button	btnTopoValidated	拓扑验证	
Button	btnCancel	取消	
DataGridView	dataGridView1	拓扑定义信息表	

2. 类结构设计

添加如下引用代码，修改类定义代码：

```
public partial class TopologyAnalysisFrm: Form
{
    private IWorkspace m_pWorkspace =null;
    public TopologyAnalysisFrm()
    {
        InitializeComponent();
    }

    #region 消息响应函数
    private void TopologyAnalysisFrm_Load(object sender, EventArgs e)
    private void btnDatasetBrowser_Click(object sender, EventArgs e)
    private void cbxDatasetName_SelectedIndexChanged(object sender, EventArgs e)
    private void btnTopologyCheck_Click(object sender, EventArgs e)
    private void btnTopologyValidated_Click(object sender, EventArgs e)
    #endregion

    #region 核心功能函数
    //拓扑检查
    public void TopologyCheck()
    //创建新拓扑
    public ITopology CreateTopology(IFeatureDataset featureDataset, string sTopologyName,
                                    double dTolerance, bool specifyZClusterTolerance)
    //添加拓扑规则
    public void AddRuleToTopology(ITopology topology, esriTopologyRuleType ruleType,
                                  String ruleName, IFeatureClass featureClass)
    public void AddRuleToTopology(ITopology topology, esriTopologyRuleType ruleType,
                                  String ruleName, IFeatureClass originClass, int originSubtype,
                                  IFeatureClass destinationClass, int destinationSubtype)
    //拓扑验证
    public void ValidateTopology(ITopology topology, IEnvelope envelope)
    #endregion
    #region 辅助函数
    private esriTopologyRuleType getTopologyRuleType(string ruleName)
    private bool IsDoubleDataTopoRule(string ruleName)
    private DataGridViewComboBoxColumn CreateComboBoxWithEnums(string Title)
    #endregion
}
```

23.3.2　消息响应函数

1. 载入响应函数 TopologyAnalysisFrm_ Load( )

在载入 TopologyAnalysisFrm 时，主要完成 dataGridView1 初始化，共构建 3 个

ComboBox 类型的列元素，分别是"拓扑规则""参与数据""参与数据+"。其中"拓扑规则"列元素填充 5 个拓扑规则名：esriTRTLineNoDangles(无悬挂点)、esriTRTLineNoPseudos(无伪节点)、esriTRTAreaNoOverlap(面无重叠)、esriTRTAreaCoveredByAreaClass(面无覆盖)、esriTRTPointCoveredByAreaBoundary(点不能被面覆盖)。

2. 数据集设置响应函数 btnDatasetBrowser_ Click( )

本例中数据集设置 gdb 数据源，步骤如下：

(1)通过 FolderBrowserDialog 对话框选择 gdb 数据源目录；

(2)打开 gdb 工作空间；

(3)通过 IEnumDatasetName 名字接口将 gdb 中所有的数据集添加到 cbxDatasetName 的 Items 中。

3. 数据集名称索引变化响应函数 cbxDatasetName_ SelectedIndexChanged( )

(1)根据数据集名称查找数据集名字接口 IDatasetName；

(2)清空 DataGridView 的 0/2 列 ComboBox；

(3)用数据集名称接口的子集名填充 DataGridView 的 0/2 列 ComboBox。

4. 拓扑检查/拓扑验证响应函数

此处涉及两个响应函数：btnTopologyCheck_Click( )/ btnTopologyValidated_Click( )分别调用 TopologyCheck( )、ValidateTopology( ) 核心功能函数。

23.3.3　核心函数

1. TopologyCheck( )

(1)使用 ISchemaLock 的 ChangeSchemaLock 函数，在要素数据集上建立独占模式锁；

(2)创建拓扑对象：此处使用核心函数 CreateTopology( )；

(3)添加要素类和拓扑规则到拓扑结构中：每次根据拓扑规则涉及的要素类多少，调用不同的 AddRuleToTopology 函数；

(4)调用 ValidateTopology( )函数验证拓扑；

(5)将数据集上的模式锁改为共享模式。代码如下：

```
// Open the workspace and the required datasets
IFeatureWorkspace featureWorkspace =(IFeatureWorkspace)m_pWorkspace;
string strDatasetName =cbxDatasetName. SelectedItem. ToString();
IFeatureDataset featureDataset =featureWorkspace. OpenFeatureDataset(strDatasetName);
ISchemaLock schemaLock =(ISchemaLock)featureDataset;
try
{
    //尝试在要素数据集上建立独占模式锁
    schemaLock. ChangeSchemaLock(esriSchemaLock. esriExclusiveSchemaLock);
    //创建拓扑
    string topoName =this. cbxDatasetName. SelectedItem. ToString();
    topoName += "_"+this. txtTopoName. Text. ToString();
    ITopology topology =CreateTopology(featureDataset, topoName, -1, false);
```

```
    //添加要素类和拓扑规则到拓扑结构中
    for (int i =0; i < this. dataGridView1. RowCount - 1; i++)
    {
        string ruleName =dataGridView1[1, i]. Value. ToString();
        esriTopologyRuleType ruleType =getTopologyRuleType(ruleName);
        if ( ! IsDoubleDataTopoRule(ruleName) )
        {
            string inFClassName =dataGridView1[0, i]. Value. ToString();
            IFeatureClass blocksFC =featureWorkspace. OpenFeatureClass(inFClassName);

            topology. AddClass(blocksFC, 5, 1, 1,false);
            AddRuleToTopology(topology, ruleType, ruleType. ToString(), blocksFC);
        }
        else {
            string inFClassName =dataGridView1[0, i]. Value. ToString();
            string refFClassName =dataGridView1[2, i]. Value. ToString();
            IFeatureClass blocksFC =featureWorkspace. OpenFeatureClass(inFClassName);
            IFeatureClass parcelsFC =featureWorkspace. OpenFeatureClass(refFClassName);

            topology. AddClass(blocksFC, 5, 1, 1,false);
            topology. AddClass(parcelsFC, 5, 1, 1,false);
            AddRuleToTopology(topology, ruleType, ruleType. ToString(), parcelsFC, 1,
                            blocksFC, 1);
        }
    }
    // 获取验证拓扑的范围并且验证拓扑
    IGeoDataset gDataset= (IGeoDataset)topology;
    IEnvelope envelope =gDataset. Extent;
    ValidateTopology(topology, envelope);
}
catch (COMException comExc) {
MessageBox. Show(comExc. Message. ToString());
}
finally {
    schemaLock. ChangeSchemaLock(esriSchemaLock. esriSharedSchemaLock);
}
```

2. AddRuleToTopology( )函数

单要素拓扑规则使用第一个 AddRuleToTopology 函数；双要素拓扑规则使用第二个 AddRuleToTopology 函数，代码如下：

```
//初始化拓扑规则
ITopologyRule topologyRule =new TopologyRuleClass();
```

```
topologyRule. TopologyRuleType =ruleType;
topologyRule. Name =ruleName;
topologyRule. OriginClassID =featureClass. FeatureClassID;
topologyRule. AllOriginSubtypes  =true;
//把 topology 对象强制转换到 ITopologyRuleContainer 对象,然后添加拓扑规则
ITopologyRuleContainer topologyRuleContainer =(ITopologyRuleContainer)topology;
if (topologyRuleContainer. get_CanAddRule(topologyRule)) {
    topologyRuleContainer. AddRule(topologyRule);
}
else {
throw new ArgumentException("Could not add specified rule to the topology. ");
}
```

3. ValidateTopology( )函数

代码如下：

```
// Get the dirty area within the provided envelope.
IPolygon locationPolygon =new PolygonClass();
ISegmentCollection segmentCollection =(ISegmentCollection)locationPolygon;
segmentCollection. SetRectangle(envelope);
IPolygon polygon =topology. get_DirtyArea(locationPolygon);
// If a dirty area exists, validate the topology.
if (! polygon. IsEmpty)
{
    // Define the area to validate and validate the topology.
    IEnvelope areaToValidate =polygon. Envelope;
    IEnvelope areaValidated =topology. ValidateTopology(areaToValidate);
}
```

4. CreateTopology( )

代码如下：

```
//创建一个新的拓扑
ITopology topology =null;
ITopologyContainer2 topologyContainer =(ITopologyContainer2)featureDataset;
if (specifyZClusterTolerance)  {
    topology =topologyContainer. CreateTopologyEx(sTopologyName, dTolerance,
            topologyContainer. DefaultZClusterTolerance, -1,"");
}
else  {
    topology =topologyContainer. CreateTopology(sTopologyName, dTolerance, -1, "");
}
```

23.3.4　辅助函数

包括 OpenTopologyByName( )，一些类型转换函数。

完整代码如下：

代码(23.3)

23.4 功能调用

在“Data Handling”Tab 页上，添加“Topology”按钮。建立“Click”响应函数。

```
private void btnTopology_Click(object sender, EventArgs e)
{
    TopologyAnalysisFrm frm =new TopologyAnalysisFrm();
    frm. ShowDialog();
}
```

23.5 编译测试

按下 F5 键，编译运行程序。

运行程序，点击按钮“Topology”，弹出分析窗口，添加拓扑规则，按压功能按钮即可完成拓扑检查与拓扑验证。

测试数据位于目录：... \\Data(Book)\BuildingForGdb。

第 24 章　空间参考系与投影变换

24.1　知识要点

1. 空间参考系

空间参考系(Spatial Reference)是引用了一个基准面的坐标系，基准面一般是指地球的基准面(地球椭球面、大地水准面)，有球面坐标系(Geographic Coordinate System)、三维笛卡儿坐标系、二维投影坐标系(Projected Coordinate System)。

ArcGIS Engine 提供了一系列对象供开发者管理 GIS 的坐标系统。常用的坐标参考系有：ProjectedCoordinateSystem、GeographicCoordinateSystem、UnknownCoordinateSystem。ArcGIS Engine 由 SpatialReferenceEnvironmentClass 类创建一个坐标系或者基准面，该类实现了 ISpatialReferenceFactory 接口，该接口定义了创建坐标系、基准面等方法和属性。创建坐标系时，需要一个 int 类型的参数(坐标系代号，如 4326 是 WGS1984)，对于自定义坐标系统需要使用 Projection、Datum、AngularUnit、Spheriod、PrimeMeridian 等对象。

我国常用坐标系有以下几种：

1) CGCS2000

CGCS2000 是中国 2000 国家大地坐标系的缩写，该坐标系是通过中国 GNSS 连续运行基准站、空间大地控制网以及天文大地网联合平差建立的地心大地坐标系统。中国 2000 国家大地坐标系以 ITRF 97 参考框架为基准，参考框架历元为 2000.0。

CGCS2000 为地心直角坐标系，坐标系原点和轴定义如下：原点为地球的质心；Z 轴指向 IERS 参考极方向；X 轴指向 IERS 参考子午面与通过原点且同 Z 轴正交的赤道面的交点；Y 轴指向按右手坐标系确定。

CGCS2000 的有关参数：

长半轴 $a=6378137\text{m}$；

扁率 $f=1/298.257222101$；

地心引力常数 $\text{GM}=3.986004418\times10^{14}\text{m}^3/\text{s}^2$；

自转角速度 $\omega=7.292115\times10^{-5}\text{rad/s}$。

2) WGS-84

在定义上，WGS-84 与 CGCS2000 是一致的，即关于坐标系原点、尺度、定向及定向演变的定义都是相同的，都属于地心地固坐标系。采用的参考椭球非常接近，扁率差异引起椭球面上的纬度和高度变化最大达 0.1mm。当前测量精度范围内，两者相容至厘米级水平。

WGS-84(G1150)的有关参数：

长半径 $a=6378137\pm2$(m)；

扁率 $f=1/298.257223563$；

地球引力和地球质量的乘积 $GM=3.986005\times10^{14}m^3/s^2\pm0.6\times10^8m^3/s^2$；

地球自转角速度 $\omega=7.292115\times10^{-5}rad/s\pm0.150\times10^{-11}rad/s$

WGS-84 坐标系由 26 个全球分布的监测站实现，不同版本的 WGS-84 对应相应的 ITRF 版本和参考历元。WGS-84(G1150)与 ITRF2000 在 2001.0 历元对应，当前 WGS-84 (G1674)与 ITRF2008 在历元 2005.0 处一致。

3)北斗坐标系

北斗坐标系和 WGS-84 坐标系类似，属于导航坐标系，其坐标是观测历元的动态坐标，与 CGCS2000 坐标系有 2500 多个框架点不同，北斗坐标系只有几个框架点，其更新周期短，测量精度低，而 CGCS2000 属于国家基础坐标系，更新周期长达几十年。但 CGCS2000 坐标系与北斗坐标系的定义、椭球是一致的。

4)1954 坐标系、1980 坐标系

1954 坐标系或 1980 坐标系和 CGCS2000 坐标系，在定义和实现上有根本区别，它们是参心大地坐标系(局部坐标)，坐标轴指向不明确。因此与地心坐标之间的变换是不可避免的，当采用模型变换时，变换模型的选择应依据精度要求而定。

5)CGCS2000 和 WGS-84 的区别

(1)CGCS2000 是一个严密的坐标系统，ITRF97 框架，2000.0 历元(瞬时坐标系)。WGS-84 不是一个严密的坐标系统，它缺少历元的约束，因此，WGS-84 坐标应该是指某个历元的坐标，例如：G1674 以后观测所得到的 WGS-84 坐标，是 ITRF2008，2005.0 历元下的坐标。

(2)ITRF2000 以后的框架差别较小(毫米级)，但 WGS-84 坐标与 CGCS2000 在历元引起坐标上的差别不能忽略，同样的点位及观测精度，GNSS 接收机获取的 WGS-84 坐标及 CGCS2000 坐标差别在分米级。

(3)两者都基于 ITRF 框架，可通过历元、框架转换进行换算。历元归算到 2000.0 的 WGS 坐标可以作为 CGCS2000 坐标使用。

2. 坐标变换

为了确保所有数据在地图中具有准确一致的位置信息，地图数据必须使用完全相同的空间参考系。由于数据获取手段的不同(例如 GPS 定位、全站仪定位)，导致数据的空间参考系不同，因此常常需要通过坐标操作(Coordinate Operation)使参考系保持一致。在不同基准面之间进行的坐标操作称为坐标转换(Transformation)，在相同基准面但不同的地图投影和不同地区的坐标之间进行的坐标操作称为坐标变换。

ArcGIS Engine 提供 Project 接口满足坐标变换的要求(包括球面转平面或平面转球面)。在不同基准面之间进行坐标操作，涉及相对地心的平移或旋转等，需要指定相应的坐标转换模型(Geographics Transformation)，模型由 ArcGIS Engine 的 IGeoTransformation 接口定义，可以指定源坐标系和目标坐标系、一套转换参数(常用的有三参数和七参数)，实现该接口的类包括：

(1)AbridgedMolodenskyTransformation(简洁 Molodensky 模型：三参数平移)；

(2)MolodenskyTransformation(Molodensky 模型：三参数平移，比简洁 Molodensky 精确度高)；

(3)CoordinateFrameTransformation(坐标框架模型：七参数，以米为单位的三次平移、以弧秒为单位的三次旋转、以百万分之一为单位的比例因子)；

(4)PositionVectorTransformation(位置矢量模型：与 CoordinateFrameTransformation 原理相同，但旋转参数定义与 CoordinateFrameTransformation 相反)；

(5)GeocentricTranslation(地心模型：三参数平移)；

(6)LongitudeRotationTransformation(经度旋转模型：针对不同起始子午线)；

(7)MolodenskyBadekasTransformation(十参数布尔莎模型：七参数+三个以米为单位的基准原点)；

(8)CompositeGeoTransformation(复合模型)；

(9)HARNTransformation(基于格网的方法，美国 49 个州)；

(10)NADCONTransformation(基于格网的方法，适用不同区域)；

(11)NTv2Transformation(基于 NTv2 格式的文件)。

其中，CoordinateFrameTransformation 就是常用的布尔莎七参数转换类。

具体转换坐标可通过 IGeometry 的 Project(不需要 IGeoTransformation)和 ProjectEx 函数(需要 IGeoTransformation)，用法如下：

```
geometry. SpatialReference =srcSR;
    geometry. ProjectEx (dstSR, esriTransformDirection. esriTransformForward, geoTrans, false, 0, 0);//或者直接调用 Project
geometry. Project(dstSR);
```

24.2　功能描述

自然资源部规定于 2018 年 7 月 1 日后全面使用 CGCS2000 国家大地坐标系，另一方面 GPS 定位手段已经广泛应用于各种测绘工作，其定位成果采用 WGS-84 坐标系。应用时需要将 WGS-84 转换为 CGCS2000。两个坐标系的转换关系可通过如下两种方法确定：

(1)联测 CGCS2000 坐标的控制点，求取 WGS-84 和 CGCS2000 的转换参数。

(2)利用 ITRF 公布的转换参数进行框架和历元的转换，重点是历元转换，如何确定观测地的速度场是关键(由于板块运动不仅包含线性运动，也包含非线性运动)。

ArcGIS Engine 提供 WGS-84 坐标和 ITRF 2000 坐标系的转换模型，考虑到 ITRF 框架 2000 前后的版本变化很小，历元和 CGCS2000 基本一致，WGS-84 向 CGCS2000 转换按如下思路进行：

(1)利用 ITRF_2000_To_WGS_84 模型将 WGS-84 转换为 ITRF 2000；

(2)忽略框架误差，将坐标系重新定义为 CGCS2000；

(3)将 CGCS2000 坐标投影变换为 CGCS2000 Projected Coordinate System。

本章将介绍使用 ArcGIS Engine 有关接口，实现上述思路的方法和步骤，功能如下：

点击"Data Handling"Tab 页的"Project"按钮，弹出 WGS-CGCS2000 对话框；根据选定的图层，输出 shp 文件名、投影带等参数，完成 WGS84-CGCS2000 的转换。操作界面如图 24-1 所示。

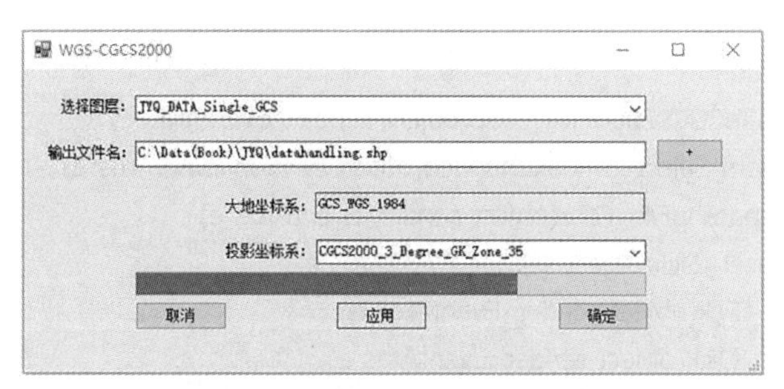

图 24-1　WGS84 向 CGCS2000 转换的界面

24.3　功能实现

24.3.1　WGS84ToCGCS2000Frm 设计

1) 界面设计

新建窗体，取名为 WGS84ToCGCS2000Frm，设置相应控件的相关属性，见表 24-1。

表 24-1　　控件属性说明

控件	Name 属性	含义	备注
ComboBox	cbxLayers	选择图层	输入图层
TextBox	txtShapeFileName	输出 shp 文件名	输出文件
TextBox	txtInCoordinateSys	输入坐标系	
ComboBox	cbxOutCoordinateSys	投影坐标系	仅限于 CGCS2000
Button	btnOutShpFile	输出文件浏览	
Button	btnApp	应用	
Button	btnCancel	关闭	
Button	btnOK	确定	

2) 类结构设计

代码如下：

```
public partial class WGS84ToCGCS2000Frm: Form
{
    private IMap _pMap =null;
```

```
    public WGS84ToCGCS2000Frm(IMap pMap)
    {
        InitializeComponent();
        _pMap =pMap;
    }
    #region Event Function
    private void WGS84ToCGCS2000Frm_Load(object sender, EventArgs e)
    private void cbxLayers_SelectedIndexChanged(object sender, EventArgs e)
    private void btnOutputShpFile_Click(object sender, EventArgs e)
    private void btnCancel_Click(object sender, EventArgs e)
    private void btnOK_Click(object sender, EventArgs e)
    private void btnApp_Click(object sender, EventArgs e)
    #endregion

    #region Key Function
    public bool ProjectFeatueClass(IFeatureClass fromFeatureClass, string prjfileName, ISpatialReference
targetSys, IGeoTransformation gTrans, esriTransformDirection transformDirection)
    private void DefineSpatialReference(IDataset dataset, ISpatialReference spatialReference)
    #endregion

    #region Support Function
    private IProjectedCoordinateSystem CreateProjectedCoordinateSystem(int WKID)
    private IGeographicCoordinateSystem CreateGeographicCoordinateSystem(int WKID)
    private IGeoTransformation CreateGeoTransformation(ISpatialReference fromSR, ISpatialReference
toSR, SevenParameters parameters)
    private IGeoTransformation CreateGeoTransformation(in gTransType)
    private IFeatureLayer GetFeatureLayer(string layerName)
    private IEnumLayer GetFeatureLayers()
    private void ResetProgressBar(bool visible, int maximum, int value, int step)
    #endregion
    public struct SevenParameters
    public enum CGCS_2000_PCS
}
```

24. 3. 2　响应函数

1) btnApply_Click( ) 函数

本函数负责转换流程调度，步骤如下：

(1) 参数准备；

(2) 创建需要的三种坐标系：IFRF 2000、CGCS2000、CGCS2000 Projected；

(3) 调用 ProjectFeatureClass( ) 函数将 WGS_84 数据集转换为 ITRF2000 数据集；

(4) 使用 DefineSpatialReference( ) 函数修改数据集坐标系为 CGCS2000；

(5)调用 ProjectFeatureClass( )函数将 CGCS2000 数据集变换为高斯投影数据集。

2)Load 事件响应函数

主要完成工作：

(1)利用 Map 中 FeatureClass 图层填充 cbxLayers；

(2)利用 CGCS_2000_PCS 枚举填充 cbxOutCoordinateSys。

3)其他响应函数

24.3.3　坐标变换函数

ProjectFeatueClass( )函数实现数据集从输入坐标系向输出坐标之间的转换，参数除目标文件名、目标坐标系外，要求提供转换模型 IGeoTransformation。

实现如下思路：

(1)创建目标要素类，并建立该要素的 Insert 游标，用到 GeodatabaseOper 类(实现源代码见附录 4)；

(2)建立字段映射字典为后续属性复制做准备；

(3)利用 Search 标遍历输入要素类：

- 对每个要素的 IGeometry 副本调用 ProjectEx( )函数完成坐标变换；
- 构造缓存要素，并为其 shape 赋值，属性复制；
- 缓存要素插入目标要素。

代码如下：

```
esriGeometryType gType =fromFeatureClass. ShapeType;
//打开工作空间
toWorkSpace =GeodatabaseOper. OpenShapefileWorkspace(workPathName) as IFeatureWorkspace;
//创建目标要素
toFeatureClass = GeodatabaseOper. CreateFeatureClass ( fromFeatureClass, gType, targetSys,
toWorkSpace, outPrjName);
//激活目标要素插入游标
IFeatureCursor toFeatureCursor =toFeatureClass. Insert(true);
//建立字段映射字典
Dictionary<int, int> pFieldsDict =new Dictionary<int, int>();
GeodatabaseOper. GetFCFieldsDirectory(fromFeatureClass, toFeatureClass, ref pFieldsDict);
//建立源要素查询游标,遍历源要素,对每个要素进行投影变换
IFeatureCursor pFC =fromFeatureClass. Search(null, false);
IFeature fromFeature =null;
while ( (fromFeature =pFC. NextFeature()) ! = null)
{
    //用 IGeometry. ProjectEx 进行投影转换
    IGeometry2 pGeometry =(IGeometry2)fromFeature. ShapeCopy;
    pGeometry. ProjectEx(targetSys, transformDirection, gTrans,false, 0, 0);
    pGeometry. SpatialReference =targetSys;
    IFeatureBuffer bf =toFeatureClass. CreateFeatureBuffer();
```

```
        bf. Shape =pGeometry;
        //set property
        GeodatabaseOper. CopyFeatureProperty(fromFeature, bf as IFeature, pFieldsDict);
        //新要素出入目标要素类
        toFeatureCursor. InsertFeature(bf);
    }
```

24. 3. 4　辅助函数

(1)两个坐标系(CGS, PCS 两类)创建函数，用 ISpatialReferenceFactory2 接口实现。

①投影坐标系创建函数代码如下：

```
Type factoryType =Type. GetTypeFromProgID("esriGeometry. SpatialReferenceEnvironment");
System. Object obj =Activator. CreateInstance(factoryType);
ISpatialReferenceFactory2 pSRF =obj as ISpatialReferenceFactory2;
// Initialize and create the input and output coordinate systems.
IProjectedCoordinateSystem pPCS =new ProjectedCoordinateSystemClass();
pPCS =pSRF. CreateProjectedCoordinateSystem(WKID);
```

②地理坐标系创建函数代码如下：

```
Type factoryType =Type. GetTypeFromProgID("esriGeometry. SpatialReferenceEnvironment");
System. Object obj =Activator. CreateInstance(factoryType);
ISpatialReferenceFactory2 pSRF =obj as ISpatialReferenceFactory2;
IGeographicCoordinateSystem pGCS =new GeographicCoordinateSystemClass();
// Initialize and create the input and output coordinate systems.
pGCS =pSRF. CreateGeographicCoordinateSystem(WKID);
```

(2)两个转换模型创建函数：一是 ArcGIS 预定义坐标系代号创建，二是用参数创建。

①方法一代码如下：

```
ICoordinateFrameTransformation pTrans =new CoordinateFrameTransformationClass();
pTrans. PutSpatialReferences(fromSR, toSR);
pTrans. PutParameters ( parameters. dx, parameters. dy, parameters. dz, parameters. wx,
parameters. wy, parameters. wz, parameters. ppm);
pTrans. Name =fromSR. Name +"_TO_"+toSR. Name;
```

②方法二代码如下：

```
Type factoryType =Type. GetTypeFromProgID("esriGeometry. SpatialReferenceEnvironment");
System. Object obj =Activator. CreateInstance(factoryType);
ISpatialReferenceFactory2 srFactory2 =obj as ISpatialReferenceFactory2;
IGeoTransformation pTrans = srFactory2. CreateGeoTransformation (( int ) gTransType ) as
IGeoTransformation;
```

(3)DefineSpatialReference()实现数据集参考系的修改，使用 IGeoDatasetSchemaEdit 接口实现。代码如下：

```
IGeoDatasetSchemaEdit geoSchemaEdit =dataset as IGeoDatasetSchemaEdit;
if (geoSchemaEdit. CanAlterSpatialReference)
{
```

```
        geoSchemaEdit. AlterSpatialReference(spatialReference);
    }
```

完整代码如下：

代码(24. 3)

24. 3. 5　辅助结构

程序用到的七参数在 ArcGIS Engine 中没有预定义类型，需要补充定义：CGCS2000 投影坐标系 wkid 虽然在 ArcGIS Engine 中有预定义，为使用方便重新定义了 CGCS_2000_PCS 枚举类型，同时还定义了我国常用的投影坐标系（Beijing_1954_PCS、Xian_1980_PCS）、GCS 坐标系和 VCS 坐标系，见附录 6。

24. 4　功能集成

在主 Data Hangdling 菜单上添加 Project 按钮，并创建响应函数，代码如下：

```
private void btnMapProject_Click(object sender, EventArgs e)
{
    WGS84ToCGCS2000Frm frm =new WGS84ToCGCS2000Frm(_mapControl. Map);
    frm. ShowDialog();
}
```

24. 5　编译测试

- 按下 F5 键，编译运行程序；
- 添加数据 C：\Data(Book)\JYQ\JYQ_DATA_Single_GCS. shp；
- 点击按钮“Project”启动 WGS84-CGCS2000 对话框；
- 选择 JYQ_DATA_Single_GCS 图层，指定输出文件；
- 指定目标参考系为：CGCS2000_3_Degree_GK_Zone_37；
- 点击“应用”，生成转换 shp 文件。

第 25 章　空间插值(IDW)

25.1　知识要点

空间插值是根据有限的样本点数据来生成连续的表面(像素分布)，根据插值点计算公式的不同有 IDW、Spline、Trend、Kriging 等多种插值方法，其中最常用的是 IDW 法(反距离加权法)，它以插值点与样本点之间的距离倒数为权重进行加权平均，离插值点越近的样本点赋予的权重越大。

在 ArcGIS Engine 中，RasterInterpolationOpClass 类专用于空间插值分析。该类实现了两个主要的接口，分别是 IRasterAnalysisEnvironment 接口和 IInterpolationOp 接口。

IRasterAnalysisEnvironment 接口用来设置空间分析的环境。IInterpolationOp 接口实现了所有空间插值的方法，分别为：

(1)反距离权重法(IDW)；

(2)克里金法(Kriging)；

(3)样条函数法(Spline)；

(4)趋势面法(Trend)；

(5)自然邻域法(NaturalNeighbor)；

(6)通过文件实现地形转栅格(TopoToRasterByFile)；

(7)变异函数法(Variogram)。

25.2　功能描述

本章通过“反距离权重法”介绍 ArcGIS Engine 空间插值方法的使用。用户鼠标右键单击“Data Handling”工具条上“IDW Interpolation”按钮，激活 IDW 空间插值对话框，用户可选择输入图层、输出文件，以及控制参数表等。控件布局如图 25-1 所示。

有关其他插值方法，读者可参阅 ArcGIS Engine 的帮助文档完成。

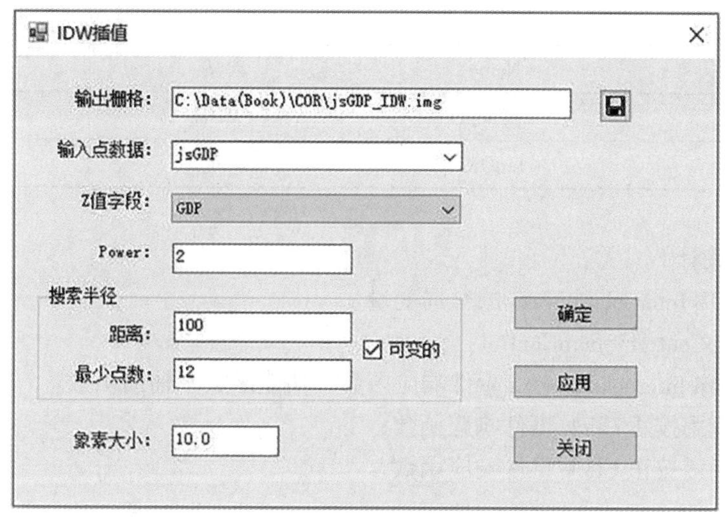

图 25-1　控件布局

25.3　功能实现

25.3.1　IDWInterpolation 窗体设置

1. 界面设计

(1)添加 IDW 空间插值类对话框类，命名为 IDWInterpolationFrm，修改窗体的 Text 属性为"IDW 插值"，并添加 Button、Label、ComboBox 等控件。

(2)设置控件属性，见表 25-1。

表 25-1　**控件属性说明**

控件	Name	含义	备注
TextBox	txtOutput	输出文件名	Img 格式
ComboBox	cbxInPointLyr	输入点图层	
ComboBox	cbxZValueField	Z 值字段	
TextBox	txtPowerValue	权重指数	
TextBox	txtMaxDistance	最大搜索距离	
TextBox	txtMinPoints	最少搜索点数	
TextBox	txtCellSize	像素大小	
Button	btnExplore	文件浏览	
Button	btnApp	应用	

续表

控件	Name	含义	备注
Button	btnCancel	关闭	
Button	btnOK	确定	

2. 类结构设计

(1)添加 IDWInterpolationFrm 的全局变量:

private IMapControl3_mapControl;

(2)添加 IDWInterpolationFrm 事件响应函数、功能函数、辅助函数:

◆ 添加应用按钮 Click 事件响应函数;

◆ 添加确定按钮 Click 事件响应函数。

代码如下:

```
public partial class IDWInterpolationFrm: Form
{
    private IMapControl3 _mapControl =null;
    public IDWInterpolationFrm(IMapControl3 mapControl)
    {
        InitializeComponent();
        _mapControl =mapControl;
    }
    //事件响应函数
    private void IDWInterpolationFrm_Load(object sender, EventArgs e)
    private void cbxInPointLyr_SelectedIndexChanged(object sender, EventArgs e)
    private void btnExplore_Click(object sender, EventArgs e)
    private void btnApp_Click(object sender, EventArgs e)
    private void btnOK_Click(object sender, EventArgs e)
    private void btnCancel_Click(object sender, EventArgs e)
    //辅助函数
    private void SetRasterAnalysisEnvironment(IInterpolationOp pInterpolationOp,
                IFeatureLayer maskFlyr, IEnvelope pExtent, double cellsize)
    private IRasterRadius GetSearchRadius()
    private void SaveRasterToFile(IRaster pRaster, String sPath, String sOutName)
    private ILayer GetLayerByname(string lyrName)
}
```

25.3.2　事件响应函数

1)Load 响应函数的实现

Load 响应函数的主要作用是用 MapControl 中点类图层填充 cbxInPointLyr(图层名)控件，同时对几个分析参数赋初值。

2) btnExplore 按钮响应函数的实现

3) cbxInPointLyr_SelectedIndexChanged 图层选择响应函数

本函数在 cbxInPointLyr 控件选择某图层后，完成对可选 z 值字段的填充。

4) btnApp 按钮响应函数的实现

该函数完成空间内插操作的具体步骤如下：

第一步，利用输入要素类构造一个要素描述器 FeatureClassDescriptor；由它定义 FeatureClass 作为分析操作的属性；

第二步，获取分析参数(Power，ZValue，CellSize，RasterRadius)；

第三步，初始化内插计算接口，并设置分析环境；

第四步，调用 IDW 方法，执行内插计算；

第五步，结果保存到文件；

第六步，显示。

代码如下：

```
IFeatureClass pInPointFClass =pntLyr. FeatureClass;
//构造一个要素描述器 FeatureClassDescriptor
IFeatureClassDescriptor pFeatClsDes =new FeatureClassDescriptorClass();
if (cbxZValueField. Text ! = "无")
    pFeatClsDes. Create(pInPointFClass,null, cbxZValueField. Text);
else
    pFeatClsDes. Create(pInPointFClass,null, "");
//获取分析参数：
double dCellSize =Convert. ToDouble(txtCellSize. Text);
double dPower =Convert. ToDouble(txtPowerValue. Text);
IRasterRadius pRsRadius =GetSearchRadius();
//创建内插计算接口,并设置分析环境：
IInterpolationOp pInterpolationOp =new RasterInterpolationOp() as IInterpolationOp;
SetRasterAnalysisEnvironment(pInterpolationOp,null, pntLyr. AreaOfInterest, dCellSize);
//执行内插计算：
object objLineBarrier =Type. Missing;
IGeoDataset rasDataset;
rasDataset = pInterpolationOp. IDW ((IGeoDataset) pFeatClsDes, dPower, pRsRadius, ref objLineBarrier);
IRaster outputRaster =rasDataset as IRaster;
//保存：
string outputFileName =txtOutput. Text;
string outputPath =System. IO. Path. GetDirectoryName(outputFileName);
string fileName =System. IO. Path. GetFileName(outputFileName);
SaveRasterToFile(outputRaster, outputPath, fileName);
//显示：
IRasterLayer pRasterLayer =new RasterLayer() as IRasterLayer;
```

```
pRasterLayer. Name =fileName;
pRasterLayer. CreateFromRaster(outputRaster);
_mapControl. AddLayer(pRasterLayer, 0);
```

25.3.3 辅助函数

(1)SetRasterAnalysisEnvironment()函数实现栅格环境设置，包括：设置像素大小，分析范围，插值边界(有效范围)；

(2)GetSearchRadius()函数获取搜索半径，由 chkVariate 控件控制分为两种情况：

“可变”：搜索半径可变，固定至少点数；

“固定”：搜索半径固定，点数不限；

(3)SaveRasterToFile()将结果保存到文件；

(4)GetLayerByname()根据图层名获取图层。

完整代码如下：

代码(25.3)

25.4 功能调用

在工具条“Data Handling”上添加一按钮项(命名为 Interpolate IDW)，创建并修改 Click 事件响应函数，代码如下：

```
private void btnInterpolateIDW_Click(object sender, EventArgs e)
{
        IDWInterpolationFrm frm =new IDWInterpolationFrm(m_mapControl);
        if (frm. ShowDialog() == DialogResult. OK) {
            m_mapControl. ActiveView. Refresh();
            axTOCControl1. Update();
    }
}
```

25.5 功能测试

(1)按下 F5 键，编译运行程序；

(2)加载数据：...\\Data(book)\\Raster\\GDP. mdb\\jsGDP；

(3)点击按钮“Interpolate IDW”，启动要素类创建对话框，设置输出的文件名，选择：

◆ 输入图层= jsGDP；

- Z 值字段= POPULATION;
- 搜索方法= 可变;
- 最少点数= 12;
- 像素大小= 500。

(4)点击“应用”按钮，即可内插栅格数据已添加到地图。

第26章　TIN/DEM生成

26.1　知识要点

TIN是GIS典型的表面模型，通常由矢量数据创建。

ArcGIS Engine创建TIN需要用到ITinEdit接口，通过接口的AddFromFeatureClass方法添加创建TIN的数据源，最后都调用ITinEdit接口的SaveAs()方法，将创建的TIN数据保存。

TIN向DEM转换，可采用GP工具TinRaster实现。

26.2　功能描述

单击“Data Handling”页“Create TIN”按钮，弹出如图26-1所示Create TIN对话框：

选取输入图层、高程字段，以及参与类型(质点/软线/硬线/软裁剪/硬裁剪/软替换/硬替换)，点击“+”按钮将其添加到列表框。添加完毕，点击“生成TIN”按钮即将生成TIN数据，并保存在输出图层文本框的指定位置。之后可点击“转换DEM”按钮，将TIN转换为DEM数据。

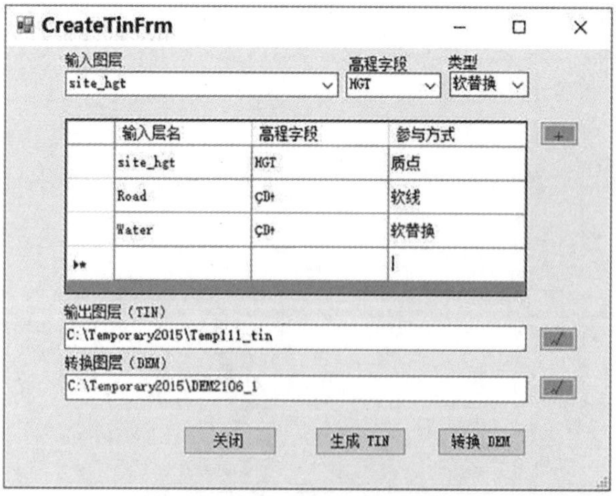

图26-1　Create TIN对话框

26.3　功能实现

26.3.1　CreateTINFrm 设计

1. 界面设计

项目中添加一个新的窗体，名称为“CreateTINFrm”，Name 属性设为“Create TIN”，添加 3 个 ComboBox、2 个 TextBox、一个 DataGridView、6 个 Button 控件。

控件属性设置见表 26-1。

表 26-1　**控件属性设置**

控件类型	Name 属性	控件说明	备注
ComBox	cbxInLayer	输入图层：	
ComBox	cbxFields	高程字段	
ComBox	cbxTINType	参与类型：	Items 集合中填充：质点/软线/硬线/软裁剪/硬裁剪/软替换/硬替换
DataGridView	dataGridView1	参与计算图层列表	
TextBox	txtOutTinLayer	输出图层(TIN)	
TextBox	txtOutDemLayer	转换图层(DEM)	
Button	btnTinGenerate	生成 TIN	
Button	btnDemConverter	转换 DEM	
Button	btnTinBrowser	TIN 文件名	
Button	btnDemBrowser	DEM 文件名	
Button	btnAdd	添加要素到表格	
Button	btnCancel	取消	

2. 类结构设计

添加如下引用代码，修改类定义代码：

```
public partial class CreateTinFrm: Form
{
    ISceneControl m_mapControl = null;
    IEnvelope m_pEnvelope =null;
    ISpatialReference m_pSpatialReference =null;
    public CreateTinFrm(IMaoControl3 mapControl)
    {
        InitializeComponent();
```

```
            m_mapControl = mapControl;
        }
        //Load 事件响应函数
        private void CreateTinFrm_Load(object sender, EventArgs e)
        //输入图层名变化响应函数
        private void cbxInLayer_SelectedIndexChanged(object sender, EventArgs e)
        //输入图层添加按钮响应函数
        private void btnAdd_Click(object sender, EventArgs e)
        //TIN 文件名按钮响应函数
        private void btnTinBrowser_Click(object sender, EventArgs e)
        //DEM 文件按钮响应函数
        private void btnDemBrowser_Click(object sender, EventArgs e)
        //转换 DEM 按钮响应函数
        private void btnDemConverter_Click(object sender, EventArgs e)
        //创建 Tin 按钮响应函数
        private void btnTinGenerate_Click(object sender, EventArgs e)
        //取消按钮响应函数
        private void btnCancel_Click(object sender, EventArgs e)
    //====若干辅助函数====
        //添加参与图层
        private void AddParticipateInfoToTin(ITinEdit pTin, DataTable pTable)
        //Tin 转栅格
        private void TinToGrid(string tempBathyTIN, string strGridPath, string samplingMethod)
        //将字符串转换为 TIN 计算的参与类型
        private esriTinSurfaceType getTinSurfaceType(string typeName)
        //显示栅格结果
        private void ShowRasterResult(IGeoDataset geoDataset, string interType)
        private IFeatureLayer getLayerFromName(string layerName)
    }
```

26.3.2　消息响应函数

1. 载入响应函数 CreateTinFrm_Load( )

(1)创建 DataGridView 空表，共三列：输入层名、高程字段、参与方式；

(2)设置输出文件的默认输出路径，这里我们将默认输出路径设为系统临时目录；

(3)如果 m_mapControl 中图层数大于 0，用它们填充 cbxInLayer 下拉框，然后将下拉框索引设置为第一项。

2. 输入图层变化响应函数 cbxInLayer_SelectedIndexChanged( )

图层名称发生变化时将该图层的字段加入 cbxFields 下拉框中。

3. 输入图层添加按钮响应函数 btnAdd_Click( )

根据“输入图层”“高程字段”“参与类型”三个下拉框选定内容为 DataGridView 数据源 Datatable 添加一行，同时修订范围和参考系成员变量的值。

4. 输出路径设置响应函数 btnTinBrowser_Click( )、btnDemBrowser_Click( )

TIN 输出路径设置由 FolderBrowserDialog 实现，DEM 输出文件设置由 SaveFileDialog 实现。

5. 生成 TIN 响应函数 btnTinGenerate_Click( )

步骤如下：

(1)初始化 ITinEdit 接口。

(2)将 DataGridView 所列表中参与 TIN 计算信息添加到 ITinEdit 接口对象，此处用到 AddParticipateInfoToTin( )函数。

(3)ITinAdvanced 接口 Save 函数将 TIN 结果保存到指定目录。

(4)创建 TIN 图层并将 TIN 图层加入三维场景中。

```
//初始化 TIN
ITinEdit pTin =new TinClass();
pTin. InitNew(m_pEnvelope);
pTin. SetSpatialReference(m_pSpatialReference);
//添加参与 Tin 计算信息
DataTable pTable =(dataGridView1. DataSource) as DataTable;
AddParticipateInfoToTin(pTin, pTable);
//结果保存
ITinAdvanced tinAdv =pTin as ITinAdvanced;
object obj =Type. Missing;
tinAdv. SaveAs(this. txtOutTinLayer. Text, obj);
//创建 Tin 图层,并将 Tin 图层加入场景中去
ITinLayer pTinLayer =new TinLayerClass();
pTinLayer. Dataset =pTinas ITin;
pTinLayer. Name =System. IO. Path. GetFileName(this. txtOutTinLayer. Text);
m_sceneControl. Scene. AddLayer(pTinLayer,true);
```

6. 转换 DEM 响应函数 btnDemConverter_Click( )

由本函数调用核心函数 TinToGrid( )，使业务逻辑与界面分离。

26. 3. 3　核心函数

1. AddParticipateInfoToTin( )函数

用 ITinEdit 的 AddFromFeatureClass 函数，将 DataTable 中“参与图层”“高程字段”“参与类型”等信息添加到 ITinEdit 接口中。代码如下：

```
for (int i =0; i < pTable. Rows. Count; i++)
{
    DataRow row =pTable. Rows[i];
    String lyrName =row[0]. ToString();
    String fldName =row[1]. ToString();
    String typeName =row[2]. ToString();
    //寻找 Featurelayer
```

```
    IFeatureLayer pFeatureLayer =getLayerFromName(lyrName);
    //找高程字段
    IFeatureClass pFls =pFeatureLayer. FeatureClass;
    IFields pFields =pFls. Fields;
    int FieldIndex =pFields. FindField(fldName);
    IField pField =(FieldIndex > 0) ? pFields. get_Field(FieldIndex): null;
    //准备参数
    esriTinSurfaceType pSurfaceType =getTinSurfaceType(typeName);
    object missing =Type. Missing;
    IQueryFilter pQueryFilter =null;
    //添加参与 TIN 的数据:
    pTin. AddFromFeatureClass(pFls, pQueryFilter, pField, pField, pSurfaceType,ref missing);
}
```

2. TINToGrid( )函数

实现 TIN 向 DEM 转换功能，本函数采用 GP 功能实现。

```
//准备工作空间,打开 TIN
IWorkspaceFactory TinWF =new TinWorkspaceFactory();
ITinWorkspace TinWK =TinWF. OpenFromFile(tinFolder, 0) as ITinWorkspace;
ITinAdvanced2 tinAdv =TinWK. OpenTin(tinName) as ITinAdvanced2;
//用 ITin 创建 TinLayer
ITinLayer pTinLayer =new TinLayerClass();
pTinLayer. Dataset =tinAdvas ITin;
//使用 GP 转换 TIN 为 GRID
try {
    Geoprocessor gp =new Geoprocessor();
    gp. OverwriteOutput  =true;
    TinRaster tinToRaster =new TinRaster();
    tinToRaster. in_tin =pTinLayer;
    tinToRaster. out_raster =strGridPath;
    tinToRaster. data_type  ="FLOAT";
    tinToRaster. method  ="LINEAR";
    tinToRaster. sample_distance  =samplingMethod; //"OBSERVATIONS 1500";
    gp. Execute(tinToRaster,null);
    MessageBox. Show("转换完成");
}
catch (Exception e) {
    MessageBox. Show("转换失败,原因如下:"+e. Message. ToString());
}
```

26. 3. 4　辅助函数

包括一些类型转换函数。

完整代码如下：

代码(26.3)

26.4　功能调用

在“Data Handling”页上，添加“Create TIN”按钮，建立 Click 响应函数。

```
private void btnCreateTIN_Click(object sender, EventArgs e)
{
    CreateTinFrm frm =new CreateTinFrm(m_sceneControl);
    frm. ShowDialog();
}
```

26.5　编译测试

按下 F5 键，编译运行程序。

运行程序，点击按钮“Create TIN”，弹出分析窗口，添加分析图层，并设置输出文件路径和文件名。

测试数据位于目录：... \\Data(Book)\NEW_DEM\data。

第六篇　空间数据库编程

导读：

Geodatabase 是 ESRI 在 ArcInfo8 中引入的一种全新的面向对象的空间数据模型，该模型按数据集(IDataset)组织数据，或者说数据库中由若干数据集组成，数据集类别包括要素数据集、栅格数据集、TIN 数据集、独立要素类、独立的对象类、独立的关系类和属性域等。在逻辑上，Geodatabase 采用统一的框架，为管理空间数据提供了统一的模式。

在物理级别上，Geodatabase 支持 shp 文件、文件数据库(file gdb)，以及面向企业的 SDE 数据库等模式(注：依赖于 ACCESS 个人数据库逐渐被淘汰)，其中 SDE 功能强大且不受数据量限制，支持多人同时编辑、同步复制、历史归档等高级功能，是海量空间数据库管理系统的终极模式，目前 SDE 可选用 5 个关系型数据库(oracle、sql server、db2、infomix、postgresql)。

本章基于 ArcSDE for SQLServer，以要素数据集、栅格数据集、栅格目录为例，详细介绍与 ArcGIS Engine 空间数据库操作相关(空间数据访问、空间数据建库、空间数据入库)的编程技术，主要内容包括：

第 27 章　空间数据库访问：介绍 ArcSDE For SQLServer 安装，使用 IWorkSpace 访问 SDE 空间数据集，以及数据集浏览界面设计等；

第 28 章　空间数据建库：介绍空间数据库结构创建(矢量数据结构、栅格数据集结构、栅格目录结构)，矢量和栅格数据入库等；

第 29 章　属性操作：按 table 形式展示要素类和栅格数据集，以及基于属性表的操作(选择、字段添加、字段计算等)。

第 27 章　空间数据库访问

27.1　概述

ArcGIS Engine 通过工作空间(IWorkspace)访问 Geodatabase，工作空间可以看成是用户连接数据库的管道，它表达了包含一个或多个数据集的数据库或数据源。IWorkspace 实现类通常实现多个特定工作空间接口（如 IFeatureWorkspace、IRasterWorkspace、INetworkWorkspace）以支持不同的数据集。IWorkspace 必须由工作空间工厂(IWorkspaceFactory)创建，ArcGIS Engine 提供了 IWorkspaceFactory 接口若干种实现类，以应对不同数据源。IWorkspaceFactory 是工作空间的发布者，允许客户通过一组连接属性(连接属性用 IPropertySet 接口定义)打开指定的工作空间。

表 27-1 给出了常用的数据源相应的工作空间工厂实现类。

表 27-1　　　　工作空间工厂实现类

序号	工作空间工厂实现类	数据源
1	AccessWorkspaceFactory	Microsoft Access 数据源
2	ExcelWorkspaceFactory	Excel 数据源
3	FileGDBWorkspaceFactory	Esri 专用文件数据库
4	InMemoryWorkspaceFactory	内存数据库
5	OLEDBWorkspaceFactory	OLEDB 数据库
6	SdeWorkspaceFactory	SDE 数据库
7	Cad WorkspaceFactory	CAD 数据源
8	ShapefileWorkspaceFactory	Shape 文件数据源
9	RasterWorkspaceFactory	栅格数据源

一旦建立工作空间，我们就可以用它打开数据源的现有数据集，创建新数据存储结构，还可以对打开的数据集进行数据入库或更新操作。

Geodatabase 模型中最常用的两类数据集如下：

1)要素数据集(FeatureDatasets)

要素数据集是共用一个空间参考系的相关要素类的集合(要素类也可直接放到数据库，但不提倡)。拓扑要素类和网络要素类必须存储在要素数据集(FeatureDataset)内，以确保共享相同的空间参考。要素数据集或单一要素类通过 IFeatureWorkspace 接口访问。

2)栅格数据集(RasterDatasets)

常见的栅格数据集采用文件格式(如 tif 格式)存储在栅格文件中，Geodatabase 可采用栅格目录、栅格数据集、镶嵌数据集三种栅格数据存储模型，它们通过 IRasterWorkspace(对应栅格文件)或 IRasterWorkspaceEx(对应 Geodatabase 栅格数据集)接口访问。

本章以 ArcSDE 10.2 为例介绍 ArcSDE 安装、配置、连接和访问。安装环境如下：

(1)测试数据库：Microsoft SQL Server 2016 Express；

(2)操作系统是：Windows 7 SP1(64 位)，机器名为：WIN-KG9LKA8CBST，注意关闭系统防火墙。

27.2　创建 SQLExpress 地理数据库

为简化学习曲线，这里选择不需要用户许可的 ArcSDE for SQL Server Express 进行介绍。操作步骤详见附录 1。创建 ArcSDE 企业级数据库的读者，需要 ArcGIS Server 用户许可，请参照本书附录 2 安装。

27.3　连接 Geodatabase 数据库

使用 ArcEngine 连接 SDE 数据库，涉及 IWorkspaceFactory、IWorkspace、IPropertySet(SDE 空间连接属性)三个接口，首先建立两个窗体：

(1)“SDE 连接”窗体，取名为：ConnectSdeServerFrm；

(2)数据库内容浏览窗体，取名为：DbManagerDockFrm，为方便后续操作，该窗体设计为停靠窗体(继承 DockContent)。

27.3.1　ConnectSdeServerFrm 实现

1. ConnectSdeServerFrm 设计

ConnectSdeServerFrm 界面设计如图 27-1 所示。

2. 代码实现

IWorkspaceFactory 的 Open 函数打开 SDE 工作空间，需要确定连接属性，ConnectSdeServerFrm 类采用 IPropertySet 接口定义连接属性，关键代码如下：

```
string dbString =this. cbxDatabaseType. SelectedItem. ToString();
string strFormatString =getInstanceFormatString(dbString, this. txtInstance. Text);
```

SDE编程
空间数据库连接
数据库类型：SQL Server
服务器名称：WIN-KG9LKA8CBST
实例名：WIN-KG9LKA8CBST\SQLEXPRESS
数据库名：gdb_express
用户名：WIN-KG9LKA8CBST\Administrator
密码：***********
连接空间数据库　确定

图 27-1　ConnectSdeServerFrm 界面设计

```
//SDE 空间连接属性
IPropertySet propertySet =new PropertySetClass();
propertySet. SetProperty("server", this. txtServer. Text );
propertySet. SetProperty("instance", strFormatString );
propertySet. SetProperty ("database",this. txtDatabase. Text );
propertySet. SetProperty("user", this. txtUser. Text );
propertySet. SetProperty ("password",this. txtPassword. Text );
//打开 SDE 工作空间
try {
    IWorkspaceFactory workspaceFactory =new SdeWorkspaceFactory();
    workspace =workspaceFactory. Open(propertySet, 0);
    MessageBox. Show("连接 SDE 空间数据库成功");
}
catch (Exception ex)  {
    workspace  =null;
    MessageBox. Show("连接 SDE 空间数据库不成功");
}
```

完整代码如下：

代码(27.3.1)

27.3.2 DbManagerDockFrm 实现

1. DbManagerDockFrm 界面设计

◆ 向左停靠与 TOCControl 窗体叠合在一起，不占用地图显示区域；

◆ 内部采用 TreeView 控件按树状结构显示数据库的内容(类似 ArcCatalog)。

实现效果如图 27-2 所示。

2. 实现方法

(1)新建 Windows 窗体，然后将基类改为 DockContent；

(2)拖入控件 TreeView(名称：treeView1)，设置 dock 属性为 Fill；

(3)添加私有成员：m_mapControl；m_pWorkspace；m_pTreeNode；

(4)修改构造函数传入两个参数 IWorkspace、IMapControl3，为私有成员赋值；

(5)装载响应函数，生成树细节结构：

◆ 以 Database 连接属性生成根节点；

◆ 遍历数据中的矢量数据集，生成矢量数据集节点元素及其子节点(要素类)；

◆ 遍历数据中的栅格数据集，生成栅格数据集节点元素。

这里主要利用 IWorkspace 的 get_DatasetNames( )函数获取数据集名称枚举器。

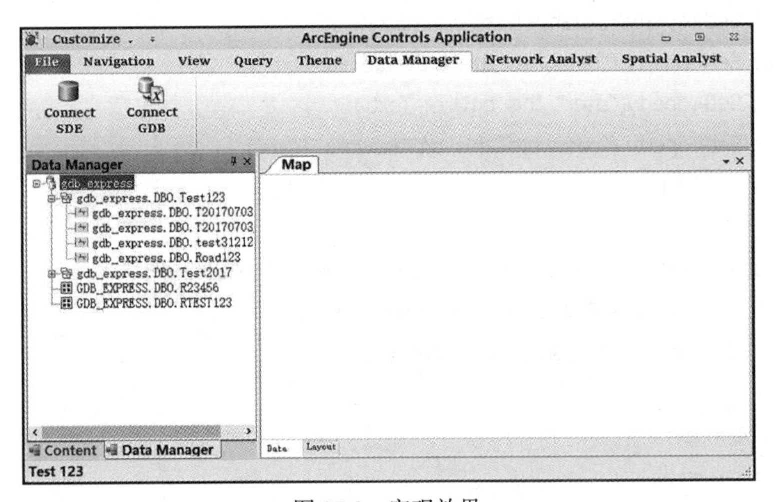

图 27-2 实现效果

装载响应函数实现代码如下：

```
IEnumDatasetName enumDatasetName =null;
IDatasetName datasetName =null;
    treeView1. Nodes. Clear();
    //添加根节点
    string DatabaseName =
            m_pWorkspace. ConnectionProperties. GetProperty("database"). ToString();
```

```
TreeNode topNode =treeView1. Nodes. Add(DatabaseName);
topNode. Tag  =esriDatasetType. esriDTSchematicDataset;
topNode. ImageIndex =iDb;
topNode. SelectedImageIndex =iDb;
//遍历矢量数据集
enumDatasetName  =
        m_pWorkspace. get_DatasetNames(esriDatasetType. esriDTFeatureDataset);
while ((datasetName =enumDatasetName. Next()) !  = null)
{
    TreeNode pNode =topNode. Nodes. Add("FeatureDataset", datasetName. Name);
    pNode. Tag  =esriDatasetType. esriDTFeatureDataset;
    pNode. ImageIndex =2;
    pNode. SelectedImageIndex =2;
    //获取子集名称枚举
    IEnumDatasetName subDsNmae =datasetName. SubsetNames;
    //打开所有子集对象,并加到 Map 中。
    while ((datasetName =subDsNmae. Next()) !  = null)
    {
        TreeNode subNode =pNode. Nodes. Add(datasetName. Name);
        subNode. Tag  =esriDatasetType. esriDTFeatureClass;
        subNode. ImageIndex =6;
        subNode. SelectedImageIndex =6;
    }
}
//遍历栅格数据集
enumDatasetName  =
            m_pWorkspace. get_DatasetNames(esriDatasetType. esriDTRasterDataset);
while ((datasetName =enumDatasetName. Next()) !  = null)
{
    TreeNode pNode =topNode. Nodes. Add("RasterDataset", datasetName. Name);
    pNode. Tag  =esriDatasetType. esriDTRasterDataset;
    pNode. ImageIndex =3;
    pNode. SelectedImageIndex =3;
}
```

完整代码如下：

代码(27. 3. 2)

3. 调用

(1)在 RibbonControl 上添加 Tab 项：取名“Data Manager”，在 Tab 上创建一个 RibbonBar，再在其上添加两个 ButtonItem 项，分别取名为 ConnectSDE、ConnentGDB。

(2)在 ConnectSDE 的 Click 响应函数中启动 ConnectSdeServerFrm 窗体。

(3)如果连接成功(“确定”)，将 ConnectSdeServerFrm 的 workspace 属性赋给主窗体的 m_ pWorkspace 成员变量，同时创建 DbManagerDockFrm 停靠在主窗体的左边。

代码如下：

```
private IWorkspace m_pWorkspace =null;
private void btnConnectSDE_Click(object sender, EventArgs e)
{
    ConnectSdeServerFrm frm =new ConnectSdeServerFrm();
    if (frm. ShowDialog() = = System. Windows. Forms. DialogResult. OK)
    {
        m_pWorkspace =frm. workspace;
        DbManagerDockFrm frmDbManager =new DbManagerDockFrm(m _pWorkspace,
                                                                _mapControl);
        frmDbManager. Show(dockPanel1,DockState. DockLeft);
    }
}
```

27.4　访问 Geodatabase 数据集

通过扩充 DbManagerDockFrm 实现：

1. 为 DbManagerDockFrm 添加浮动菜单

浮动菜单取名为：contextMenuDbManager，添加 Open 菜单项，以及相应的子菜单，见表 27-1。

表 27-1

菜单项	子菜单	备注
Open	Feature Dataset	打开一个矢量数据集的要素类
	Feature Class	打开一个要素类
	Raster Dataset	打开一个栅格数据集
	Raster Catalog	打开一个栅格目录

2. 子菜单响应函数

相应的子菜单响应函数实现如下：分别调用 OpenOpsClass(打开操作)的方法。

3. 激活 contextMenuDbManager 菜单

通过 TreeView 节点右键响应函数激活 contextMenuDbManager 菜单，同时记录鼠标点击的节点对象。

完整代码如下：

代码(27.4)

27.5　OpenOpsClass 功能类实现

OpenOpsClass 类提供加载各类数据集相关函数，类结构代码如下：

```
public class OpenOpsClass
{
    private IWorkspace m_pWorkspace =null; //工作空间
    private IMapControl3 m_mapControl =null;
    public OpenOpsClass(IWorkspace workspace, IMapControl3 mapControl)
    {
        m_pWorkspace =workspace;
        m_mapControl =  mapControl;
    }
    // 加载矢量数据集
    public void OpenFeatureDataset(string dsName)
    // 加载要素类
    public void OpenFeatureClass(string className)
    // 加载影像数据
    public void OpenRasterDataset(string dsName)
    /// 加载影像数据目录
    public void OpenRasterCatalog(string dsName)
    /// 在工作空间中查询指定名称的数据集
    private IDatasetName QueryDatasetByname(IWorkspace pWorkspace, esriDatasetType dsType,
                    string dsName)
    }
```

(1)打开矢量数据集的步骤如下：

①用 IWorkspace 的 get_DatasetNames( ) 函数获取数据集名称枚举器(IDatasetName)；

②遍历 IDatasetName 的子类型：

◆　获取到子类型要素类的名称；

- ◆ 使用 IFeatureWorkspace 的 OpenFeatureClass( ) 函数打开 IFeatureClass;
- ◆ 将 IFeatureClass 加到 Map 图层中;
- ◆ 重复此过程直至所有子类型结束。

代码如下:

```
//获取数据集名称对象
IDatasetName datasetName
    = QueryDatasetByname(m_pWorkspace,esriDatasetType. esriDTFeatureDataset, dsName);
//获取子集名称枚举
IEnumDatasetName subDsNmae =datasetName. SubsetNames;
//打开所有子集对象,并加到 Map 中。
while ((datasetName =subDsNmae. Next()) !  = null)
{
    IFeatureWorkspace featureWorkspace =m_pWorkspace as IFeatureWorkspace;
    IFeatureClass sdeFeatureClass =featureWorkspace. OpenFeatureClass(datasetName. Name);
    //创建要素图层
    IFeatureLayer sdeFeatureLayer =new FeatureLayerClass();
    sdeFeatureLayer. FeatureClass =sdeFeatureClass;
    sdeFeatureLayer. Name =datasetName. Name;
    //加载数据到 Mapcontrol
    m_mapControl. AddLayer(sdeFeatureLayeras ILayer, 0);
    m_mapControl. Extent  =this. m_mapControl. FullExtent;
}
```

如果已知要素类名，则可直接用 OpenFeatureClass( ) 打开。

(2) 加载栅格数据集与加载矢量数据集步骤基本相同，但要使用 IRasterWorkspaceEx 接口的 OpenRasterDataset( ) 打开栅格数据集，代码如下:

```
//获取数据集名称对象
IDatasetName datasetName
    = QueryDatasetByname(m_pWorkspace,esriDatasetType. esriDTRasterDataset, dsName);
//打开栅格数据集
IRasterWorkspaceEx rasterWorksapce =m_pWorkspace as IRasterWorkspaceEx;
IRasterDataset rasterDataset =rasterWorksapce. OpenRasterDataset(datasetName. Name);
//创建栅格图层
IRasterLayer rasterLayer =new RasterLayerClass ();
rasterLayer. CreateFromDataset(rasterDataset);
//加载数据到 Mapcontrol
m_mapControl. AddLayer(rasterLayeras ILayer, 0);
m_mapControl. Extent =m_mapControl. FullExtent;
```

(3) 栅格目录使用 IRasterWorkspaceEx 接口的 OpenRasterCatalog( ) 函数打开:

```
//获取数据集名称对象
```

```
IDatasetName datasetName
      = QueryDatasetByname(m_pWorkspace,esriDatasetType. esriDTRasterCatalog, dsName);
//打开栅格数据集
IRasterWorkspaceEx rasterWorksapce =m_pWorkspace as IRasterWorkspaceEx;
IRasterCatalog rasterCatalog =rasterWorksapce. OpenRasterCatalog(datasetName. Name);
//创建栅格目录图层
ESRI. ArcGIS. Carto. IGdbRasterCatalogLayer rastercatalogLayer
      =new GdbRasterCatalogLayerClass();
rastercatalogLayer. Setup((ITable)rasterCatalog)
//添加到 Map
m_mapControl. AddLayer(rastercatalogLayeras ILayer, 0);
m_mapControl. Extent =m_mapControl. FullExtent;
```

（4）QueryDatasetByname 函数提供浏览数据集名称的功能，代码如下：

```
//获取矢量数据集名称对象
IEnumDatasetName enumDatasetName =pWorkspace. get_DatasetNames(dsType);
IDatasetName datasetName =null;
bool isExist =false;
while ((datasetName =enumDatasetName. Next()) ! = null)  {
     if (datasetName. Name  = = dsName)  {
              isExist  =true;
              break;
     }
}
return (isExist ) ? datasetName: null;
```

完整代码如下：

代码(27.5)

第28章　空间数据建库

28.1　概述

Geodatabase为用户提供了一种统一的面向对象的空间数据模型，模型按数据集(IDataset)组织数据。其面向对象的特性，使之相较以往的模型更接近我们对现实事物对象的认识和表达，在空间数据库设计时，用户只需专注空间数据的逻辑设计，不必考虑复杂的物理模型设计。

Geodatabase的体系结构包括：要素数据集、栅格数据集、TIN数据集、独立的对象类、独立的要素类、独立的关系类和属性域等。其中要素数据集(Feature datasets)是共用同一空间参考要素类的集合，适合于矢量数据集的存储和管理，例如1∶500要素数据集存放1∶500比例尺基础地理数据，1∶10000要素数据集存放1∶1000比例尺基础地理数据等。

Geodatabase提供了三种栅格数据集建库模型：

(1)栅格数据集：栅格数据集是一种栅格数据模型，由一个或者多个波段(RasterBand)组成，一个波段就是一个像元矩阵。DEM数据和灰度影像数据是单波段的栅格数据集，多光谱影像数据则是多波段栅格数据集。入库前一般可以存储为ESRI GRID(文件组)格式、TIFF格式(TIF文件+AUX文件)、IMAGINE Image格式，ArcGIS Engine调用ISaveAs接口保存栅格数据。入库后镶嵌为一幅完整的栅格影像。

(2)栅格目录：栅格目录(RasterCatalog)是以表格形式定义的栅格数据集的集合，目录中的每条记录表示一个栅格数据集，栅格字段存储栅格数据集(Managed)，也可只存储栅格数据的文件地址和元数据信息。栅格目录通常用于显示相邻、完全重叠或部分重叠的栅格数据集，不会合成镶嵌为一个大的栅格数据集。

(3)镶嵌数据集可以看作是栅格数据集和栅格目录的混合技术，用于管理一组以目录形式存储并以镶嵌影像方式查看的栅格数据集(影像)，存储方式和栅格目录类似，在使用过程中和栅格数据集相同，而且具有高级栅格查询功能和处理函数，还可用作提供影像服务的源，常用于管理和发布海量多分辨率、多传感器影像。

ArcGIS Engine由工作空间创建数据集，IFeatureWorkspace接口负责创建要素数据集(和要素类)，IRasterWorkspaceEx接口负责在Geodatabase中创建栅格数据集。数据集结构建立后，常用IFeatureWorkspace生成的Insert游标将shapefile文件中的矢量数据入库。栅格数据可用装载器 RasterLoader(对应栅格数据集)、RasterCatalogLoader(对应栅格目录)完成入库操作。

本章在上一章的基础上，扩展空间数据建库功能，主要包括：创建数据集(矢量数据集、栅格数据集、栅格目录)；创建要素类；数据入库(矢量数据集入库，栅格数据集入库)。

使用环境：

(1)测试数据库：Microsoft SQL Server 2016 Express；

(2)操作系统是：Windows 7 SP1(64 位)，机器名为：WIN-KG9LKA8CBST，注意关闭系统防火墙。

28.2　生成数据集结构

28.2.1　功能描述

本类设计是同时支持矢量数据集、栅格数据集、栅格目录结构的创建，具体情况依据构造函数的 esriDatasetType 参数决定，有关参数从 DataGridView 获取，用户界面如图 28-1 所示。

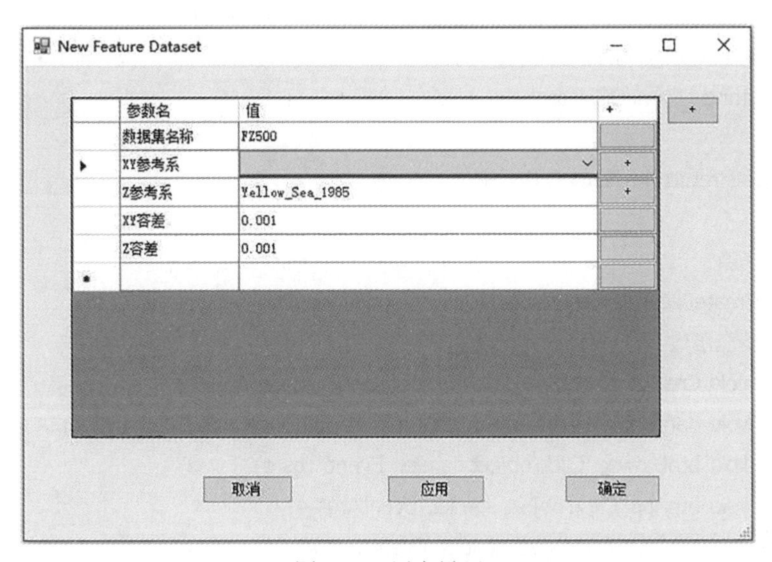

图 28-1　用户界面

28.2.2　CreateDatasetFrm 类设计

1)类设计

在项目中添加一个新的窗体，名称为“CreateDatasetFrm”，拖入 DataGridView、Button

等控件到窗体。控件属性设置见表 28-1。

为支持 DataGridView 的单元格支持下拉框式编辑，将 DataGridView 第二列(索引=1)选择为 DataGridViewComboBoxExColumn 类型(属于 DotNetBar 控件)，当点击该列单元时，由 dataGridView1_CurrentCellChanged( )函数响应 CurrentCellChanged 事件，根据行号决定如何填充 DataGridViewComboBoxExColumn 的 Items 集合。

DataGridView 每列 SortMode 均设为 NotSortable，避免顺序紊乱。

表 28-1　　**控件属性说明**

控件类型	Name 属性	控件说明	备注
DataGridView	dataGridView1	参数列表	
Button	btnOK	确定	
Button	btnApp	应用	
Button	btnCancel	取消	

```
public partial class CreateDatasetFrm: Form
{
    private IWorkspace m_pWorkspace=null;
    private esriDatasetType m_datasetType=esriDatasetType. esriDTAny;
    private string m_NameOfDataset="";
    public string _NameOfDataset
    {
        get { return m_NameOfDataset; }
    }
    //构造函数
    public CreateDatasetFrm(IWorkspace workspace, esriDatasetType dsType )
    //消息响应函数
    private void CreateDatasetFrm_Load(object sender, EventArgs e)
    private void dataGridView1_CurrentCellChanged(object sender, EventArgs e)
    private void btnBrowse_Click(object sender, EventArgs e)
    private void btnApp_Click(object sender, EventArgs e)
    private void btnOK_Click(object sender, EventArgs e)
    //核心函数
    private void CreateFDataset()
    private void CreateRDataset()
    private void CreateRCatalog()
    //==辅助函数==
    #region Support Function
```

```
    //创建参考系
    private ISpatialReference CreateSpatialReference(string xyReference, string zReference,
        double xyTolerance, double zTolerance, IEnvelope pDomainEnv)
    //根据 pcs 名称字符串获取坐标系类型、及 WKID
    private Tuple<string, int> get_WKID_Ofpcs(string NameOfpcs)
    //将 VCS 字符串转换为 VCS 坐标系枚举
    private int get_VCS_ID(string NameOfvcs)
    //在工作空间中查询指定名称的数据集
    private IDatasetName QueryDatasetByname(IWorkspace pWorkspace, esriDatasetType dsType,
string dsName)
    #endregion

    #region Crete RasterCatalog Field Function
    // 创建栅格目录存储字段
    public IFields CreateCatalogFields(string rasterFldName, string shapeFldName, bool isManaged,
    ISpatialReference shpSpatialRef, ISpatialReference rasterSpatialRef)
    public IField CreateNormalField(string sName,esriFieldType enumFieldType)
    public IField2 CreateRasterField(string rasterFldName, bool bIsManaged,
    ISpatialReference pSpatialRef)
    public IField CreateShapeField(string shapeFldName, ISpatialReference pSpatialRef)
    public IGeometryDef CreateGeometryDef(ISpatialReference pSpatialRef)
    #endregion
}
```

28.2.3　CreateDatasetFrm 构造函数+消息响应函数

CreateDatasetFrm 类构造函数传入一个 esriDatasetType 参数，用于控制创建何种类型的数据集。有关参数(参考系、容差等)在 DataGridView 上提供人机编辑界面。

代码如下：

代码(28.2.3)

28.2.4　CreateDatasetFrm 核心函数

1)创建要素数据集函数：CreateFDataset()

矢量数据集采用 IFeatureWorkspace 的 CreateFeatureDataset()函数创建。需要以下参数：数据集名(dsName)、空间参考系(spatialReference)、容差(Tolerence)。

代码如下：

```
//数据集名称
m_NameOfDataset =this. dataGridView1[1, 0]. Value. ToString();
//参考系,容差参数;
string xyReference =this. dataGridView1[1, 1]. Value. ToString();
string zReference =this. dataGridView1[1, 2]. Value. ToString();
double xyTolerance =double. Parse(this. dataGridView1[1, 3]. Value. ToString());
double zTolerance =double. Parse(this. dataGridView1[1, 4]. Value. ToString());
//设置范围矩形
IEnvelope pDomainEnv =new EnvelopeClass();
pDomainEnv. XMin =- 99999999; pDomainEnv. XMax =99999999;
pDomainEnv. YMin =- 99999999; pDomainEnv. YMax =99999999;
try {
    //定义空间参考
    ISpatialReference sr =CreateSpatialReference( xyReference, zReference,
                                                  xyTolerance, zTolerance, pDomainEnv);
    //创建矢量数据集
    IFeatureWorkspace ftWorkspace =m_pWorkspace as IFeatureWorkspace;
    IFeatureDataset fDataset =ftWorkspace. CreateFeatureDataset(m_NameOfDataset, sr);
}
catch (Exception ex) {
    MessageBox. Show(ex. ToString()+"+++"+ex. Message);
}
```

2)创建栅格数据集函数：CreateRDataset( )

创建栅格数据集的步骤如下：

(1)设置存储结构：IRasterStorageDef;

(2)准备分辨率和像素类型等参数;

(3)设置栅格数据集空间坐标系：IRasterDef;

(4)设置栅格数据集空间索引：IGeometryDef;

(5)创建栅格数据集：IRasterWorkspaceEx 的 CreateRasterDataset( )函数。

代码如下：

```
//设置存储参数
IRasterStorageDef rasterStorageDef =new RasterStorageDefClass();
rasterStorageDef. CompressionType =esriRasterCompressionType. esriRasterCompressionUncompressed;
rasterStorageDef. PyramidLevel =1;
rasterStorageDef. PyramidResampleType  =rstResamplingTypes. RSP_NearestNeighbor;
//rasterStorageDef. PyramidResampleType =rstResamplingTypes. RSP_BilinearInterpolation;
rasterStorageDef. TileHeight =128;
```

```
rasterStorageDef.TileWidth=128;

//设置分辨率
IPnt pt=new Pnt();
string[] sizeArr=strSize.Split(new char[] { ',' });
pt.SetCoords(double.Parse(sizeArr[0]), double.Parse(sizeArr[1]));
rasterStorageDef.CellSize=pt;
//设置像素类型
var varPixelType=Enum.Parse(typeof(rstPixelType), strPixelType);
rstPixelType pixelType=(rstPixelType)varPixelType;
//设置栅格数据集空间坐标系
ISpatialReference sref = CreateSpatialReference ( xyReference, zReference, 0.001, 0.001,
pDomainEnv);
IRasterDef rasterDef=new RasterDefClass();
rasterDef.SpatialReference=sref;
//创建栅格数据集:
try {
    IRasterWorkspaceEx rWorkspace=m_pWorkspace as IRasterWorkspaceEx;
     IRasterDataset rDataset = rWorkspace.CreateRasterDataset ( m _ NameOfDataset, nBands,
pixelType, rasterStorageDef, "DEFAULTS", rasterDef, null/* geometryDef* /);
}
catch(Exception ex) {
MessageBox.Show(ex.ToString()+"+++"+ex.Message);
}
```

3)创建栅格目录函数：CreateRCatalog( )

创建栅格数据集的步骤如下：

(1)设置栅格目录的关键字段名称；

(2)设置栅格目录的 Raster 空间坐标系和 shape 空间坐标系；

(3)设置存储字段结构：IFields；

(4)设置 Managed 类型：如果为 true，栅格数据将存储到数据库中，否则只存储栅格数据的文件地址；

(5)创建栅格目录：用到 IRasterWorkspaceEx 的 CreateRasterCatalog( )函数。

代码如下：

```
//设置空间参考系:
ISpatialReference pShpSpatialRef=CreateSpatialReference(xyReference, zReference, 0.001, 0.001,
pDomainEnv);
ISpatialReference pRasterSpatialRef=CreateSpatialReference(xyReference, zReference, 0.001, 0.001,
pDomainEnv);
```

```
//设置关键字段名称
string rasterFldName ="Raster";
string shapeFldName ="Shape";
//其他设置
bool isManaged =Convert. ToBoolean(Convert. ToInt32(strManaged));
string sKeyword ="defaults";
//创建字段集:
IFields pFields = CreateFields ( rasterFldName, shapeFldName, isManaged, pShpSpatialRef, pRasterSpatialRef);
//create raster catalog
IRasterWorkspaceEx pWs =m_pWorkspace as IRasterWorkspaceEx;
try {
        pWs. CreateRasterCatalog ( m _ NameOfDataset, pFields, shapeFldName, rasterFldName, sKeyword);
}
catch(Exception ex)
{
    MessageBox. Show( "创建栅格目录 失败\n"+ex. ToString());
}
```

完整代码如下：

代码(28. 2. 4)

28. 2. 5　CreateDatasetFrm 辅助函数

1)辅助函数(空间参考系)

根据我国情况，提供我国常用地理坐标系：

- GCS_Beijing_1954；
- GCS_Xian_1980；
- GCS_China_Geodetic_Coordinate_System_2000；
- GCS_WGS_1984。

我国常用的高程坐标系：

- VCS_Yellow_Sea_1956；
- VCS_Yellow_Sea_1985；
- VCS_WGS_1984。

我国境内 3 度带和 6 度带投影坐标系三个系统：Beijing_1954_PCS、GCS_Xian_1980_PCS、CGCS_2000_PCS。相应的 wkid 定义见附录 6。

CreateSpatialReference( ) 函数提供定义空间参考系的功能，代码如下：

```
//初始化空间参考系工厂
ISpatialReferenceFactory srFactory =new SpatialReferenceEnvironmentClass();
Tuple<string, int> var =get_WKID_Ofpcs(xyReference);
ISpatialReference spatialReference =null;
switch (var. Item1)
{
    case "Geographic":
        spatialReference =srFactory. CreateGeographicCoordinateSystem(var. Item2);
        int vcsID =get_VCS_ID(zReference);
        if (vcsID > 0)
        {
            //Create Vertical Coordinate System
            ISpatialReferenceFactory3 srFactory3 =srFactory as ISpatialReferenceFactory3;
            IVerticalCoordinateSystem pVerCoordSys =srFactory3. CreateVerticalCoordinateSystem
(vcsID);
            //Set Vertical Coordinate System
            ISpatialReference3 spatialReference3 =spatialReference as ISpatialReference3;
            spatialReference3. VerticalCoordinateSystem =pVerCoordSys;
        }
        break;
    case "Projected":
        spatialReference =srFactory. CreateProjectedCoordinateSystem(var. Item2);
        vcsID =get_VCS_ID(zReference);
        if (vcsID > 0) {
            //Create Vertical Coordinate System
            ISpatialReferenceFactory3 srFactory3 =srFactory as ISpatialReferenceFactory3;
            IVerticalCoordinateSystem pVerCoordSys =srFactory3. CreateVerticalCoordinateSystem
(vcsID);
            //Set Vertical Coordinate System
            ISpatialReference3 spatialReference3 =spatialReference as ISpatialReference3;
            spatialReference3. VerticalCoordinateSystem =pVerCoordSys;
        }
        break;
    case "Unknown":
    default:
        spatialReference =new UnknownCoordinateSystemClass();
```

```
            break;
    }
    //设置容差
    ISpatialReferenceTolerance srTolerance =spatialReference as ISpatialReferenceTolerance;
    srTolerance. XYTolerance =xyTolerance;
    srTolerance. ZTolerance =zTolerance;
    //设置分辨率
    ISpatialReferenceResolution srResolution =spatialReference as ISpatialReferenceResolution;
    srResolution. ConstructFromHorizon();
    srResolution. SetDefaultXYResolution();
    //设置范围
    spatialReference. SetDomain  ( pDomainEnv. XMin,  pDomainEnv. XMax,  pDomainEnv. YMin,
pDomainEnv. YMax);
    return spatialReference;
    }
```

2）辅助函数（栅格目录）

CreateFields 函数提供创建栅格目录相关字段的功能，代码如下：

```
// create Fields
IFieldsEdit pFieldsEdit =new FieldsClass();
// add OID field
pFieldsEdit. AddField(CreateNormalField("ObjectID", esriFieldType. esriFieldTypeOID));
// add NAME field
pFieldsEdit. AddField(CreateNormalField("Name", esriFieldType. esriFieldTypeString));
// add RASTER field
pFieldsEdit. AddField(CreateRasterField(rasterFldName, isManaged, rasterSpatialRef));
// add SHAPE field
pFieldsEdit. AddField(CreateShapeField(shapeFldName, shpSpatialRef));
// add XML field for METADATA
pFieldsEdit. AddField(CreateNormalField("METADATA", esriFieldType. esriFieldTypeBlob));
return (pFieldsEdit as IFields);
```

其中 GreateRasterField 函数代码如下：GreateShapField 实现可参看 28. 3。

```
// create Raster field
pRField  =new FieldClass();
pRFieldEdit =pRFieldas IFieldEdit2;
pRFieldEdit. Name_2 =rasterFldName;
pRFieldEdit. Type_2  =esriFieldType. esriFieldTypeRaster;
// create RasterDef
pRDef  =new RasterDef();
pRDef. Description  ="this is a raster catalog";
```

```
// only for PGDB
pRDef. IsManaged =bIsManaged;
pRDef. SpatialReference =pSpatialRef;
// Set rasterdef
pRFieldEdit. RasterDef =pRDef;
return pRField;
```

完整代码如下：

代码(28. 2. 5)

28. 3　生成要素类结构

28. 3. 1　功能描述

一个要素类基本结构由两个必需字段和若干自定义字段构成字段集来确定：

(1)自定义字段：字段定义需要“字段名称”“字段数据类型”和一些约束属性，自定义字段数据类型可支持数据库支持的多种数据类型：int、float、double、string、blob 二进制包、date 等。

(2)几何字段(Geometry)：几何字段是要素类必需字段之一，字段名通常定义为“shape”(也可以是其他)，其字段数据类型应定义为 Geometry 类型，而且还需用 IGeometryDef 接口来描述其空间特征，包含：几何类型(Point、Polyline、Polygon、Multipatch 等)、空间参考系、空间索引等。

(3)对象标识字段(OID，必须)：它是单个要素在要素类的唯一标识，字段名通常定义为“FID”(也可以是其他)，其字段数据类型应定义为 OID 类型。

要素类结构定义涉及以下接口：

◆　IField(只读)、IFieldEdit(可编辑)；

◆　IFields(只读)、IFieldsEdit(可编辑)；

◆　IGeometryDef(只读)、IGeometryDefEdit(可编辑)。

接口初始化后，应将其转换为可编辑接口方可进行修改操作，遇到以“_2”结尾的属性，这些属性才是可写的。

本功能类设计为一个 Form 窗体，提供字段集编辑表单界面(采用 DataGridView 实现)，同时支持根据 shp 模板文件克隆一个字段集。注意：本功能仅支持在“要素数据集”下创建要素类(空间参考由要素数据集获得)，另外空间索引也进行简化处理(索引级数=

1，索引格大小=1000)，根据需要空间索引可设计为三级。

界面设计如图 28-2 所示。

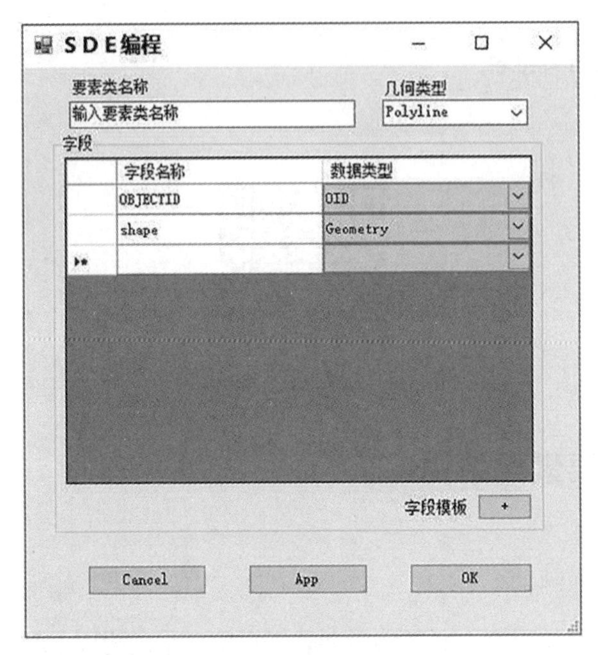

图 28-2　界面设计

28. 3. 2　CreateFeatureClassFrm 类设计

1. 新建 CreateFeatureClassFrm 窗体

项目中添加一个新的窗体，名称为"CreateFeatureClassFrm"，将 DataGridView、ComBox，TextBox，Button 等控件拖入窗体。

控件属性设置见表 28-1。

表 28-1　**控件属性说明**

控件类型	Name 属性	控件说明	备注
TextBox	txtFeatureClassName	要素类名称	
ComBox	cbxShpType	几何类型	
DataGridView	dataGridView1	字段集合列表	第二列(数据类型)设计为 ComboBoxColumn 类型
Button	btnExplor	浏览模板文件名	
Button	btnOK	确定	

续表

控件类型	Name 属性	控件说明	备注
Button	btnApp	应用	
Button	btnCancel	取消	

cbxShpTypex 和 dataGridView1 的 DataGridViewComboBoxColumn 列的可选值，参考 StringToFieldType( )和 StringToGeometryType( )在设计时填充。

2. 类设计

代码如下：

```
public partial class CreateFeatureClassFrm: Form
{
    private IWorkspace m_pWorkspace =null; //工作空间
    private string m_NameOfDataset ="";
    private string m_NameOfTemplate ="";
    private string m_NameOfFeatureClass ="";

    public string _NameOfFeatureClass
    {
        get { return m_NameOfFeatureClass;   }
    }
    public CreateFeatureClassFrm(IWorkspace workspace, string dsName)
    {
        InitializeComponent();
        m_pWorkspace =workspace;
        m_NameOfDataset =dsName;
    }
    //消息响应函数
    private void CreateFeatureFrm_Load(object sender, EventArgs e)
    private void btnExplor_Click(object sender, EventArgs e)
    private void btnOK_Click(object sender, EventArgs e)
    private void btnApp_Click(object sender, EventArgs e)

    //核心功能函数
    private IFields CloneFeatureClassFields(IFeatureClass pfc, ISpatialReference spatialReference2)
    private IFields CreateFeatureClassFields(esriGeometryType shapeType,
                    ISpatialReference spatialReference2)
    private IFeatureClass CreateFeatureClass(esriGeometryType shapeType,
                    string targetDsName, string TargetFCname)
```

```
    //辅助函数
    private IGeometryDef CreateGeometryDef(esriGeometryType shapeType,
                    ISpatialReference spatialReference2)
    private IFeatureClass OpenFeatureClassByShpfile(string shpFilePath, string shpFileName)
    private esriGeometryType StringToGeometryType(string TypeOfString)
        private esriFieldType StringToFieldType(string TypeOfString)
}
```

3. 响应函数

主要包括人机交互函数。

4. 核心函数

1)字段集创建函数：CreateFeatureClassFields( )

要素字段集必须包括 OID(字段名 OBJECTID)、Geometry(字段名通常是 shape)两个特殊类型的字段，分别表示对象 ID 和几何图形，其他字段为用户自定义字段，一般只需要指定字段名和字段数据类型。主要用到 FieldClass、FieldsClass 涉及相关接口：

FieldClass 用于实现 IField，IFieldEdit 接口：

(1)IField 为字段基本接口；

(2)IFieldEdit 为字段编辑接口，可为字段设置名称、数据类型等；

(3)Shape 字段还需要 IGeometryDefEdit 接口定义几何类型、空间参考系、空间索引等。

FieldsClass 实现 IFields 字段集接口，是 IField 的集合：

代码如下：

```
//创建新的字段集
IFields pFields =new FieldsClass();
IFieldsEdit pFieldsEdit =(IFieldsEdit)pFields;
//遍历 DataGridView 行,每行建立一个字段
for (int i =0; i < this. dataGridView1. Rows. Count- 1; i++)
{
    string NameOfString =this. dataGridView1[0, i]. Value. ToString();
    string TypeOfString =this. dataGridView1[1, i]. Value. ToString();
    switch (TypeOfString)
    {
        case "OID": //产生新的 FID 字段
            {
                IField pField =new FieldClass();
                IFieldEdit pFieldEdit =(IFieldEdit)pField;
                pFieldEdit. Name_2 =NameOfString;
                pFieldEdit. AliasName_2 =NameOfString;
```

```
                pFieldEdit. Type_2 =esriFieldType. esriFieldTypeOID;
                pFieldsEdit. AddField(pField);
                break;
        case "Geometry": //产生新的 shape 字段
                IField pField = new FieldClass();
                IFieldEdit pFieldEdit = (IFieldEdit)pField;
                pFieldEdit.Name_2 = NameOfString;
                pFieldEdit.AliasName_2 = NameOfString;
                pFieldEdit.Type_2 =esriFieldType.esriFieldTypeGeometry;
                pFieldEdit.GeometryDef_2 = CreateGeometryDef(shapeType, spatialReference2);
                pFieldsEdit.AddField(pField);
        default://产生自定义字段
            {
                IField pField =new FieldClass();
                IFieldEdit pFieldEdit =(IFieldEdit)pField;
                pFieldEdit. Name_2 =NameOfString;
                pFieldEdit. AliasName_2 =NameOfString;
                pFieldEdit. Type_2 =StringToFieldType(TypeOfString);
                pFieldsEdit. AddField(pField);
            break;
        }
    }
```

这里 shape 字段函数用到 CreateGeometryDef( )辅助函数创建 IGeometryDef 对象，定义几何信息存储字段的空间索引和空间参考系，是创建要素类的要点。

2)要素类创建函数 CreateFeatureClass( )

ArcGIS 数据库对矢量数据按两级组织，第一级矢量数据集集合(简称数据集)，第二级包含若干要素类。矢量数据集创建成功后，可在其下创建要素类。步骤如下：

(1)创建要素字段集，可新建或可根据 shp 文件克隆一个字段集；

(2)建立一个要素对象描述(可以没有)；

(3)打开数据集，用 IFeatureWorkspace 的 OpenFeatureDataset( )；

(4)创建要素数据类，用数据集 IFeatuerDataset 的 CreateFeatureClass( )方法。代码如下：

```
//打开指定数据集：
IFeatureWorkspace featureWorkspace =m_pWorkspace as IFeatureWorkspace;
IFeatureDataset fDataset =featureWorkspace. OpenFeatureDataset(targetDsName);
//创建要素类的字段集
ISpatialReference pSpatialReference =(fDataset as IGeoDataset). SpatialReference;
IFields pFields =CreateFeatureClassFields(shapeType, pSpatialReference);
```

```
//要素对象描述
IFeatureClassDescription fcDescript =new FeatureClassDescriptionClass();
IObjectClassDescription ObjDescript =fcDescript as IObjectClassDescription;
//在数据库中创建矢量数据层
return fDataset. CreateFeatureClass(TargetFCname, pFields,
                                    ObjDescript. InstanceCLSID,
                                    ObjDescript. ClassExtensionCLSID,
                                    esriFeatureType. esriFTSimple, "shape", "");
```

5. 辅助函数

空间索引创建函数 CreateGeometryDef，代码如下：

```
IGeometryDef geometryDef =new GeometryDefClass();
IGeometryDefEdit geometryDefedit =(IGeometryDefEdit)geometryDef;
//平均点数
geometryDefedit. AvgNumPoints_2 =5;
//空间索引;
geometryDefedit. GridCount_2 =1;
geometryDefedit. set_GridSize(0, 100000);
//空间数据类型;
geometryDefedit. GeometryType_2 =shapeType;
//空间参考系
geometryDefedit. SpatialReference_2 =spatialReference2;
return geometryDef;
```

完整代码如下：

代码(28. 3)

28. 4　数据入库

28. 4. 1　LoadOpsClass 结构

LoadOpsClass 实现数据入库的功能，类结构代码如下：

```
class LoadOpsClass
{
    private IWorkspace m_pWorkspace =null;
    public LoadOpsClass(IWorkspace workspace)
    {
```

```
        m_pWorkspace =workspace;
    }
    //矢量数据入库
    public void LoadShapefileToDatabase(string shpFilePath, string shpFileName, string targetFCname)
    //影像图入库
    public bool LoadRasterIntoDbDataset(string fileFullName, string strDbRasterDatasetName)
    public bool LoadRasterIntoDbCatalog(string filePath, string strDbRasterCatalogName)
    //辅助函数
    private IRasterDataset OpenRasterFromFile(string fileName)
}
```

28.4.2　矢量数据入库函数

LoadShapefileToDatabase( )是矢量数据入库函数，矢量数据入库的步骤如下：

(1)打开待入库的 shp 文件；

(2)打开 SDE 数据库中目标要素类；

(3)分别建立要素类的访问游标：对 shp 要素类建立 Search 游标；对 GDB 要素类建立 Insert 游标；

(4)逐个将 shp 要素类中的要素添加到 SDE 要素类中。方法是：先构造一个缓存要素 IFeatureBuffer，用 shp 要素字段值对缓存对象赋值；最后用 SDE 游标的 InsertFeature( )方法，将缓存对象插入目标数据集中。

(5)为提高效率，每插入 2000 个要素推送一次。代码如下：

```
// 打开 SHP 数据：
IWorkspaceFactory shpwpf =new ShapefileWorkspaceFactoryClass();
IFeatureWorkspace shpfwps =shpwpf. OpenFromFile(shpFilePath, 0) as IFeatureWorkspace;
IFeatureClass shpfc =shpfwps. OpenFeatureClass(shpFileName);
//检查是否存在目标数据集：
IWorkspace2 pW2 =m_pWorkspace as IWorkspace2;
if (pW2. get_NameExists(esriDatasetType. esriDTFeatureClass, targetFCname))
{
    //在 SDE 数据库中打开矢量数据层
    IFeatureWorkspace featureWorkspace =m_pWorkspace as IFeatureWorkspace;
    IFeatureClass sdeFeatureClass =featureWorkspace. OpenFeatureClass(targetFCname);
    //分别建立访问要素类的游标
    IFeatureCursor featureCursor =shpfc. Search(null, true);
    IFeatureCursor sdeFeatureCursor =sdeFeatureClass. Insert(true);
    //逐个添加实体对象到数据库
    int numuric =0;
    IFeature feature =default(IFeature);
```

```
        IFeatureBuffer sdeFeatureBuffer;
        while ((feature =featureCursor. NextFeature()) ! = null)
        {
            sdeFeatureBuffer =sdeFeatureClass. CreateFeatureBuffer();
            IField shpField =new FieldClass();
            IFields shpFields =feature. Fields;
            for (int i =0; i < shpFields. FieldCount; i++)
            {
            shpField =shpFields. get_Field(i);
            if (shpField. Type == esriFieldType. esriFieldTypeOID)
                continue;
            int index =sdeFeatureBuffer. Fields. FindField(shpField. Name);
            if (index ! =-1)
            {
                sdeFeatureBuffer. set_Value(index, feature. get_Value(i));
            }
            sdeFeatureCursor. InsertFeature(sdeFeatureBuffer);
            //每插入 1000 个要素推送一次;
            numuric++;
            if (numuric > 1000)
            {
                sdeFeatureCursor. Flush();
                numuric =0;
            }
        }
        sdeFeatureCursor. Flush();
    }
```

28. 4. 3 栅格数据入库函数

LoadRasterIntoDbDataset( )是栅格数据集入库，步骤如下：

(1)打开 SDE 数据库中目标栅格数据集。

(2)打开待入库的栅格数据文件(用到辅助函数 OpenFileRaster( ))，得到栅格数据集接口对象 IRasterDataset。然后用此接口对象的 CreateDefaultRaster( )函数创建 IRaster 接口对象。

(3)创建栅格数据集装载接口对象 IRasterLoader。

(4)加载 Raster 到 GDB RasterDataset 中(使用 IRasterLoader 的 Load 函数)。

源代码如下：

```
//打开 SDERasterDataset
IRasterWorkspaceEx ipSdeRasterWs =m_pWorkspace as IRasterWorkspaceEx;
```

```
IRasterDataset ipRasterDataset = ipSdeRasterWs. OpenRasterDataset(strDbRasterDatasetName);
//打开文件中的 Raster
IRasterDataset ipFileRasterDataset =this. OpenRasterFromFile(fileFullName);
IRaster ipRaster =ipFileRasterDataset. CreateDefaultRaster();
//创建栅格数据集装载接口对象 IRasterLoader;
IRasterLoader ipRasterLoader =new RasterLoader();
ipRasterLoader. Background =0;
ipRasterLoader. PixelAlignmentTolerance =0. 5;
ipRasterLoader. MosaicColormapMode  =rstMosaicColormapMode. MM_LAST;
//加载 Raster 到 RasterDataset 中
ipRasterLoader. Load(ipRasterDataset, ipRaster);
```

LoadRasterIntoDbCatalog( )是栅格数据栅格目录入库，栅格数据入库的步骤如下：

（1）初始化栅格目录装载接口对象 IRasterCatalogLoader；

（2）为 IRasterCatalogLoader 设置存储参数；

（3）加载 Raster 到 GDB RasterCatalog 中（使用 IRasterCatalogLoader 的 Load 函数）。

源代码如下：

```
//初始化 RasterCatalogLoader
IRasterCatalogLoader ipRasterCatalogLoader =new RasterCatalogLoader();
ipRasterCatalogLoader. Workspace =m_pWorkspace;
ipRasterCatalogLoader. Background =0;
ipRasterCatalogLoader. Projected  =false;
//设置存储参数
IRasterStorageDef rasterStorageDef =new RasterStorageDefClass();
rasterStorageDef. CompressionType =esriRasterCompressionType. esriRasterCompressionUncompressed;
rasterStorageDef. PyramidLevel =1;
rasterStorageDef. PyramidResampleType  =rstResamplingTypes. RSP_BilinearInterpolation;
rasterStorageDef. TileHeight =128;
rasterStorageDef. TileWidth =128;
ipRasterCatalogLoader. StorageDef =rasterStorageDef;
//加载栅格文件到 RasterCatalog 中
ipRasterCatalogLoader. Load(strDbRasterCatalogName, filePath,null);
```

还需要实现从文件打开栅格数据函数：OpenRasterFromFile。

完整代码如下：

代码(28. 4)

28.5　功能调用

1. 添加子菜单

在 DbManagerDockFrm 的浮动菜单(contextMenuDbManager)上，添加 New、Load、Refresh 菜单项，以及相应的子菜单(见表 28-2)：其中 Refresh 菜单刷新数据库连接，以支持在新建的数据集后更新数据库管理界面。

表 28-2　　**菜单项及相应的子菜单**

菜单项	子菜单	备　注
New	Feature Dataset	创建矢量数据集(数据库节点有效)
	Feature Class	创建要素类(矢量数据集节点有效)
	Raster Dataset	创建栅格数据集(数据库节点有效)
	Raster Catalog	创建栅格目录(数据库节点有效)
Load	Feature Class	装载要素类(在已有要素类结构上)
	Raster Dataset	装载栅格数据(在已有栅格数据集结构上)
	Raster Catalog	装载栅格目录(在已有栅格目录结构上)
Refresh		刷新数据库连接

2. 子菜单响应函数

相应的子菜单响应函数分别调用到 CreateDatasetFrm(可创建矢量和栅格两种数据集)、CreateFeatureClassFrm、LoadOpsClass(装载操作)等功能类。完整代码如下：

代码(28.5)

28.6　运行测试

功能实现后，利用第 19 章的数据库连接功能，先连接 SQLExpress 数据库，然后在数据上使用 New 菜单的操作创建相关存储结构，最后通过 Load 操作将数据入库。

测试数据：①. . . \\Data(Book)\Raster\影像-A3. tif;②. . . \\Data(Book)\Raster\ORG_Catalog;③. . . \\Data(Book)\BuildingForGdb。

第 29 章　属 性 操 作

29.1　功能描述

从关系数据库的角度而言，ITable 对象代表了 GeoDatabase 中的一张二维表(或者视图 View)，一个表由多个列(IFields)定义，列被称为字段(IField)，IFields 是 IField 的集合。使用 ITable 对象 AddField(添加字段)、DeleteField(删除字段)方法，可改变表的结构。存储在表中的元素是 IRow 对象，一个 IRow 对象代表了表中的一条记录。

IFeatureClass 对象继承 ITable，所以它也是一个表，只是存在一个表示要素空间图形的特殊字段(Geometry)，一行记录代表一个要素。对于离散型栅格数据(IRaster)，每个波段存在(或可重建)表示“值-频数”统计信息的属性表(AttributeTable)，它属于 ITable 类型，因此我们也可以用表格的形式打开一个要素类，或打开栅格数据的属性表。

VS 中 DataGridView 控件提供了一种强大而灵活的以表格形式显示数据的方式。可以使用 DataGridView 控件来显示少量数据的只读视图，也可以对其进行缩放以显示特大数据集的可编辑视图，还可以很方便地把一个 DataTable 绑定到 DataGridView 控件数据源。利用 DataGridView 显示 ITable 数据，比较有效的方法是：

(1)将 ITable 转换为 DataTable；包括创建 DataTable 结构、填充表体等；

(2)将 DataTable 绑定到 DataGridView 控件数据源；

(3)调用并显示属性表窗体。

29.2　功能效果

在 ArcMap 中，单击图层右键菜单中的“Open Attribute Table”命令，便可弹出属性数据表。本章将完成类似的功能，效果如图 29-1 所示。

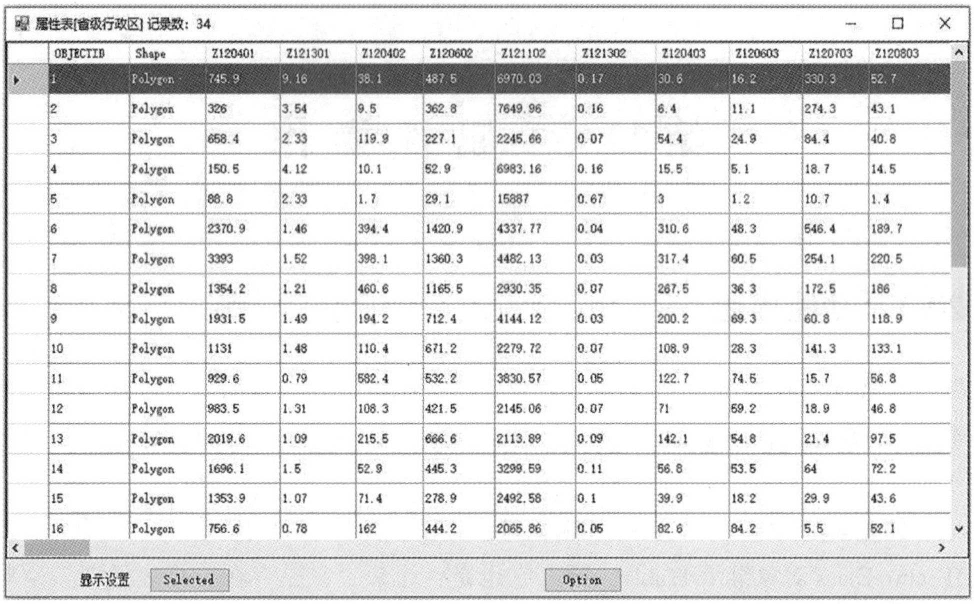

属性表[省级行政区] 记录数：34

OBJECTID	Shape	Z120401	Z121301	Z120402	Z120602	Z121102	Z121302	Z120403	Z120603	Z120703	Z120803
1	Polygon	745.9	9.16	38.1	487.5	6970.03	0.17	30.6	16.2	330.3	52.7
2	Polygon	326	3.54	9.5	362.8	7649.96	0.16	6.4	11.1	274.3	43.1
3	Polygon	658.4	2.33	119.9	227.1	2245.66	0.07	54.4	24.9	84.4	40.8
4	Polygon	150.5	4.12	10.1	52.9	6983.16	0.16	15.5	5.1	18.7	14.5
5	Polygon	88.8	2.33	1.7	29.1	15887	0.67	3	1.2	10.7	1.4
6	Polygon	2370.9	1.46	394.4	1420.9	4337.77	0.04	310.6	48.3	546.4	189.7
7	Polygon	3393	1.52	398.1	1360.3	4482.13	0.03	317.4	60.5	254.1	220.5
8	Polygon	1354.2	1.21	460.6	1165.5	2930.35	0.07	267.5	36.3	172.5	186
9	Polygon	1931.5	1.49	194.2	712.4	4144.12	0.03	200.2	69.3	60.8	118.9
10	Polygon	1131	1.48	110.4	671.2	2279.72	0.07	108.9	28.3	141.3	133.1
11	Polygon	929.6	0.79	582.4	532.2	3830.57	0.05	122.7	74.5	15.7	56.8
12	Polygon	983.5	1.31	108.3	421.5	2145.06	0.07	71	59.2	18.9	46.8
13	Polygon	2019.6	1.09	215.5	666.6	2113.89	0.09	142.1	54.8	21.4	97.5
14	Polygon	1696.1	1.5	52.9	445.3	3299.59	0.11	56.8	53.5	64	72.2
15	Polygon	1353.9	1.07	71.4	278.9	2492.58	0.1	39.9	18.2	29.9	43.6
16	Polygon	756.6	0.78	162	444.2	2065.86	0.05	82.6	84.2	5.5	52.1

显示设置　Selected　Option

图 29-1　实现效果

29.3　功能实现

29.3.1　OpenAttributeTableFrm 设计

新建一个 Windows 窗体，命名为“OpenAttributeTableFrm.cs”。从工具箱拖一个 DataGridView 控件到窗体(变量名为 dataGridView1)，并将其 Dock 属性设置为“Fill”。类结构代码如下：

```
public partial class OpenAttributeTableFrm: Form
{
    ILayer m_pLayer =null;
    //构造函数
    public OpenAttributeTableFrm(IFeatureLayer pFeatureLayer)
    {
        InitializeComponent();
        m_pLayer =pFeatureLayer;
    }
    //装载事件响应函数
    private void OpenAttributeTableForm_Load(object sender, EventArgs e)
    {
```

```
        DataSourceBinding(ILayer player);
    }

//=====若干功能函数=====
    //绑定 DataTable 到 DataGridView
    public void DataSourceBinding(ILayer player)
    //将图层信息转换为 DataTable
    public DataTableTranzformFeatureAttrTable(IFeatureLayer pLayer, string tableName)

    //=====若干辅助函数=====
    //创建空的 DataTable
    private DataTable CreateEmptyDataTable(ITable pTable, string tableName)
    //根据 IField 创建一个 DataColumn
    private DataColumn CreateDataColumnByField(IField pField, bool bUnique)
    //将 GeoDatabase 字段类型转换成 .Net 相应的数据类型
    public string ParseFieldType(esriFieldType fieldType)
    //将 esriFieldTypeGeometry 字段用几何类型名表示
    public string getShapeType(ILayer pLayer)
    //替换数据表名中的“.”符号
    public string getValidFeatureClassName(string FCname)
}
```

29.3.2　创建空 DataTable

CreateEmptyDataTable()函数负责创建空 DataTable。步骤如下：

(1)从传入 ILayer 查询到 ITable，从 ITable 中的 Fileds 获得每个 Field；

(2)根据 Filed 创建 DataTable 的 DataColumn；

(3)若干行对象构成空 DataTable。函数实现代码如下：

```
//初始化 DataTable 表
DataTable pDataTable=new DataTable(tableName);
IField pField=null;
DataColumn pDataColumn;
//根据每个字段的属性建立 DataColumn 对象
for (int i=0; i < pTable. Fields. FieldCount; i++)
{
    pField=pTable. Fields. get_Field(i);
    //新建一个 DataColumn
    bool bUnique=(pField. Name == pTable. OIDFieldName) ? true: false;
    pDataColumn=CreateDataColumnByField(pField, bUnique);
    //字段添加到括号中
```

```
        pDataTable. Columns. Add(pDataColumn);
        pField =null;
        pDataColumn =null;
    }
```

其中 CreateDataColumnByField 函数根据 IField 创建一个 DataColumn，代码如下：

```
DataColumn pDataColumn =new DataColumn(pField. Name);
//字段值是否唯一
pDataColumn. Unique =bUnique;
//字段值是否允许为空
pDataColumn. AllowDBNull =pField. IsNullable;
//字段别名
pDataColumn. Caption =pField. AliasName;
//字段数据类型
pDataColumn. DataType =System. Type. GetType(ParseFieldType(pField. Type));
//字段默认值
pDataColumn. DefaultValue =pField. DefaultValue;
//当字段为 String 类型时设置字段长度
if (pField. VarType = = 8) {
    pDataColumn. MaxLength =pField. Length;
}
```

29. 3. 3　要素类属性填充 DataTable

TranzformFeatureAttrTable( )函数将要素类转换为 DataTable 数据，实现步骤如下：

(1)创建空 DataTable；

(2)通过 ICursor 遍历 ITable 行(即 IRow)，每一行创建 DataTable 中相应的 DataRow；

(3)将所有的 DataRow 添加到 DataTable 中。

为保证效率，一次最多只装载 2000 条数据到 DataGridView。函数代码如下：

```
//创建空 DataTable
ITable pTable =pLayer as ITable;
DataTable pDataTable =CreateEmptyDataTable(pTable, tableName);
//取得图层类型
string shapeType =getShapeType(pLayer);
//创建 DataTable 的行对象
DataRow pDataRow =null;
//创建查询游标;
ITable pTable =pLayer as ITable;
ICursor pCursor =pTable. Search(null, false);
//取得 ITable 中的行信息
```

```
IRow pRow =pCursor. NextRow();
intn =0;
while(pRow !  = null)
{
    //新建 DataTable 的行对象
    pDataRow =pDataTable. NewRow();
    for(int i =0; i < pRow. Fields. FieldCount; i++)
    {
        //如果字段类型为 esriFieldTypeGeometry,则根据图层类型设置字段值
        if(pRow. Fields. get_Field(i). Type  = =
                                    esriFieldType. esriFieldTypeGeometry)
        {
            pDataRow[i] =shapeType;
        }
        //当图层类型为 Anotation 时,要素类中会有 esriFieldTypeBlob 类型数据,
        //其存储的是标注内容,如此情况需将对应的字段值设置为 Element
        else if(pRow. Fields. get_Field(i). Type  = =
                                    esriFieldType. esriFieldTypeBlob) {
            pDataRow[i] ="Element";
        }
        else {
            pDataRow[i] =pRow. get_Value(i);
        }
    }
    //添加 DataRow 到 DataTable
    pDataTable. Rows. Add(pDataRow);
    pDataRow  =null;
    n++;
    //为保证效率,一次只装载最多条记录
    if(n  = = 2000) {
        pRow  =null;
    }
    else {
        pRow =pCursor. NextRow();
    }
}
```

完整代码如下：

代码(29.3)

29.3.4　绑定 DataTable 到 DataGridView

通过以上步骤，我们已经得到了一个含有图层属性数据的 DataTable。通过 DataSourceBinding( )函数，可以很容易地将其绑定到 DataGridView 控件中。

29.4　功能调用

通过以上步骤，我们封装了一个 OpenAttributeTableFrm 类，此类能够由 FeatureLayer 显示图层中的属性表数据。

在图层操作浮动菜单上添加菜单项：OpenAttributeTable。建立 OpenAttributeTable 的 OnClick 事件的响应函数，代码如下：

```
private void openAttributeTableToolStripMenuItem_Click(object sender, EventArgs e)
{
    OpenAttributeTableForm frm =new OpenAttributeTableForm(m_tocRightLayer);
    frm. ShowDialog();
}
```

29.5　编译运行

按下 F5 键，编译运行程序。

测试数据位于数据库：... \\Data(Book)\Cartographic\China+. gdb。

29.6　功能增强

29.6.1　选择集和全要素显示切换

以上源代码只支持全部要素属性显示，下面通过一个按钮 btnViewMethod 实现选择集显示和全要素显示两种情形的切换。

(1)在 Form 底部添加一个 Panel(Dock 属性设为 Botton)，然后在 Panel 上添加 Button 按钮——btnViewMethod。

(2)添加类成员变量 m_isSelectionSet，该变量为真，显示选择集，否则显示全部要素。

（3）查询游标由函数 CreateCursorBySelectionSet 创建，此函数根据布尔变量 m_isSelectionSet 的值决定使用选择集创建游标，还是使用全要素创建游标，代码如下：

（4）将 TransformFeatureAttrTable( )函数中，创建查询游标的两行代码：

```
ITable pTable =pLayer as ITable;
ICursor pCursor =pTable. Search(null, false);
```

改为：

```
ICursor pCursor =CreateCursorBySelectionSet( pLayer );
```

（5）添加 btnViewMethod 响应函数，使得按压该按钮，DataGridView 显示内容在选择集和全要素之间来回切换。

29. 6. 2 栅格数据属性显示

栅格图层属性表显示与矢量数据显示的主要区别在于 DataGridView 的数据源不同，即只需要将 DataSource 捆绑为由栅格数据属性建立的 Datatable 即可。

（1）先建立 TransformRatserAttrTable 函数；

（2）修改 DataSourceBinding 函数，判断图层的类型，调用对应的数据源创建函数；

（3）修改 Form 加载响应函数，如果图层为栅格数据，使 btnViewMethod 无效。

29. 6. 3 添加浮动式功能菜单

1. 添加浮动菜单

为进一步增强功能，共添加 3 个浮动菜单：

（1）单击 Option 按钮，弹出一个浮动菜单，包括 AddField(添加字段)、Export(导出)、Print(打印)等菜单项。

（2）右键单击任意列头，弹出一个浮动菜单，包括 DeleteField(删除字段)、Calculate(字段计算)、Sorting(字段排序)、Statistics(统计计算)等菜单项；可通过响应 DataGridView 的 ColumnHeaderMouseClick 事件弹出。

ColumnHeaderMouseClick 的响应函数代码如下：

```
if (e. Button  = = System. Windows. Forms. MouseButtons. Right)
{
    m_columnSelectedIndex =e. ColumnIndex;
    System. Drawing. Point _point =
    this. dataGridView1. PointToClient(System. Windows. Forms. Cursor. Position);
    this. contextMenuStripColumn. Show(this. AttrGridView, _point);
    }
```

（3）右键单击任意行头，弹出一个浮动菜单，包括 Remove(删除行)、Selected(选择该行)等菜单项；可通过响应 DataGridView 的 RowHeaderMouseClick 事件弹出。

RowHeaderMouseClick 的响应函数代码如下：

```
if (e. Button  = = System. Windows. Forms. MouseButtons. Right)
```

```
{
    m_rowSelectedIndex =e. RowIndex;
    this. contextMenuStripRow. Show(MousePosition. X, MousePosition. Y);
}
```

注意：为记录鼠标点击的列号/行号，定义两个私有成员：

```
private int m_columnSelectedIndex =- 1;
private int m_rowSelectedIndex =- 1。
```

2. 菜单项响应函数

1) Selected 菜单项

鼠标右键点击某行头，再点击 Selected 菜单项，该行所代表的要素被选中，方法是：根据对象 ID 所在的列和选定行索引，获取选定行的对象 ID，然后以此构造查询条件，用 IFeatureSelection 接口进行选择操作，最后发送一个消息通知 MapControl 刷新，选中要素高亮显示。

这里 ForceMapControlRefreshEvent（"", ""）通知 MapControl 刷新，需要用到自定义委托 delegate 和事件 Event，做法如下：

```
//1:在 OpenAttributeTableForm 中添加 Event 和委托 delegate:
public delegate void NotifyMapControlRefreshEventHandler(string sFeatClsName,
                                                         string sFieldName);
public event NotifyMapControlRefreshEventHandler ForceMapControlRefreshEvent =null;
//2:调用时订阅 NotifyMapControlRefreshEventHandler 事件,
private void openAttributeTableToolStripMenuItem_Click(object sender, EventArgs e)
{
    OpenAttributeTableForm frm =new OpenAttributeTableForm(m_tocRightLayer);
    frm. ForceMapControlRefreshEvent += new
        OpenAttributeTableForm. NotifyMapControlRefreshEventHandler(MapControl_Refresh);
    frm. ShowDialog();
}
//3:响应函数刷新地图
private void MapControl_Refresh(string sFeatClsName, string sFieldName) {
    this. _mapControl. ActiveView. PartialRefresh(esriViewDrawPhase. esriViewAll, null, null);
}
```

2) DeleteField 菜单项

鼠标右键点击某列头，再点击 DeleteField 菜单项，删除选中的列：用 ITable 的 DeleteField 方法删除数据集的对应字段，同时在 DataGridView 中移除选中的列。

3) AddField 菜单项

点击 Option 按钮，再点击 AddField 菜单项，添加新字段：先创建一个新字段 pField，用 ITable 的 AddField 方法添加新的字段到数据集，同时在 DataGridView 中添加新列，代码如下：

```
//建立字段 Greencover
IField pField=new FieldClass();
pFieldEdit=pField as IFieldEdit;
pFieldEdit.Type_2 =esriFieldType.esriFieldTypeDouble;
pFieldEdit.Name_2 ="Greencover";

ITable pTable=m_pLayer as ITable;
if (pTable.Fields.FindField(pField.Name) <0 )
{
    //在 ITable 新增列
    pTable.AddField(pField);
    //在 DataGridView 数据源添加新增列
    DataTable pDtTable=(this.AttrGridView.DataSource) as DataTable;
    DataColumn pDataColumn=CreateDataColumnByField(pField, false);
    pDtTable.Columns.Add(pDataColumn);
}
```

4)CalCulate 菜单项

鼠标右键点击某列头，再点击 CalCulate 菜单项，计算该列所有值(这里以面积计算为例)，同时更新要素类和在 DataGridView 中的列信息，代码如下：

```
IFeatureClass pFcls=(m_pFeatureLayer as IFeatureLayer).FeatureClass;
IFeatureCursor pfCursor=pFcls.Search(null, false);
IFeature pFt=null;
while ((pFt=pfCursor.NextFeature()) != null)
{
    //通过 IArea 更新面积字段;
    IArea pArea=pFt.Shape as IArea;
    double area=pArea.Area;
    pFt.set_Value(m_columnSelectedIndex, area);
    pFt.Store();//存储变化
}
```

5)Statistics 菜单项

鼠标右键点击某列头，再点击 Statistics 菜单项，计算该列统计信息，代码如下：

```
//创建游标(结果只有一个字段)
IFeatureClass pFcls=(m_pLayer as IFeatureLayer).FeatureClass;
IFeatureCursor pCursor=pFcls.Search(null, true);
IField pField=pFcls.Fields.Field[m_columnSelectedIndex];
//创建数据统计对象
IDataStatistics pDastStat=new DataStatistics();
{
```

```
        pDastStat. Field =pField. Name;
        pDastStat. Cursor =(ICursor)pCursor;
    }
    IStatisticsResults pStatistics =pDastStat. Statistics;
    string strMean ="Mean ="+pStatistics. Mean. ToString()+Environment. NewLine;
    string strMax ="Max ="+pStatistics. Maximum. ToString()+Environment. NewLine;
    string strMin ="Min ="+pStatistics. Minimum. ToString()+Environment. NewLine;
    string strSum ="Sum ="+pStatistics. Sum. ToString();
    MessageBox. Show(strMean+strMax+strMin+strSum);
```

完整代码如下：

代码(29.6)

第七篇　其　　他

导读：

ArcGIS 用 Moudle Builder 可将 ArcToobox 工具(GP)组合成复杂的地理模型，但一些特定地理处理需求可能找不到现成的 GP 工具。ArcGIS Engine 提供了自定义 GP 工具的开发方法，这些工具可添加到 ArcToolBox 工具箱，作为 ArcToolBox 的补充。

另外，ArcGIS 在 10 版本之后引入了桌面插件模型 Add-in，这相比 ArcGIS 内嵌 Python 等脚本语言，更容易定制和扩展 ArcGIS 桌面应用。

ArcGIS Engine 提供了三维场景展示的控件——GlobeControl 和 SceneControl(对应 ArcGIS Desktop 中 ArcGlobe 和 ArcScene)，二者在三维场景展示中适用的情况有所不同，前者适合大范围内的数据展示，后者适合于小范围内精细场景刻画，但在编程技术上基本类似。

本章将介绍采用 ArcGIS Engine 进行自定义 GP 工具、Add-in 插件，以及基于 SceneControl 三维显示等实用功能的编程方法，内容包括：

第 30 章　自定义 GP 工具；

第 31 章　ArcGIS Add-in 插件开发；

第 22 章　三维展示。

第 30 章　自定义 GP 工具

30.1　知识要点

ArcGIS Engine 通过继承 IGPFunctionFactory 和 IGPFunction 接口开发自定义 GP 工具，这些 GP 工具可以补充 ArcGIS、ArcToobox 工具集，从而支持用户在 MoudleBuilder 中构建特定的地理处理业务。

一旦实现 IGPFunction、IGPFunctionFactory 接口，ArcToolBox 根据名字列出自定义 GP 工具，用户可以将它加载到 ArcToolBox 中。

1. IGPFunctionFactory 接口

IGPFunctionFactory 接口的常见方法见表 30-1。

表 30-1　　**IGPFunctionFactory 接口的常见方法**

方　　法	说　　明
string Alias { get; }	别名
UID CLSID { get; }	
string Name { get; }	名称
IGPFunction GetFunction(string Name);	根据 GP 的名称得到 GP 对象
IEnumGPEnvironment GetFunctionEnvironments();	如果没有设置全局环境的话，可以返回 null
IGPName GetFunctionName(string Name);	根据名称返回 GPName，就是返回 GP 的 FullName
IEnumGPName GetFunctionNames();	返回这个工厂所包含的 GPName

实现 IGPFunctionFactory 的关键方法如下：

- ◆ GetFunction(...);
- ◆ GetFunctionName(...);
- ◆ GetFunctionNames (...)。

2. GPFunction 接口

GPFunction 接口详细说明见表 30-2。

表 30-2　　**GPFunction 接口**

接　口	接口意义
UID DialogCLSID { get; }	对话框的类标识，该方法在实现时直接返回为空即可
string DisplayName { get; }	该 GP 工具显示的名字和 FullName 中设置的一致
IName FullName { get; }	
int HelpContext { get; }	帮助文件的上下文，直接返回 0 即可
string HelpFile { get;}	帮助文件路径，直接返回空字符串即可
string MetadataFile { get; }	元数据文件，返回空字符串即可
string Name { get; }	返回 GP 工具的名字，该名字与 fullName 中设置的名字一致
IArray ParameterInfo { get; }	参数列表，定义系统输入和输出的参数
void Execute(IArray paramvalues, ITrackCancel TrackCancel, IGPEnvironmentManager envMgr, IGPMessages message);	代码执行
IGPMessages Validate(IArray paramvalues, bool updateValues, IGPEnvironmentManager envMgr)	提示输入的参数信息是否正确
object GetRenderer(IGPParameter pParam);	根据指定的参数返回自定义的渲染器；实现时返回 Null 即可
bool IsLicensed();	验证许可是否授权
void UpdateMessages(IArray paramvalues, IGPEnvironment Manager pEnvMgr, IGPMessages Messages	给定参数值之后，验证参数信息，并设置返回的消息
void UpdateParameters(IArray paramvalues, IGPEnvironmentManager pEnvMgr);	更新输入参数
IGPMessages Validate(IArray paramvalues, bool updateValues, IGPEnvironmentManager envMgr);	验证信息

实现 GPFunction 关键的操作有以下三个方面：

1) UI 参数定义：ParameterInfo { get; }

这个属性的作用是根据用户设置的各类参数来设置 GP Function Tool 的 UI，如何交互的细节已经被隐藏，用户只需要设定参数类型，自动地得到参数对应的 UI。

可直接定义的参数类型如下(具体查看 AO 帮助 IGPDataType Interface)：

例如：定义一个 double 参数：

```
IGPParameterEdit3 pGPPara =new GPParameterClass();
```

```
{
    pGPPara. DataType =new GPDoubleTypeClass();
    pGPPara. Direction =esriGPParameterDirection. esriGPParameterDirectionOutput;
    pGPPara. DisplayName ="Out_";
    pGPPara. Name ="Out_";
    pGPPara. ParameterType =esriGPParameterType. esriGPParameterTypeDerived;
    pParameterArray. Add(pGPPara);
}
```

2)参数验证：Validate( )方法

自定义类型参数后，通过 Validate 方法来提示输入的参数信息是否正确。

■ 增强客户体验；

■ 执行较简单的数据校验；

■ 反馈一系列的校验信息。

进行参数验证可以使用 IGPUtilities 的 InternalValidate 方法

m_GPUtilities. InternalValidate(m_Parameters, paramvalues, updateValues, true, envMgr)

3)执行：Execute( )方法

这是最重要的方法之一，它可以实现以下功能：

■ 根据用户输入得到参数对象，包括 Featureclass，Table 等；

■ 结合获取参数类型做普通的 AO 开发；

■ 错误信息的友好提示。

30. 2　功能描述

在土地数据处理中，因为测量精度或切割精度问题可能造成一些细片地块或相邻地块间很小的缝隙，这些地块需要消除，通常方法是将其合并到相邻地块中最大的地块。本章介绍使用 ArcGIS Engine 自定义工具开发方法，开发一个细片处理工具。

算法思路如下：

(1)操作数据集需要有“面积字段”；

(2)先用 QueryFilter 过滤器，查找面积小于给定阈值的地块(即细片地块)；

(3)遍历所有细片地块，针对每个细片地块：

◆ 用 SpatialFilter 过滤器查找面积大于设定阈值，且与细片地块有接触的地块；

◆ 确定面积最大的一个地块；

◆ 合并细片地块到相邻的最大地块。

30. 3　建立 GPFunction 模型

在 VS2010 中新建一个普通的 DLL 项目。在该 DLL 中定义一个(或多个)GP 类和一个

GP 工厂类。GP 类要继承 IGPFunction2 接口；GP 工厂类要继承 IGPFunctionFactory 接口。

30. 3. 1　MinAreaMergingGPFunction 类

1)类设计

```
class MinAreaMergingGPFunction: IGPFunction2
{
    //工具的名称
    public static string ToolName ="MinAreaMergingGPFunction";
    private IGPUtilities m_GPUtilities;
    public MinAreaMergingGPFunction()
    //应该是对话框的一个标识,不重要,返回 null 即可
    public ESRI. ArcGIS. esriSystem. UID DialogCLSID
    //重要,工具的名称
    public string Name
    //工具显示的名称
    public string DisplayName
    //工具的全部名称,包括内容,看下面的属性就很容易理解
    public IName FullName
    //目前还不清楚该函数的作用,但如果用不到,返回 null 即可
    public object GetRenderer(IGPParameter pParam)
    //帮助的上下文标识,返回 0 即可
    public int HelpContext
    //帮助文件,如果没有,返回空字符串即可
    public string HelpFile
    //验证许可
    public bool IsLicensed()
    //元数据文件,这个返回空字符串也可以
    public string MetadataFile
    //定义参数列表,包括输入和输出参数都在此处定义
    public IArray ParameterInfo
    //执行函数
    public void Execute(IArray paramvalues, ITrackCancel TrackCancel, IGPEnvironmentManager
envMgr, IGPMessages message)
    //更新进度信息,如果需要可以查看帮助和示例看如何定义
    public void UpdateMessages(IArray paramvalues, IGPEnvironmentManager pEnvMgr,
IGPMessages Messages)
    //更新参数,有些工具需要设置好一个参数后,才能设置下一个参数;
```

```
        public void UpdateParameters(IArray paramvalues, IGPEnvironmentManager pEnvMgr)
        //验证合法性、如果不需要验证就直接返回 new GPMessagesClass()
        public IGPMessages Validate(IArray paramvalues, bool updateValues, IGPEnvironmentManager
envMgr)
```

2)重载函数(MergingMinArea)

ParameterInfo 属性重载实现代码如下:

```
get
{
    ArrayClass myParameterArray =new ArrayClass();
    //要素图层参数
    IGPParameterEdit3 layerParameter =new GPParameterClass();
    layerParameter. DataType  =new GPFeatureLayerTypeClass();
    layerParameter. Direction  =esriGPParameterDirection. esriGPParameterDirectionInput;
    layerParameter. DisplayName  ="In_FeatureClass";
    layerParameter. Name  ="In_FeatureClass";
    layerParameter. ParameterType  =esriGPParameterType. esriGPParameterTypeRequired;
    layerParameter. Value  =new GPFeatureLayerClass();
    myParameterArray. Add(layerParameter);
    //面积阈值参数
    IGPParameterEdit3 minAreaParameter =new GPParameterClass();
    minAreaParameter. DataType  =new GPDoubleTypeClass();
    minAreaParameter. Direction  =esriGPParameterDirection. esriGPParameterDirectionInput;
    minAreaParameter. DisplayName  ="Min_Area";
    minAreaParameter. Name  ="Min_Area";
    minAreaParameter. ParameterType  =esriGPParameterType. esriGPParameterTypeRequired;
    myParameterArray. Add(minAreaParameter);
    //字段(面积)参数:
    IGPParameterEdit3 fieldParameter =new GPParameterClass();
    {
        //设置 Field 多值类型:
        IGPDataType inputType =new FieldTypeClass();
        IGPMultiValueType mvType =new GPMultiValueTypeClass();
        mvType. MemberDataType =inputType;
        IGPMultiValue mvValue =new GPMultiValueClass();
        mvValue. MemberDataType =inputType;
        fieldParameter. DataType =mvTypeas IGPDataType;
        fieldParameter. Value =mvValueas IGPValue;
```

```
        //设置值域:
        IGPFieldDomain2 fieldDomain =new GPFieldDomainClass();
        fieldDomain. UseRasterFields =false;
        fieldParameter. Domain =fieldDomainas IGPDomain;
        //设置关联要素:
        fieldParameter. AddDependency("In_FeatureClass");
        //Set field name parameter properties
        fieldParameter. Direction =esriGPParameterDirection. esriGPParameterDirectionInput;
        fieldParameter. DisplayName ="面积字段";
        fieldParameter. Name ="field_names";
        fieldParameter. ParameterType =esriGPParameterType. esriGPParameterTypeRequired;
    }
    myParameterArray. Add(fieldParameter);
    return myParameterArray;
}
```

Execute 重载函数实现代码如下:

```
IGPParameter parameter =paramvalues. get_Element(0) as IGPParameter;
IGPValue parameterValue =m_GPUtilities. UnpackGPValue(parameter);
//Open Input Dataset
IFeatureClass inputFeatureClass;
IQueryFilter qf;
m_GPUtilities. DecodeFeatureLayer(parameterValue,out inputFeatureClass, out qf);
//get min Area value:
IGPParameterEdit3 minAreaParameter =paramvalues. get_Element(1) as IGPParameterEdit3;
IGPValue minAreaParameterValue =m_GPUtilities. UnpackGPValue(minAreaParameter);
GPDoubleClass minGPValue =minAreaParameterValue as GPDoubleClass;
string txtMinArea =minGPValue. GetAsText();
//get Area Field name:
IGPParameterEdit3 fdParameter =paramvalues. get_Element(2) as IGPParameterEdit3;
IGPValue fdParameterValue =m_GPUtilities. UnpackGPValue(fdParameter);
GPMultiValueClass fieldGPValue =fdParameterValue as GPMultiValueClass;
FieldClass fld =fieldGPValue. get_Value(0) as FieldClass;
string txtAreaField =fld. Name;
//exec Merging
MergingMinArea(inputFeatureClass, txtAreaField, txtMinArea);
```

3)功能函数(MergingMinArea)

查找小于最小面积的要素，由 Execute 函数调用。代码如下:

```
//查找小于最小面积的要素：
IQueryFilter pQueryFilter =new QueryFilter();
pQueryFilter. WhereClause =txtAreaField +"<="+txtMinArea;
IFeatureCursor pFeatureCursor =pFeatureClass. Search(pQueryFilter, true);
//启动编辑操作
IDataset dataset =pFeatureClass as IDataset;
IWorkspaceEdit workspaceEdit =dataset. Workspace as IWorkspaceEdit;
workspaceEdit. EnableUndoRedo();
//遍历小于最小面积的要素：
IFeature pFeature =pFeatureCursor. NextFeature();
while (pFeature ! = null)
{
    //创建空间过滤器:
    IGeometry pGeometry =pFeature. Shape;
    ISpatialFilter pSpatialFilter =new SpatialFilterClass();
    {
        pSpatialFilter. WhereClause =txtAreaField+">"+txtMinArea;
        pSpatialFilter. Geometry =pGeometry;
        pSpatialFilter. SpatialRel  =esriSpatialRelEnum. esriSpatialRelTouches;
    }
    //查找面积大于设定值而且有接触的要素中,面积最大的要素:
    IFeature pMaxAreaFeature =FindMaxAreaFeature(pFeatureClass, pSpatialFilter);
    //将小面积要素合并到大面积要素
    object missing =Type. Missing;
    IGeometryCollection pGeometryCollection =new GeometryBagClass();
    pGeometryCollection. AddGeometry(pGeometry,ref missing, ref missing);
    pGeometryCollection. AddGeometry(pMaxAreaFeature. Shape,ref missing, ref missing);
    ITopologicalOperator pTopologicalOperatory =new PolygonClass();
    pTopologicalOperatory. ConstructUnion(pGeometryCollectionas IEnumGeometry);
    pMaxAreaFeature. Shape =pTopologicalOperatoryas IGeometry;
    pMaxAreaFeature. Store();
    pFeature =pFeatureCursor. NextFeature();
}
workspaceEdit. StopEditOperation();
```

其中 FindMaxAreaFeature 函数实现查找邻接最大面积块的功能，与查找最小面积块类似。

完整代码如下：

代码(30.3.1)

30.3.2　BMGPFunctionFactory 类

代码如下：

```
[Guid("b1d76a93-596d-4def-9df6-81822ed8d219"), ComVisible(true)]
public class BMGPFunctionFactory: IGPFunctionFactory
{
    #region "Component Category Registration"
    [ComRegisterFunction()]
    static void Reg(string regKey)

    [ComUnregisterFunction()]
    static void Unreg(string regKey)
    #endregion

    #region IGPFunctionFactory Members
    public string Name
    public string Alias
    public UID CLSID
    public IGPFunction GetFunction(string Name)
    public IEnumGPEnvironment GetFunctionEnvironments()
    public GPName GetFunctionNames(String name)
    Public IEnumGPName GetFunctionNames()
    #endregion

    // Utility Function added to create the function names.
    private IGPFunctionName CreateGPFunctionNames(long index)
}
```

完整代码如下：

代码(30.3.2)

30.4　工具集成

1. DLL 注册

先把代码编译成 dll。如果在机器上已经安装了 ArcGIS Desktop，鼠标右键点击 dll 文件，出现“register”按钮，点击该按钮，系统会弹出注册对话框，对话框如图 30-1 所示。

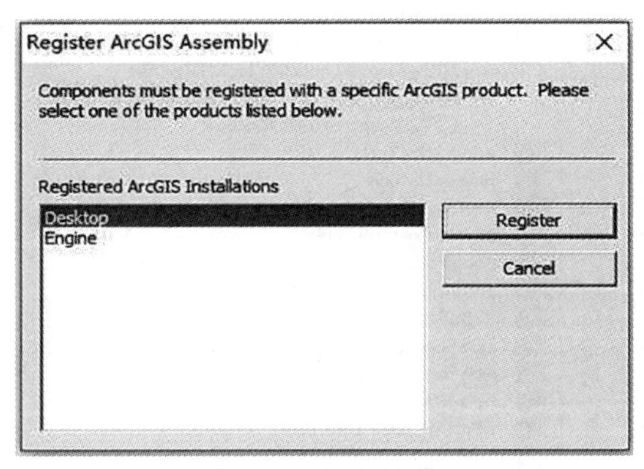

图 30-1　注册对话框

点击注册按钮即可完成注册。

2. 添加工具到 ArcToolbox

注册完毕后，打开 ArcCatalog，创建一个工具目录 MyToolbox，在 MyToolBox 中右键点击添加 Tool 按钮，如图 30-2 所示。

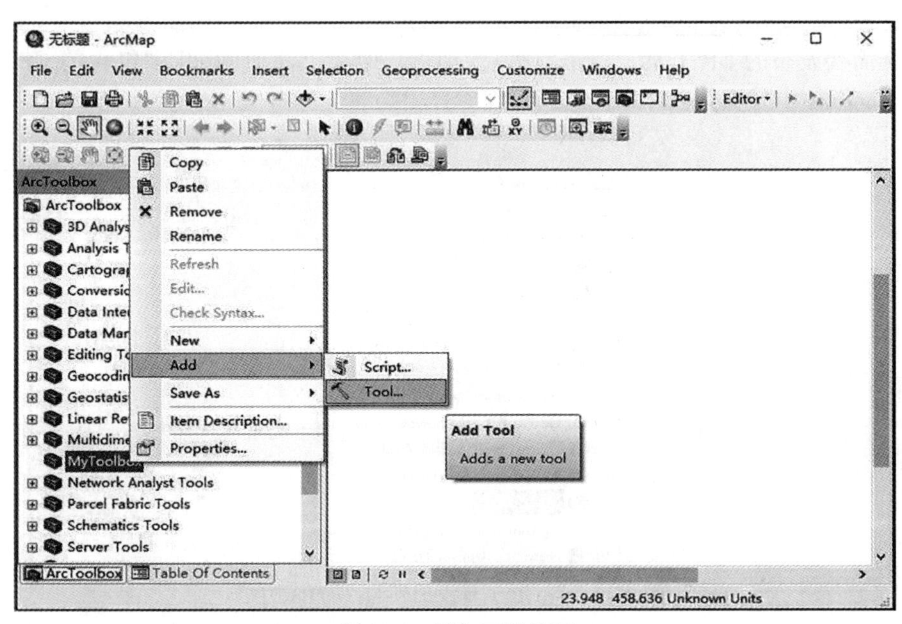

图 30-2　添加工具按钮

点击 Tool 菜单按钮后，出现选择 GP 工具对话框，如图 30-3 所示。

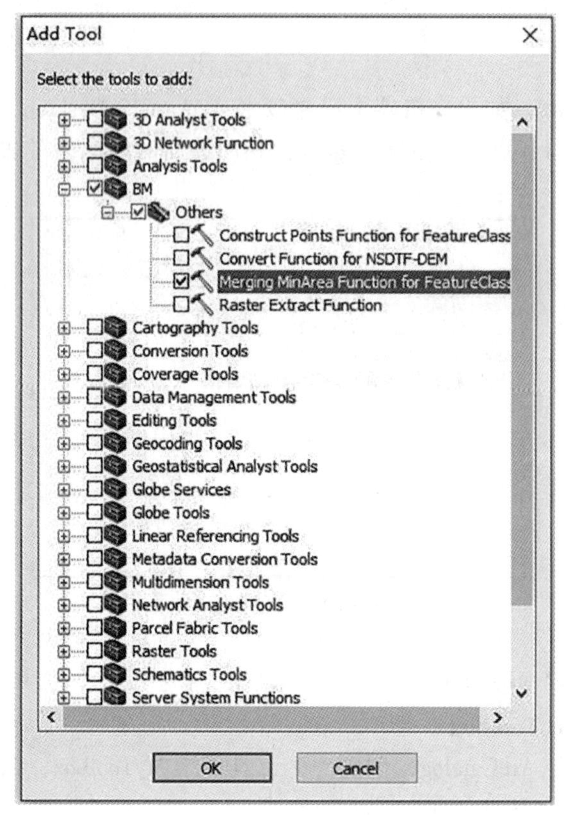

图 30-3 GP 工具对话框

勾选需要发布的 GP 工具，点击“OK”，即可将刚才已注册的 dll 中包含的 GP 工具添加到 MyToolBox 中，如图 30-4 所示。

图 30-4 将 GP 工具添加到 MyToolBox 中

30.5　工具使用

点击"Min Area Merging GPFunction"，启动 GP 工具，界面如图 30-5 所示。
测试数据位于目录：...\\Data(Book)\Pips。

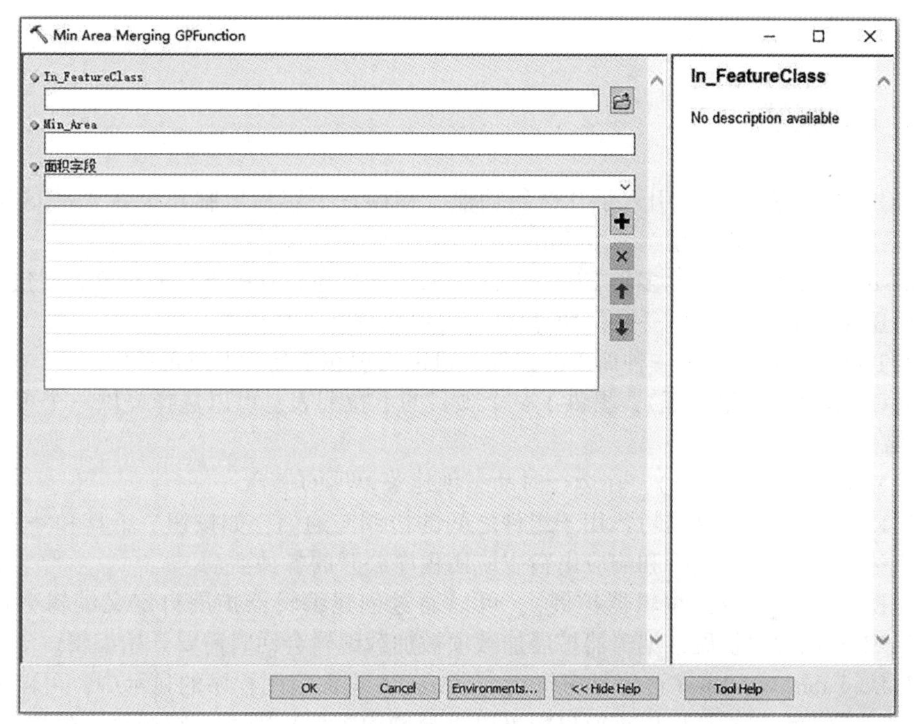

图 30-5　启动 GP 工具

第31章　ArcGIS Add-in插件开发

31.1　概述

ArcGIS在10版本之后引入了几个新功能，使用户更容易定制和扩展ArcGIS桌面应用，包括新的桌面插件模型——Add-in。

Add-in可以理解为包含多种UI和非UI对象的插件包，其中支持的对象类型包括：

(1)Button(按钮)，是一种简单的控件，可以出现在工具栏上。

(2)Tool(工具)，也是一种简单的控件，可以出现在工具栏上或菜单中。

(3)Combo Box(组合框)，提供了一个项目的下拉列表，可以选择提供一个可编辑的输入区域。

(4)Multi-items(多条目)，在运行时动态创建菜单项的集合。

(5)Extensions(应用扩展)，用于组件之间的协调与通信，如按钮、工具和停靠窗口。应用程序扩展经常用于侦听和响应由宿主应用程序公开的各种活动。

(6)Editor extensions(编辑器扩展)，可以通过创建编辑器扩展自定义编辑会话的行为。相对于应用程序扩展，编辑器扩展加载项被加载编辑会话时需要开始编辑。

(7)Dockable Windows(可停靠窗口)，在ArcGIS桌面应用程序的显示中，可停靠窗口是浮动或停靠的窗口。在可停靠窗口中可以填充的内容包括图表、幻灯片、视频、地图，以及包括Esri自定义对话框控件。

另外，还有四种可承载其他控件的驻留容器：

(1) Toolbar(工具条)，可以承载按钮、工具、菜单、工具栏和组合框；

(2) Tool Palette(工具盘)，提供了一种紧凑的方式构建一组相关工具集；

(3) Menu(菜单)；

(4) Context Menu(浮动菜单)。

31.2　功能描述

目前大多数手机拍照功能可开启“地理位置”设置，假设工作需要，采用手机拍照方法记录热点的位置(经纬度)信息，每张照片记录一个地理位置，图片名称为热点名称。

本章以读取相片GPS定位信息为例介绍插件功能，插件可将指定目录下相片中的位置信息生成一个shp文件，算法要点如下：

(1)遍历所有的图片目录，使用MetadataExtractor组件读取图片的经纬度信息，然后使用Spire组件存储到xls表中；

(2)使用 GP 工具“Excel To Table”将 xls 转换成 dbf;
(3)使用 GP 工具“MakeXYEventLayer”将 dbf 转换成 Event Layer;
(4)使用 GP 工具“CopyFeaures”将 Event Layer 保存为 shp 文件;
(5)添加到 MapControl 显示。
用户界面如图 31-1 所示。

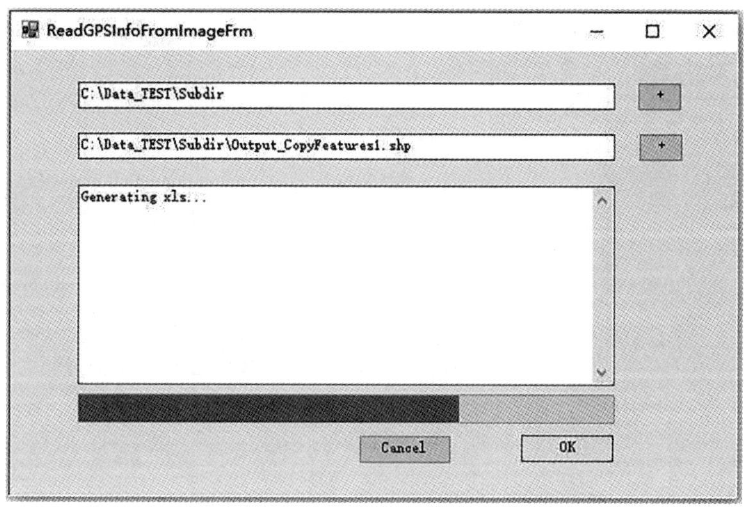

图 31-1　用户界面

31.3　插件载体开发

1. 新建 Add-in 项目

(1)启动 VS2010 新建项目，选择 ArcGIS→“Desktop Add-in”→“ArcMap Add-in”模板，如图 31-2 所示。
(2)点击确定，进入 Welcome 页面，设置信息如图 31-3 所示。
①Add-in Name：插件的名称；此处为 GPSInfoAddin；
②Company/Publisher：插件的制作公司或发布者；此处为 MJXY；
③Author：插件的制作者；
④Description：插件的描述；
⑤Image：插件的图标。
(3)选择插件类型，点击“Add-in Types”，在插件类型列表中勾选“Button”。
①Class Name：类的名称，此处为 ExtractBtn；
②Caption：按钮上显示的文本；
③Image：按钮上的图标；
④Category：所属 Command 的分类；
⑤Tooltip：鼠标在上面时状态栏显示的文字；
⑥Description：工具的描述。

页面如图 31-4 所示。

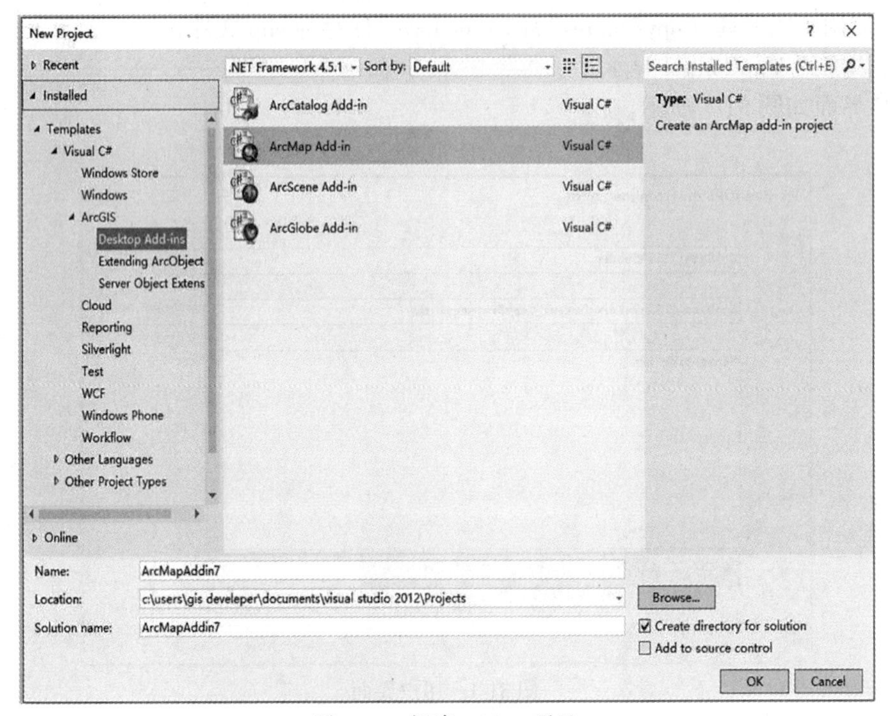

图 31-2　新建 Add-in 项目

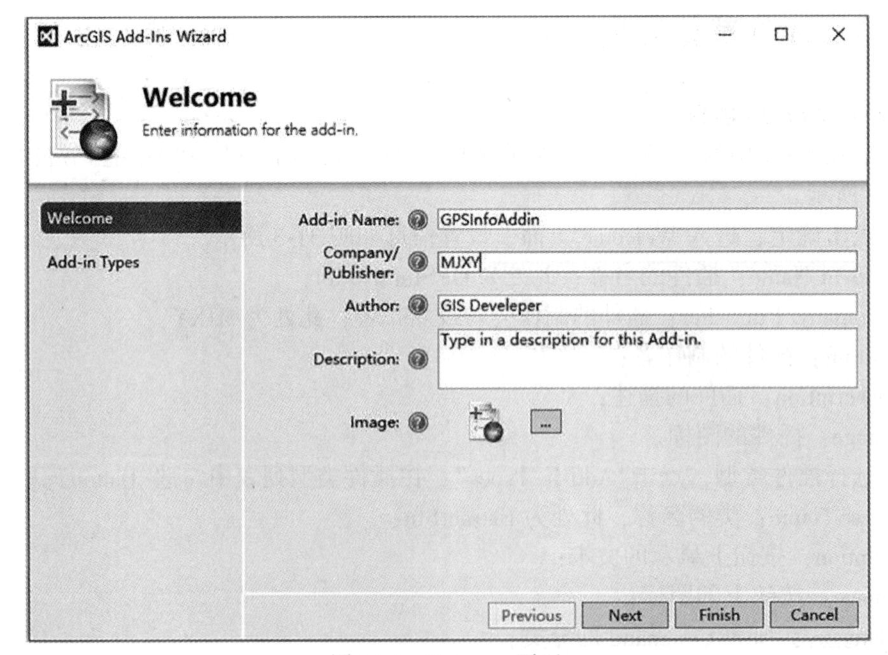

图 31-3　Welcome 页面

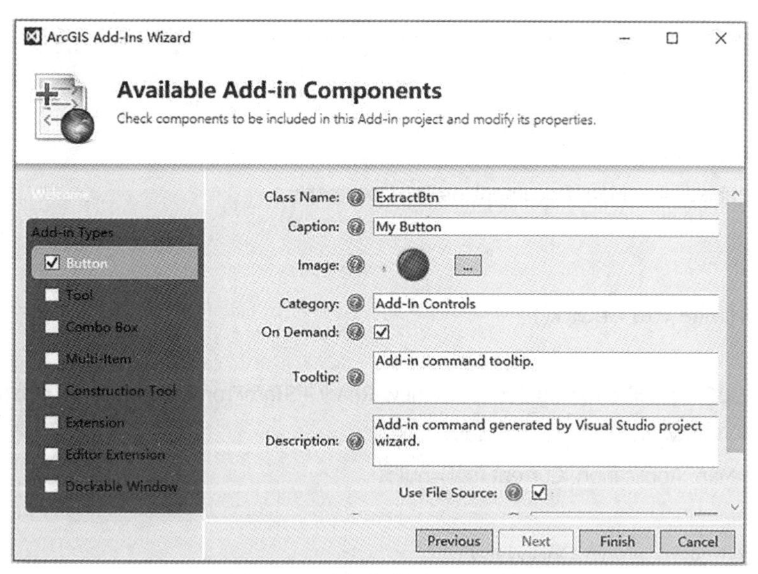

图 31-4　选择插件类型对话框

点击“Finish”完成项目创建，生成两个主要文件：

Config. esriaddinx 文件：是一个 XML 文件，它是一个配置文件，里面包含了项目的相关配置，是自动生成的，如图 31-5 所示。

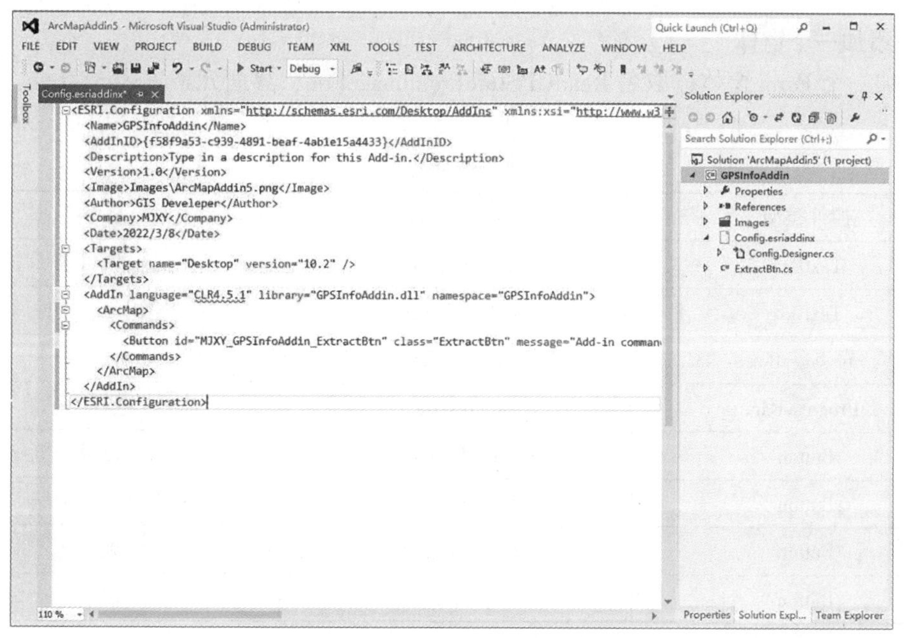

图 31-5　Config. esriaddinx 文件

(4)修改 ExtractBtn. cs 文件中的 ExtractBtn 类，点击插件按钮弹出 ReadGPSInfoFrom

ImageFrm 窗体，代码如下：

```
public class ExtractBtn: ESRI. ArcGIS. Desktop. AddIns. Button
{
    IMxDocument m_pMxd =null;
    public ExtractBtn() {
        m_pMxd =ArcMap. Document as IMxDocument;
}

protected override void OnClick()
{
        ReadGPSInfoFromImageFrm frm =new ReadGPSInfoFromImageFrm(m_pMxd. FocusMap);
        frm. Show();
        ArcMap. Application. CurrentTool =null;
    }
    protected override void OnUpdate() {
        Enabled =ArcMap. Application ! = null;
    }
}
```

31.4 ReadGPSInfo 类实现

1. 添加一个窗体

添加一个 Form 窗体，取名 ReadGPSInfoFromImageFrm，界面元素见表 31-1。

表 31-1 **窗体界面元素**

控件类型	Name 属性	备注
TextBox	txtInFileFolder	输入目录
TextBox	txtOutFileName	输出 shp 文件
MessagesBox	txtMessages	消息栏
ProgressBar	progressBar1	进程条
Button	btnInBrowser	输入目录浏览
Button	btnOutBrowser	输出文件浏览
Button	btnOK	确定
Button	btnCancel	取消

设计窗体界面如图 31-6 所示。

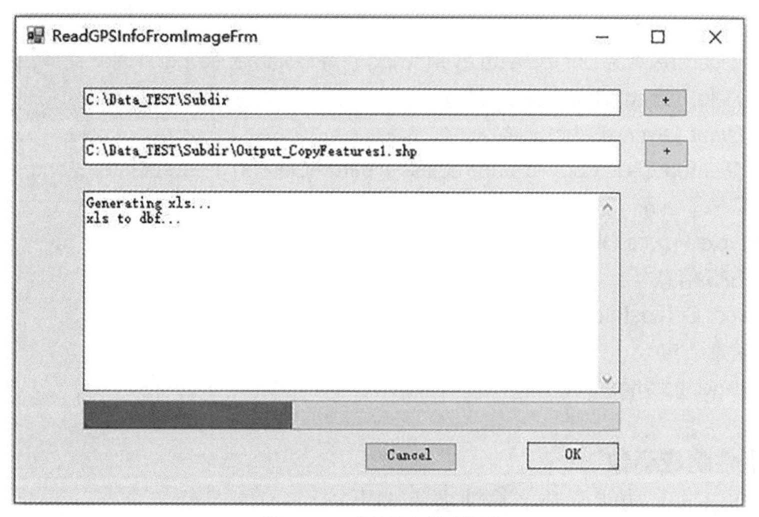

图 31-6　设计窗体界面

2. 添加类成员

改写窗体构造函数，代码如下：

```
private IMap _focusMap =null;
private Workbook _workbook =null;
private Worksheet _worksheet =null;
private Geoprocessor _Gpr =null;
private int _Cnt =1;
public ReadGPSInfoFromImageFrm(IMap pMap)
{
    _focusMap =pMap;
    InitializeComponent();

    _Cnt =1;
    progressBar1. Visible  =false;
    this. txtInFileFolder. Text =@"C: \Data_TEST \Subdir";
    this. txtOutFileName. Text =@"C: \Data_TEST \Subdir \Output_CopyFeatures1. shp";
    //Control. CheckForIllegalCrossThreadCalls =false; //避免线程间空间安全检查
    private void ReadGPSInfoFromImageFrm_Load(object sender, EventArgs e)
    private void btnBrowser_Click(object sender, EventArgs e)
    private void btnOutBrowser_Click(object sender, EventArgs e)
    private async void btnApp_Click(object sender, EventArgs e)

    //=======功能函数=======
    //生成 xls(一个耗时任务,设计成异步函数)
    private async Task<string> Generating_xls(DirectoryInfo[] dirArr, string xlsfileName)
    //xls 转换 dbf
    private bool XlsToTable(string xlsFileName, string sheetName, string dbfFileName)
```

```
        //dbf 转换 Event Layer
        private IFeatureClass DbfToEventLayer(string dbfFileName, string xField, string yField,
        string zField, ISpatialReference pSR )
        //保存 Event Layer 到 shp
        private IFeatureClass CopyToFeatureClass(IFeatureClass in_featureClass, string shpfileName)
        //遍历目录子目录
        private void ProcessDirectory(DirectoryInfo srDirInfo)
        //读取 GPS 信息
        public bool GetgpsInfo(String sImageFile, out gpsInfo info)
        //GPS 信息结构
        public struct gpsInfo
    }
```

3. 界面事件响应函数

其中 btnOK_Click 功能函数，算法要点如下：

（1）遍历所有图片目录，使用 MetadataExtractor 组件读取图片的经纬度信息，然后使用 Spire 组件存储到 xls 表中；

（2）依次使用 ArcGIS Engine GP 工具：Excel To Table、MakeXYEventLayer、CopyFeaures，将 xls 转换成 shp 文件；

（3）为保证进程条及时更新，将 btnOK_ Click 函数添加 async 修饰词，使之支持异步调用，其中 Generating_ xls( ) 函数设计为异步运行函数。代码如下：

```
    //设置中间文件名:
    string shpFullfileName =this. txtOutFileName. Text;
    string xlsFullfileName =shpFullfileName. Replace(". shp", "_temporary. xls");
    string dbfFullFileName =shpFullfileName. Replace(". shp", "_temporary. dbf"); //文件名不可相同
    //生成 xls 文件:
    DirectoryInfo dir =new DirectoryInfo(txtInFileFolder. Text);
    DirectoryInfo[] dirArr =dir. GetDirectories();
    var message =await Generating_xls(dirArr,xlsFullfileName);
    //xls 转换要素类
    if (XlsToTable(xlsFullfileName, "GPS_Info", dbfFullFileName))
    {
        //dbf 转换 Event layer;
        ISpatialReferenceFactory srFactory =new SpatialReferenceEnvironmentClass();
        ISpatialReference pSR =srFactory. CreateGeographicCoordinateSystem((int)esriSRGeoCSType.
esriSRGeoCS_WGS1984);
        IFeatureClass pFC =DbfToEventLayer(dbfFullFileName, "Longitude", "Latitude", "Altitude", pSR);

        //保存为 shp 文件:
        this. progressBar1. Value =50;
        IFeatureClass saveFC =CopyToFeatureClass(pFC, shpFullfileName);
        //添加到 MapControl:
        IFeatureLayer featureLyr =new FeatureLayerClass();
        featureLyr. FeatureClass =saveFC;
```

```
        featureLyr. Name =saveFC. AliasName;
        _focusMap. AddLayer(featureLyras ILayer);
    }
```

4. 关键支持函数

(1)Generating_xls，负责生态 xls(一个耗时任务，设计成异步函数). 代码如下：

```
return await Task<string>. Run(() =>
{
    //打开 axls
    _workbook =new Workbook();
    _worksheet =_workbook. Worksheets. Add("GPS_Info");
    //表头
    _worksheet. Range[_Cnt, 1]. Text ="No:";
    _worksheet. Range[_Cnt, 2]. Text ="Parrent_Path";
    _worksheet. Range[_Cnt, 3]. Text ="Save_Path";
    _worksheet. Range[_Cnt, 4]. Text ="Imge_File";
    _worksheet. Range[_Cnt, 5]. Text ="Longitude";
    _worksheet. Range[_Cnt, 6]. Text ="Latitude";
    _worksheet. Range[_Cnt, 7]. Text ="Altitude";
    _Cnt++;
    int iSize =dirArr. Length;
    foreach (DirectoryInfo dirInfo in dirArr)
    {
        ProcessDirectory(dirInfo);
        MethodInvoker mi =new MethodInvoker(() =>
        {
            progressBar1. Value += progressBar1. Step;
        });
        this. BeginInvoke(mi);
    }
    _workbook. SaveToFile(xlsfileName, ExcelVersion. Version97to2003);
    _workbook. Dispose();
});
```

(2)XlsToTable 函数实现 xls 转换 dbf 格式，代码如下：

```
// create a new instance of a buffer tool
ESRI. ArcGIS. ConversionTools. ExcelToTable xlsToTable =new ExcelToTable();
// set paramiter of tool
xlsToTable. Input_Excel_File =xlsFileName;
xlsToTable. Sheet =sheetName;
xlsToTable. Output_Table =dbfFileName;
// execute the buffer tool (very easy:-))
IGeoProcessorResult results =null;
try  {
    results =(IGeoProcessorResult)_Gpr. Execute(xlsToTable,null);
```

```
        return true;
    }
    catch (Exception ex)  {
        MessageBox. Show("导入要素失败,原因:"+ex. ToString());
        return false;
    }
```

（3）DbfToEventLayer 函数，将 dbf 数据转为 EventLayer 内存数据，代码如下：

```
// create a new instance of a buffer tool
ESRI. ArcGIS. DataManagementTools. MakeXYEventLayer  xyEventLayer = new  ESRI. ArcGIS. Data
ManagementTools. MakeXYEventLayer();

// set parameter of tool
xyEventLayer. table =dbfFileName;
xyEventLayer. in_x_field =xField;
xyEventLayer. in_y_field =yField;
xyEventLayer. in_z_field =zField;
string outLayerName =System. IO. Path. GetFileNameWithoutExtension(dbfFileName);
xyEventLayer. out_layer =outLayerName;
xyEventLayer. spatial_reference =pSR;
// execute the buffer tool (very easy:-))
IGeoProcessorResult results =null;
try  {
    results =(IGeoProcessorResult)_Gpr. Execute(xyEventLayer,null);
    IGPUtilities gpUtils =new GPUtilitiesClass();
    IGPValue gpValue =results. GetOutput(0);
    IFeatureClass _featureClass;
    IQueryFilter qf;//查询过滤
    gpUtils. DecodeFeatureLayer(gpValue, out _featureClass, out qf);
    return _featureClass;
}
catch (Exception ex) {
    MessageBox. Show("导入要素失败,原因:"+ex. ToString());
    return null;
}
```

（4）CopyToFeatureClass，将 EventLayer 复制为 shp 文件，代码如下：

```
string workPathName =System. IO. Path. GetDirectoryName(shpfileName);
string outLayerName =System. IO. Path. GetFileNameWithoutExtension(shpfileName);
_Gpr. SetEnvironmentValue("workspace", workPathName);
//初始化复制要素工具
ESRI. ArcGIS. DataManagementTools. CopyFeatures  cf = new  ESRI. ArcGIS. DataManagementTools.
CopyFeatures();
```

```
cf. in_features=in_featureClass;
cf. out_feature_class=outLayerName;
try {
    IGeoProcessorResult gpResult=_Gpr. Execute(cf,null) as IGeoProcessorResult;
    IGPUtilities gpUtils =new GPUtilitiesClass();
    IFeatureClass _featureClass;
    IQueryFilter _qf;//查询过滤
    gpUtils. DecodeFeatureLayer(gpResult. GetOutput(0), out _featureClass, out _qf);
    IFeatureCursor cursor=_featureClass. Insert(true);
    return _featureClass;
}
catch (Exception ex) {
    MessageBox. Show("导入要素失败,原因:"+ex. ToString());
    return null;
}
```

（5）ProcessDirectory 函数，遍历目录，调用 GetgpsInfo 函数读取 GPS 信息，代码如下：

```
string[] strArr=System. IO. Directory. GetFiles(srDirInfo. FullName);
gpsInfo info;
foreach (string imgeFile in strArr)
{
    string strEnt=System. IO. Path. GetExtension(imgeFile);
    if (strEnt == ". rar" || strEnt == ". zip")
        continue;
    if (! GetgpsInfo(imgeFile, out info))
        continue;
    string savePath=System. IO. Path. GetDirectoryName(imgeFile);
    string parrentPath=System. IO. Path. GetDirectoryName(savePath);
    _worksheet. Range[_Cnt, 1]. Text=(_Cnt-1). ToString();
    _worksheet. Range[_Cnt, 2]. Text=parrentPath;
    _worksheet. Range[_Cnt, 3]. Text=System. IO. Path. GetFileName(savePath);
    _worksheet. Range[_Cnt, 4]. Text=System. IO. Path. GetFileName(imgeFile);
    _worksheet. Range[_Cnt, 5]. NumberValue=info. Longitude;
    _worksheet. Range[_Cnt, 6]. NumberValue=info. Latitude;
    _worksheet. Range[_Cnt, 7]. NumberValue=info. Altitude;
    _Cnt++;
}
//获取子文件夹内的文件列表,递归遍历计算
DirectoryInfo[] DirInfos=srDirInfo. GetDirectories();
foreach (DirectoryInfo di in DirInfos)
{
    ProcessDirectory(di);
```

```
}
```

（6）GetgpsInfo 函数，实现 GPS 信息提取，代码如下：

```
info =new gpsInfo(0. 0, 0. 0, 0. 0);
FileInfo fi =new FileInfo(sImageFile);
System. IO. FileStream fs =fi. Open(FileMode. Open, FileAccess. Read, FileShare. ReadWrite);
FileType type =FileTypeDetector. DetectFileType(fs);
if (type  == FileType. Unknown)
    return false;
//使用 ImageMetadataReader 组件读取相片元数据
IReadOnlyList<MetadataExtractor. Directory> metaDirectories =null;
metaDirectories= ImageMetadataReader. ReadMetadata(sImageFile);
//遍历元数据,获取经纬度和大地高信息
foreach (MetadataExtractor. Directory directory in metaDirectories)
{
    if (directory. Name !  = "GPS")
        continue;
    foreach (Tag tag in directory. Tags)
    {
        switch(tag. Name)   {
            case "GPS Longitude":
                info. Longitude =DmsToDeg(tag. Description);
                break;
            case "GPS Latitude":
                info. Latitude =DmsToDeg(tag. Description);
                break;
            case "GPS Altitude":
                string[] strArr =tag. Description. Split(new char[] { ' ' });
                info. Altitude =Convert. ToDouble(strArr[0]);
                break;
            default:
                break;
        }
    }
}
if (info. Longitude  == 0  || info. Latitude  == 0)
    return false;
else
    return true;
```

完整代码如下：

代码(31.4)

至此插件已完成。

31.5　插件配置

1. 运行环境

环境：Win 7(x86)+ ArcGIS 10.2(以上)。

2. 配置插件

(1)在 ArcMap“Customize”菜单中，点击“Add in Manager”菜单项，启动加载管理器；

(2)选择“Options”页；

(3)点击“Add Folder”，在文件夹浏览对话框中选择“插件”所在文件夹；

(4)关闭加载管理器。

操作界面如图 31-7 所示。

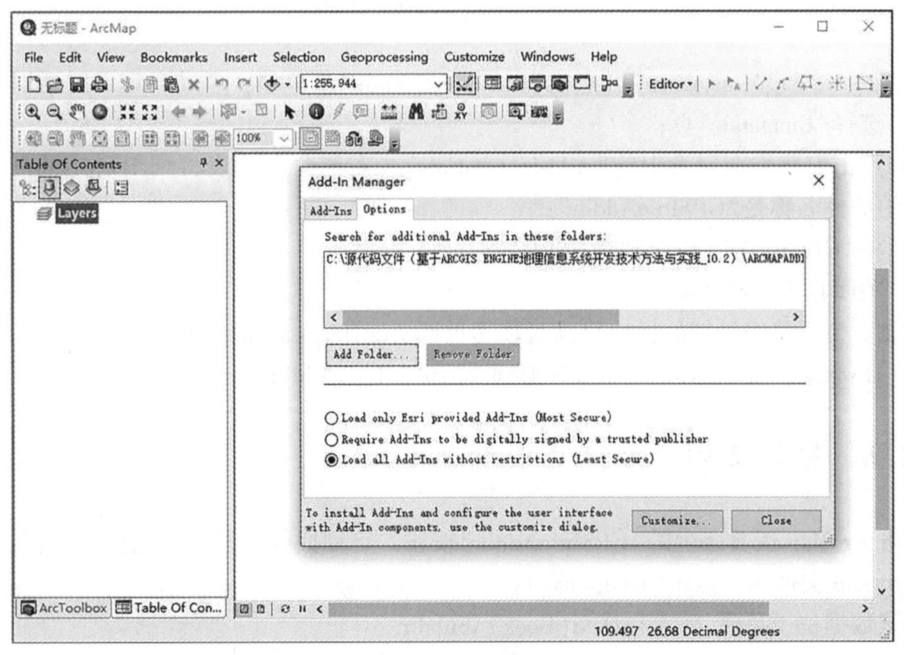

图 31-7　插件配置窗口

3. 添加插件到工具条

添加插件到工具条的操作界面如图 31-8 所示。

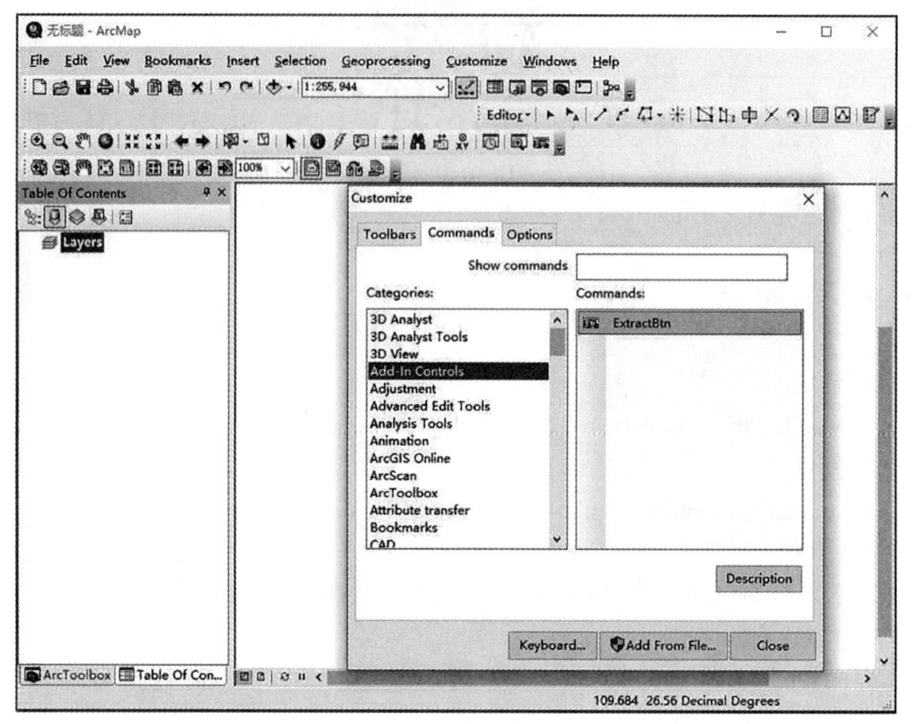

图 31-8 添加插件到工具条

(1)在 ArcMap“Customize”，点击“Customize Mode”菜单项，启动自定义对话框；

(2)选择“Cmmands”页；

(3)点击右侧类别列表中的“Add-in Controls”，右侧命令列表将列出可用的插件，我们开发的插件名称是“GPSInfoAddin”；

(4)将“GPSInfoAddin”拖到任意工具条；

(5)关闭自定义对话框。

注意：也可将编译好的插件目录直接拷贝到 ArcGIS Desktop 安装目录：

C：\Program Files (x86)\ArcGIS\Desktop10.2\bin\Addins。

31.6 插件使用

点击 ArcMap 工具条上的“GPSInfoAddin”按钮，启动插件对话框，选择图片存储目录，指定输出 shp 文件名，点击“确定”即可。

测试数据位于目录：...\\Data(Book)\Subdir。

第32章　三 维 展 示

32.1　知识要点

ArcGIS Engine 可用于三维场景展示的控件是 GlobeControl 和 SceneControl(对应 ArcGIS Desktop 中的 ArcGlobe 和 ArcScene)，二者在三维场景展示中适用的情况有所不同：前者适合大范围内的数据展示，后者适合小范围内精细场景刻画。但在编程技术上基本类似，本章采用 SceneControl 编程进行介绍。

SceneControl 编程常用的接口有 IScene、ISceneGraph、ISceneViewer、I3DViewer、ICamera 等接口，除此之外 IGraphicsLayers3D、I3DProperties 也经常使用。为帮助理解这些接口，本节列出了其与 MapControl 编程的对应关系：

SceneControl <= = > MapControl;

SxDocument <= = >MxDocument;

Scene <= = > Map。

Scene 之于 SceneControl，如同 Map 之于 MapControl。在一个 SceneControl 中，只有一个 Scene 对象，Scene 是许多图层的集合。

SceneGraph　<= = > Dispay：SceneGraph 可以看作是一个三维世界，它负责处理大部分的三维渲染操作，并且使得绘图更有效率。

ISceneViewer、I3DViewer <= = > IActiveView：ISceneViewer 实现和 Viewer 相关的功能(影像导出，快照)。因此可以把 I3DViewer 看作是功能增强版的 ISceneViewer。

IGraphicsContainer3D <= = >IGraphicsContainer：

ICamera 定义了每一个 3D Viewer 的视角、方向和位置等，相当于提供了摄像机视角的功能。

32.2　功能描述

实现 ArcScene 类似功能界面：①加载数据：②3D 图层属性设置；③3D 场景浏览。

32.3　功能实现

32.3.1　建立 3D 应用程序框架

1. 新建 ArcGIS Engine 应用程序

使用 GlobeControl Application 向导新建 ArcGIS Engine 应用程序：

(1)将 GlobeControl 控件更换为 SceneControl 控件。

(2)将 TOCControl 和 ToobarControl 的 Buddy 属性设置为 SceneControl。

(3)修改相应代码：将 MainForm 文件中 Globe/globe 替换为 Scene/scene。

(4)删除 m_sceneViewUtil 变量及相关代码。

2. 添加浏览工具

第一步：清空 ToolbarControl 控件的所有按钮。

第二步：进入 ToolbarControl 属性对话框中的“items”页面，并单击“Add...”按钮。弹出“Control Commands”对话框，在 Control Commands 对话框中选中“Category”列表框中的“Scene”选项，在“Commands”列表中就会出现与“Scene”关联的命令，双击命令就可以将该命令加入“ToolbarControl”工具条中，如图 32-1，图 32-2 所示。

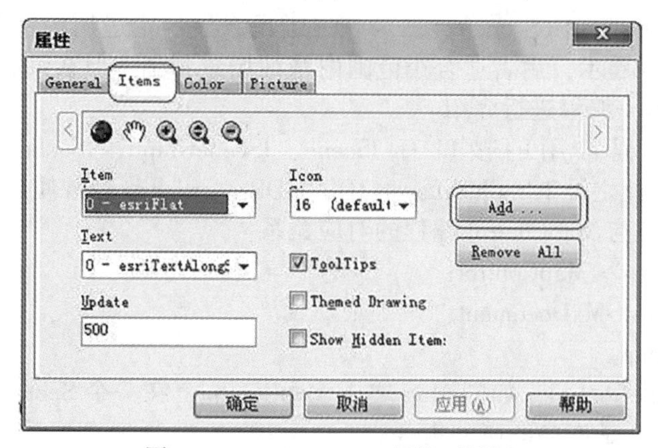

图 32-1 ToolbarControl 属性对话框

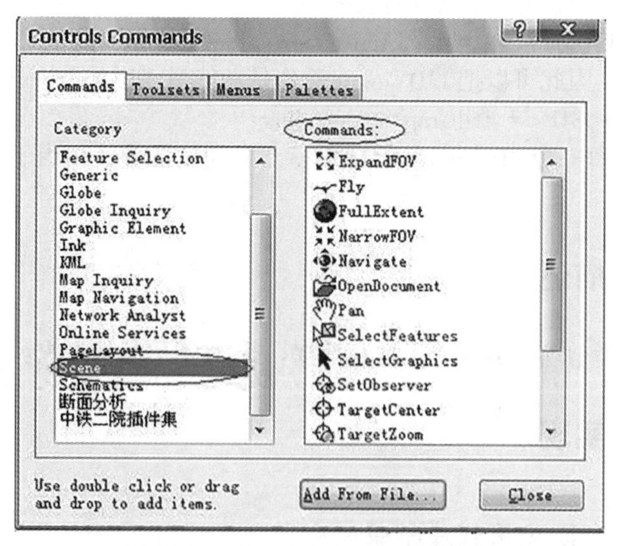

图 32-2 “Control Commands”对话框

3. 修改 OnMouseMove 事件响应函数

```
private void axSceneControl1_OnMouseMove(object sender,
                                         ISceneControlEvents_OnMouseMoveEvent e)
{
    ISceneGraph pSceneGraph =m_sceneControl. SceneGraph;
    int px =e. x;
    int py =e. y;
    IPoint point =null;
    object pOwner;
    object pObject;
pSceneGraph. Locate(this. axSceneControl1. SceneViewer, px, py,
                esriScenePickMode. esriScenePickAll, true, out point, out pOwner, out pObject);
    if (point ! = null)
    {
        MessageBox. Show(point. X+"_"+point. Y+"_"+point. Z);
    }
}
```

32.3.2　添加数据加载函数

在 File 主菜单上添加三个菜单项(OpenFeatureLayer, OpenRasterLayer, OpenTinLayer),分别用于打开要素数据集、栅格数据集、Tin 数据集。添加三个响应函数如下:

openFeatureLayerToolStripMenuItem_Click(...)

openRasterLayerToolStripMenuItem_Click(...)

openTinLayerToolStripMenuItem_Click(...)

1. 加载矢量数据

加载要素数据步骤如下:其他数据加载步骤类似。

(1)创建一个 IWorkspaceFactory 实例;

对于 shapefile 文件,则创建 ShapefileWorkspaceFactoryClass 实例,工作空间名称为存放 shapefile 文件的目录名(注意使用全路径);对于 File Geodatabase 数据库,则创建 FileGdbWorkspaceFactoryClass 实例,工作空间名称为数据库文件夹(格式为:XXX. gdb);

(2)使用 IWorkspaceFactory 打开工作空间 IFeatureWorkspace;

(3)使用 IFeatureWorkspace 打开要素类 IFeatureClass;

(4)创建要素数据图层 IFeatureLayer,将打开的要素类赋值给 IFeatureLayer 的 FeatureClass 属性。

(5)将要素图层添加到 ISceneControl 控件。

代码如下:

```
ISceneGraph pSceneGraph =this. axSceneControl1. SceneGraph;
IScene pScene =pSceneGraph. Scene;
IWorkspaceFactory fwsf= new ShapefileWorkspaceFactoryClass();
if (fwsf. IsWorkspace(pPath))
```

```
{
    //打开要素类
    IFeatureWorkspace featureWorkspace;
        =fwsf. OpenFromFile(DirectoryName, 0) as IFeatureWorkspace;
    IFeatureClass pFeatureClass
        = featureWorkspace. OpenFeatureClass(fileName);
    //创建要素图层
    IFeatureLayer featureLayer =new FeatureLayerClass();
    featureLayer. FeatureClass =pFeatureClass;
    featureLayer. Name =fileName;
    //设置 Renderer
    IGeoFeatureLayer pGeoLayer =featureLayer as IGeoFeatureLayer;
    pGeoLayer. Renderer =CreateFeatureRenderer(0, 255, 0);
    //添加要素图层到 Scene
    ILayer layer =featureLayer as ILayer;
    pScene. AddLayer(layer, true);
    //pScene. ExaggerationFactor =6;
    pSceneGraph. RefreshViewers();
}
```

2. 加载栅格数据集

代码如下：

```
ISceneGraph pSceneGraph =this. axSceneControl1. SceneGraph;
IScene pScene =pSceneGraph. Scene;

IWorkspaceFactory pwsf =new RasterWorkspaceFactoryClass();
if (pwsf. IsWorkspace(pPath))
{
    //打开栅格数据集
    IRasterWorkspace pRasterWorkspace
        = pwsf. OpenFromFile(DirectoryName, 0) as IRasterWorkspace;
    IRasterDataset pRasterDataset
        = pRasterWorkspace. OpenRasterDataset(fileName);
    //创建栅格图层
    IRasterLayer pRasterLayer =new RasterLayerClass();
    pRasterLayer. CreateFromDataset(pRasterDataset);
    //添加栅格图层到 Scene
    ILayer pLayer =pRasterLayer as ILayer;
    pScene. AddLayer(pLayer, true);
    //pScene. ExaggerationFactor =6;
    pSceneGraph. RefreshViewers();
}
```

3. 加载 Tin 数据集

```
ISceneGraph pSceneGraph =this. axSceneControl1. SceneGraph;
IScene pScene =pSceneGraph. Scene;
//打开 TIN 工作空间
IWorkspaceFactory tinWsFactory =new TinWorkspaceFactoryClass();
ITinWorkspace tinWorkspace;
    =tinWsFactory. OpenFromFile(DirectoryName, 0) as ITinWorkspace;
//打开 TIN 数据集
ITin tin =tinWorkspace. OpenTin(fileName);
//创建 TIN 图层
ITinLayer tinLayer =new TinLayerClass();
tinLayer. Dataset =tin;
tinLayer. Visible =false;
//添加 TIN 图层到 Scene
pScene. AddLayer(tinLayer as ILayer, true);
pSceneGraph. RefreshViewers();
```

有关加载数据集内容还可参考 27. 5 节。

完整代码如下：

代码(32. 3. 2)

32. 3. 3　建立属性设置窗体

1. 新建显示属性设置对话框类

设计界面如图 32-3 所示，取名为：PropertySetingFrm，包括如表 32-1 所示控件。

表 32-1　控　件

控件类型	控件名称	备注
ComboBox	cbxLayer	基面
TextBox	txtTransParency	透明度
TextBox	txtZFactor	Z 轴缩放因子
TextBox	txtLayerOffset	Z 偏移
Button	btnOK	确定
Button	btnCancel	取消

图 32-3　设计界面

1)构造函数为两个私有成员赋值

```
private IScene m_pScene=null;
private ILayer m_pLayer=null;
public PropertySettingFrm(IScene pScene, ILayer layer)
{
    m_pScene=pScene;
    m_pLayer=layer;
    InitializeComponent();
}
```

2)加载事件响应函数填充 cbxLayer

3)OK 事件响应函数执行配置

```
double offset=double. Parse(this. txtOffset. Text. ToString());
short percentage=short. Parse(this. txtTransparency. Text. ToString());
short ZFactor=short. Parse(this. txtZFactor. Text. ToString());
//取得基准面
string baseLayerName=this. cboLayers. SelectedItem. ToString();
ILayer baseLayer=GetLayer(baseLayerName);
//设置高程基准面
set3DLayerBaseHight(baseLayer, m_pLayer);
//设置 Z 缩放因子
set3DLayerZFactor(m_pLayer, ZFactor);
//设置显示透明度
setTransparency(m_pLayer, percentage);
//设置图层 Z 轴偏移
set3DLayerOffset(m_pLayer, offset);
this. Close();
```

2. 功能函数

1)set3DLayerBaseHight(. . .)函数

本函数用于设置高程基准面，步骤如下：

(1)根据指定的基准图层，确定基准表面；

(2)从待设图层中拿到 3D 属性接口对象;

(3)为接口赋参数: BaseOption 指定 esriBaseSurface; BaseSurface 指定基准面;

(4)应用 3D 属性到待设图层。

具体代码如下:

```
//获取基准面:
ISurface surface =getSurface(baseLayer);
//获取待设置图层的 3D 属性接口
I3DProperties properties =get3DPropertiesFromLayer(setingLayer);
//为接口赋参数
properties. BaseOption  =esriBaseOption. esriBaseSurface;
properties. BaseSurface =surface;
//应用到图层
properties. Apply3DProperties(setingLayer);
```

2) set3DLayerZFactor(. . .)函数

本函数用于设置高程方向缩放因子, 代码如下:

```
I3DProperties p3DProps =get3DPropertiesFromLayer(pLayer);
if (p3DProps ! = null)
{
    p3DProps. ZFactor =ZFactor;
    //设置高程缩放因子
    p3DProps. Apply3DProperties(pLayer);
}
```

3) setTransparency(…)函数

此函数用于设置显示透明度:

```
ILayerEffects lyEffects =setingLayer as ILayerEffects;
lyEffects. Transparency =percentage;
```

4) set3DLayerOffset(…)函数

此函数用于设置图层 Z 轴偏移量, 代码如下:

```
I3DProperties p3DProps =get3DPropertiesFromLayer(pLayer);
if (p3DProps ! = null)
{
    p3DProps. OffsetExpressionString =offset. ToString();
    p3DProps. Apply3DProperties(pLayer);
}
```

5) getSurface 函数

此函数用于获取基准面, 代码如下:

```
ISurface surface =null;
if (baseLayer is IRasterLayer)
{
    //获取栅格图层的 IRaster 接口
```

```
        IRasterLayer rLayer =baseLayer as IRasterLayer;
        IRaster raster =(IRaster)rLayer. Raster;
        //栅格数据的第一波段
        IRasterBandCollection rasterbands =raster as IRasterBandCollection;
        IRasterBand rasterband =rasterbands. Item(0);
        //创建栅格表面
        IRasterSurface rsurface =new RasterSurface();
        rsurface. RasterBand =rasterband;
        surface =rsurfaceas ISurface;
    }
    else if (baseLayer is ITinLayer)
    {
        ITinLayer tinLayer =baseLayer as ITinLayer;
        ITinAdvanced tinAdvanced =tinLayer. Dataset as ITinAdvanced;
        surface =tinAdvanced. Surface;
    }
```

6) get3DPropertiesFormLayer 函数

此函数用于获取设置图层的 3D 属性接口，代码如下：

```
I3DProperties p3DProperties =null;
ILayerExtensions pLayerExtensions =pLayer as ILayerExtensions;
if (pLayerExtensions ! = null) {
    for (int i =0; i < pLayerExtensions. ExtensionCount; i++) {
        p3DProperties =pLayerExtensions. get_Extension(i)as I3DProperties;
        if (p3DProperties ! = null)
            break;
    }
}
if (p3DProperties == null)
{
    p3DProperties =new Raster3DPropertiesClass();
    ILayerExtensions pLayerEx =(pLayer as ILayerExtensions);
            pLayerEx. AddExtension(p3DProperties);
}
```

完整代码如下：

代码(32. 3. 3)

3. 功能调用

(1) 在 TOCControl 中添加 MouseDown 响应函数，并添加 m _ tocRightLayer，m _

tocRightLegend 私有成员，记录右键点击的图层或图例。

源代码如下：

```
private ILayer m_tocRightLayer =null;
private ILegendClass m_tocRightLegend =null;
private void axTOCControl1_OnMouseDown(object sender,
                                        ITOCControlEvents_OnMouseDownEvent e)
{
    esriTOCControlItem itemType =esriTOCControlItem. esriTOCControlItemNone;
IBasicMap basicMap =null;
ILayer layer =null;
object unk =null;
object data =null;
this. axTOCControl1. HitTest(e. x, e. y, ref itemType, ref basicMap, ref layer, ref unk, ref data);
if (e. button  = = 2)
{
    switch (itemType)
    {
        case esriTOCControlItem. esriTOCControlItemLayer:
            this. m_tocRightLayer =layer;
            this. m_tocRightLegend =null;
            this. contextMenuTOCLyr. Show(this. axTOCControl1, e. x, e. y);
            break;
        case esriTOCControlItem. esriTOCControlItemLegendClass:
            this. m_tocRightLayer =layer;
            this. m_tocRightLegend =((ILegendGroup)unk). get_Class((int)data);
            this. contextMenuTOCLyr. Show(this. axTOCControl1, e. x, e. y);
            break;
        case esriTOCControlItem. esriTOCControlItemMap:
            //this. contextMenuTOCMap. Show(this. axTOCControl1, e. x, e. y);
            break;
        }
    }
}
```

(2)添加浮动菜单 contextMenuTOCLyr，并为其添加菜单项 Property。在其响应函数调用 3D 属性设置对话框类，代码如下：

```
private void propertysToolStripMenuItem_Click(object sender, EventArgs e) {
    PropertySettingFrm frm =new PropertySettingFrm(m_sceneControl. Scene, m_tocRightLayer);
    frm. ShowDialog();
}
```

32. 4　运行测试

按下 F5 键，编译运行程序。

测试数据位于目录：. . . \\Data(Book)\Raster\DEM. gdb。

附录1：创建 SQLExpress 地理数据库

1. 安装 SQL Server Express 2016

安装过程和 SQL Server 2016 类似；注意选择 Windows 身份验证模式。

2. 安装 Database Server

ArcGIS 专门为 SQL Express 配套了数据库服务程序，在 ArcGIS 安装盘可找到。勾选“Enable geodatabase storage on SQL server Express”，点击“下一步”，如附图 1-1 所示。

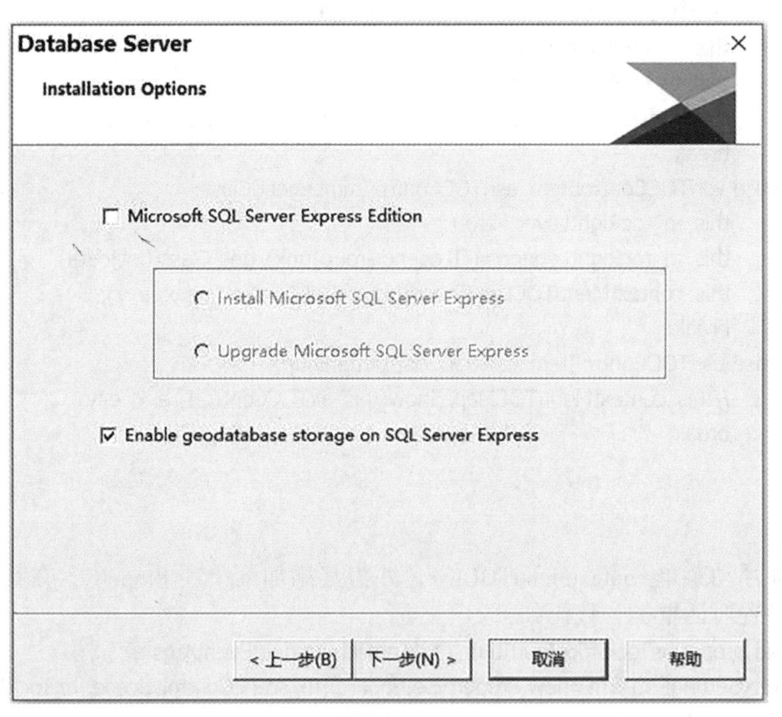

附图 1-1

在 SQL server 实例名下拉框中选：“WIN-KG9LKA8CBST \ SQLEXPRESS”；
Windows 登录名下拉框中选：“WIN-KG9LKA8CBST \ Administrator”；
然后“下一步”即可完成安装，如附图 1-2 所示。

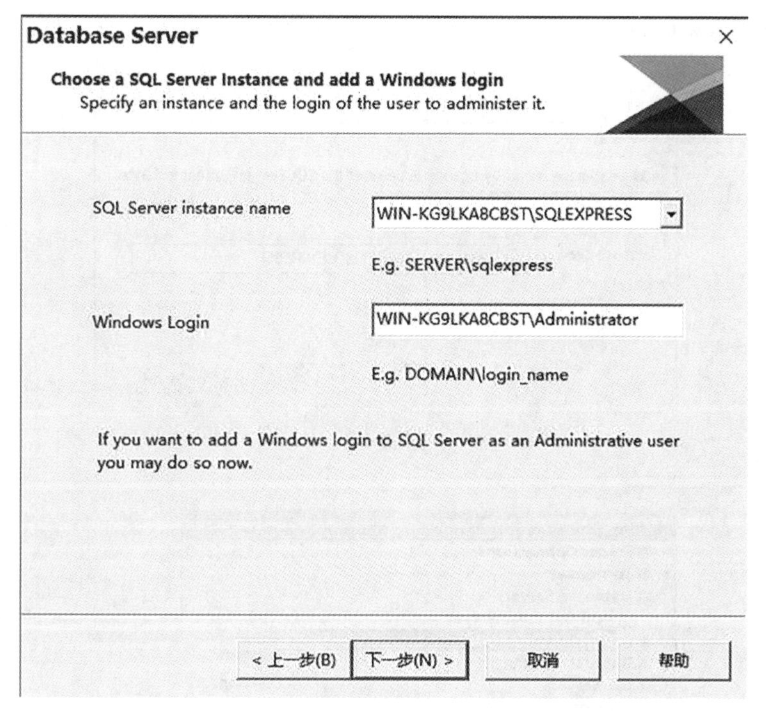

附图 1-3

3. 创建地理数据库

1）创建数据库服务

找到 ArcCatalog 的目录树的“Database Dervers”节点，如附图 1-3 所示。

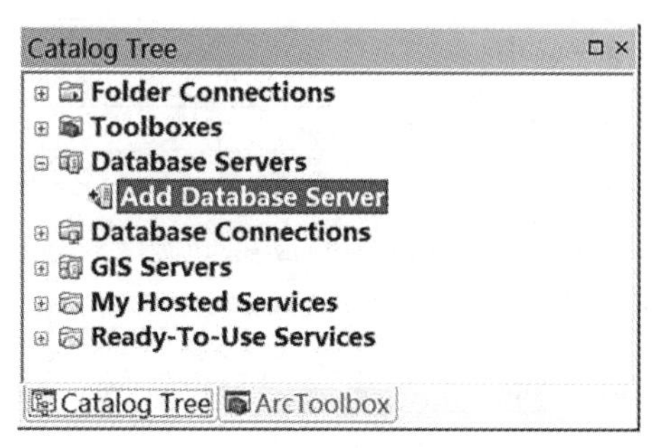

附图 1-3

双击“Add Database Server”，弹出窗口，如附图 1-4 所示。

设置 Database Server 为：WIN-KG9LKA8CBST \ SQLEXPRESS，点击“OK”，如附图1-5 所示。出现数据库服务：WIN-KG9LKA8CBST_SQLEXPRESS_GDS。

2）创建地理数据库

右键点击数据库服务“WIN-KG9LKA8CBST_SQLEXPRESS_GDS”，出现浮动菜单（如附

图 1-5)，点击“New Geodatabase”菜单项，出现地理数据库创建对话框，如附图 1-6 所示。

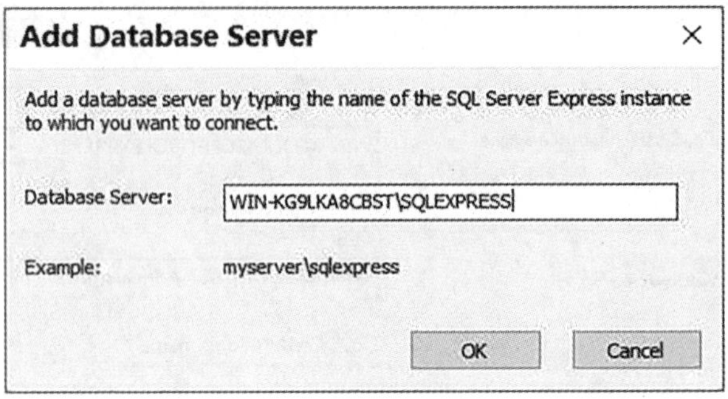

附图 1-4

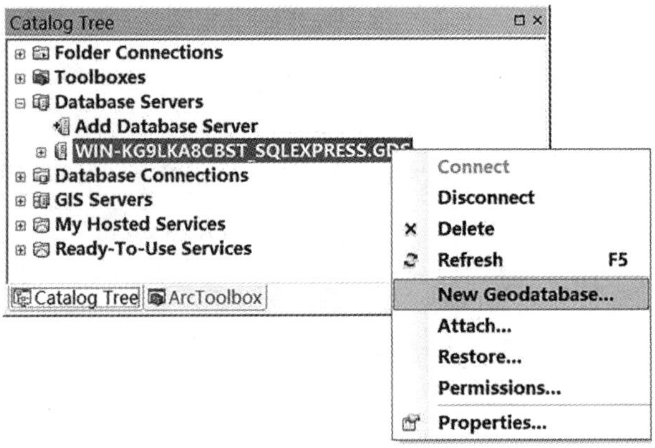

附图 1-5

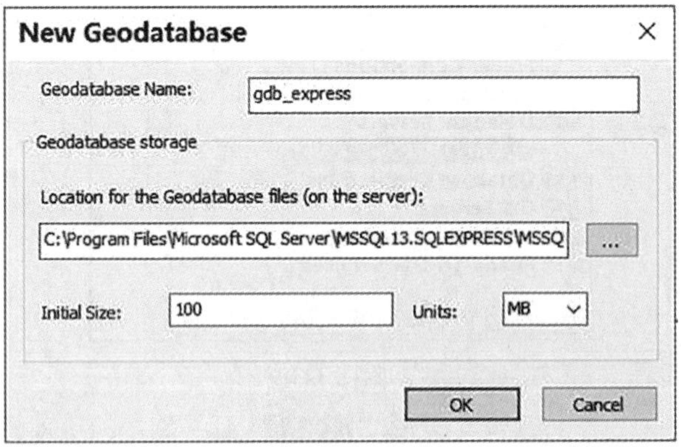

附图 1-6

输入数据库名称(本例为 gdb_express)；选择数据库存放位置(本例为默认值)；数据库初始容量(本例为默认值：100Mb)；点击“OK”，如附图 1-7 所示，显示新的地理数据库在 SQL Express 中创建完成。

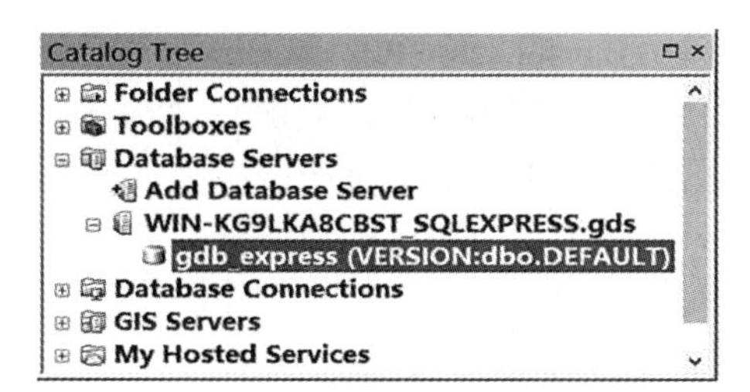

附图 1-7

4. 数据库连接

地理数据库创建完成后，可以在 EXPRESS 地理数据库上进行数据库操作(右键点击出现操作菜单)，也可以像企业级数据库一样进行连接设置，然后在链接节点上进行数据库操作。

找到 ArcCatalog 的目录树的“Database Connections”节点，如附图 1-8 所示。

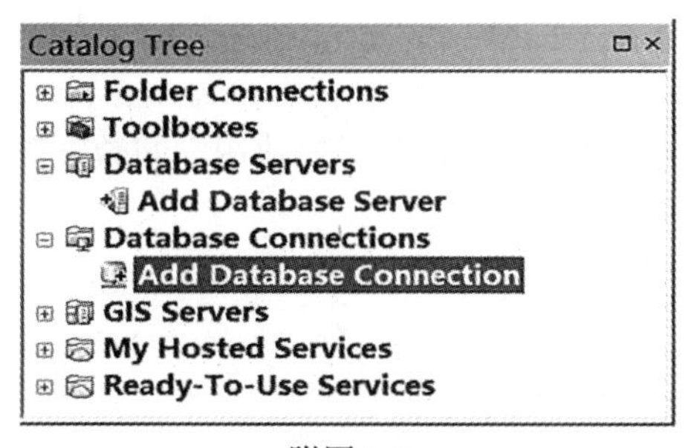

附图 1-8

双击“Add Database Connection”，弹出直连参数设置窗口，设置直连参数，如附图 1-9 所示。

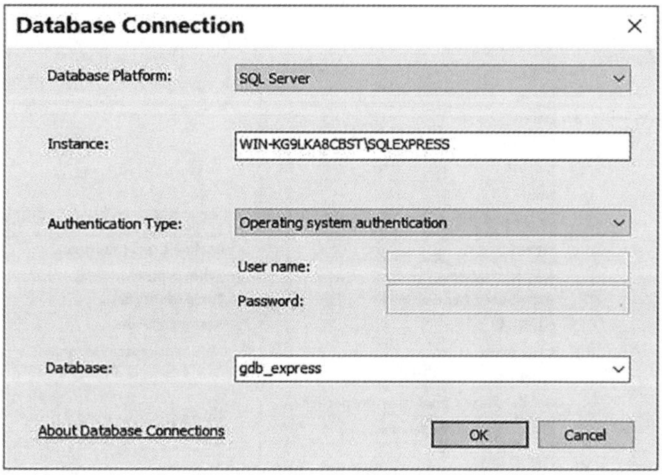

Database Connection

Database Platform: SQL Server

Instance: WIN-KG9LKA8CBST\SQLEXPRESS

Authentication Type: Operating system authentication

User name:

Password:

Database: gdb_express

About Database Connections

OK Cancel

附图 1-9

注意，这里的 Instance 本例是 WIN-KG9LKA8CBST \ SQLEXPRESS，然后选择要连接的地理数据库，选择操作系统验证(即 Windows 验证)；数据库名(本例是 gdb_express)。

点击“OK”，即可连接，如附图 1-10 所示。

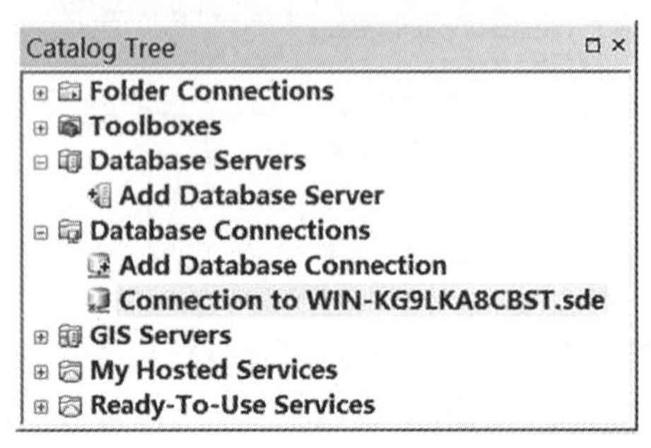

附图 1-10

5. 数据准备

1)导入 shapefile 数据

在建立了空间数据库连接之后，我们就可以使用空间数据库进行工作。下面，我们把已有的 shapefile 数据通过 ArcSDE 导入数据库中。

(1)右键单击“WIN-KG9LKA8CBST. sde”连接，选择“Import”→“FeatureClass(Single)”。

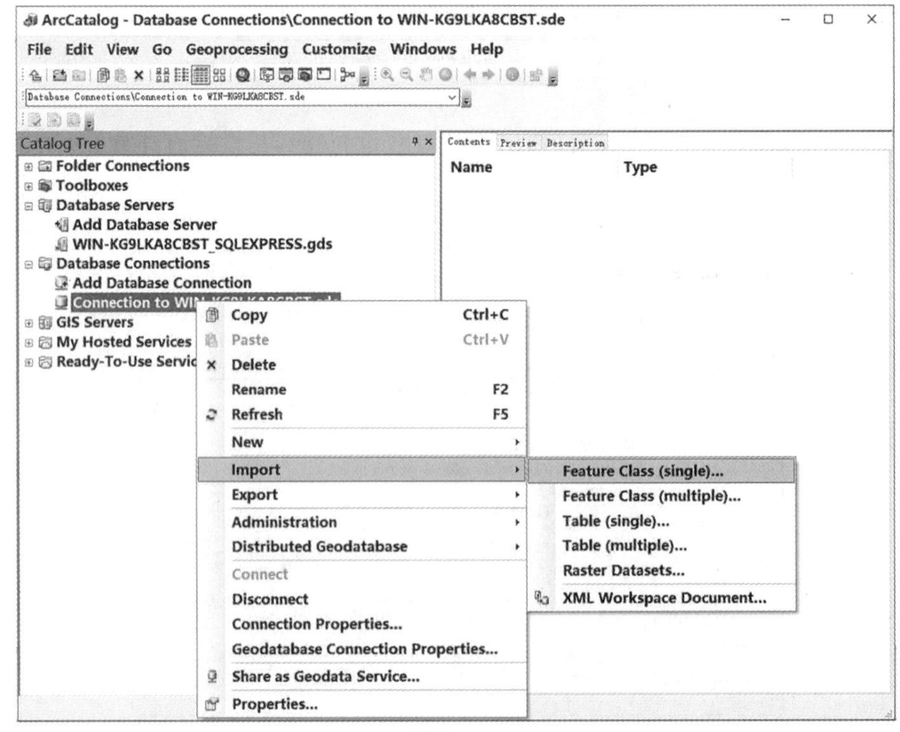

附图 1-11

(2)在弹出的对话框“Feature Class to Feature Class”中，点击“Input Features”右边的浏览按钮，打开浏览对话框。

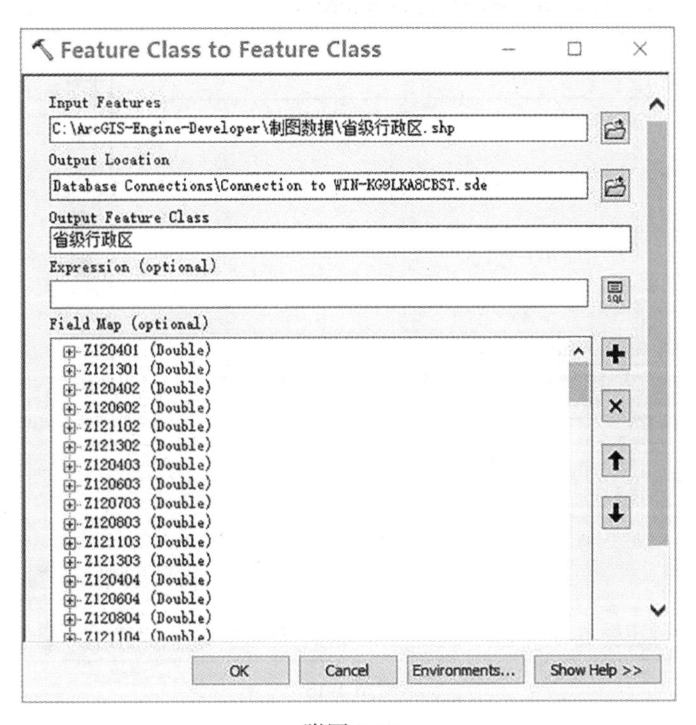

附图 1-12

(3)浏览到需要导入的数据(本例中使用“C：\ ArcGIS-Engine-Developer\ 制图数据\ 省级行政区 . shp”数据)，点击“ADD”。

(4)在 Output FeatureClass 一栏中输入名称(输出要素类的名称)，点击“OK”继续。

(5)在操作结束时，出现以下画面，点击“Close”继续。

(6)在“WIN-KG9LKA8CBST. sde”连接下可以看到导入的数据。至此，数据导入完成。(注意：功能和个人数据导入功能完全相同)

6. 导入栅格数据

ArcSDE 支持多种栅格数据格式，下面我们以 tif 数据为例来说明 ArcSDE 导入栅格数据的步骤。

(1)右键单击“WIN-KG9LKA8CBST. sde”连接，选择“Import”→“Raster Datasets”。

(2)在弹出的对话框中，点击 Input Rasters 右边的浏览按钮，打开浏览对话框，如附图 1-13 所示。

(3)浏览到需要导入的数据(本例中使用“C：\ GIS-Data\ wsiearth. tif”数据)，点击“ADD”。

(4)在对话框中确认输入信息无误，点击“OK”继续。

(5)在导入结束时，点击提示对话框的“Close”继续。

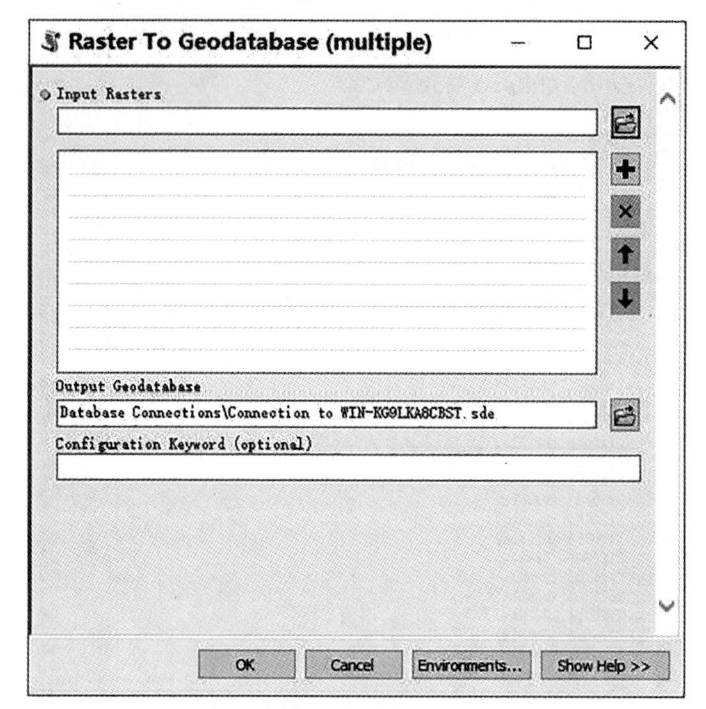

附图 1-13

附录 2：ArcSDE 10. x 安装配置与连接

2.1　概述

ArcSDE 10. x 的安装配置相较于 ArcSDE 10. 0 和之前的版本，有了一些显著的变化，比如取消了 Post Install 向导，很多之前的管理操作改为使用地理处理工具来执行。本文以 ArcSDE 10. 1 为例介绍 ArcSDE 安装、配置和连接。安装环境如下：

(1)测试数据库：Microsoft SQL Server 2016 Enterprise Edition SP1，

(2)操作系统是：Windows 7 SP1(64 位)，机器名叫 WIN-KG9LKA8CBST，注意系统防火墙需要关闭。

2.2　安装

2.2.1　SQL Server2016 安装

这里不多讲 SQL Server 2016 的安装，只是说明一下其中需要注意的几个地方。

1)目录配置

要注意数据存储目录，默认的目录是 SQL Server 安装目录下的子目录，因此如果需要将数据存放到其他磁盘或路径，需要在这里制定数据根目录，如附图 2-1 所示。

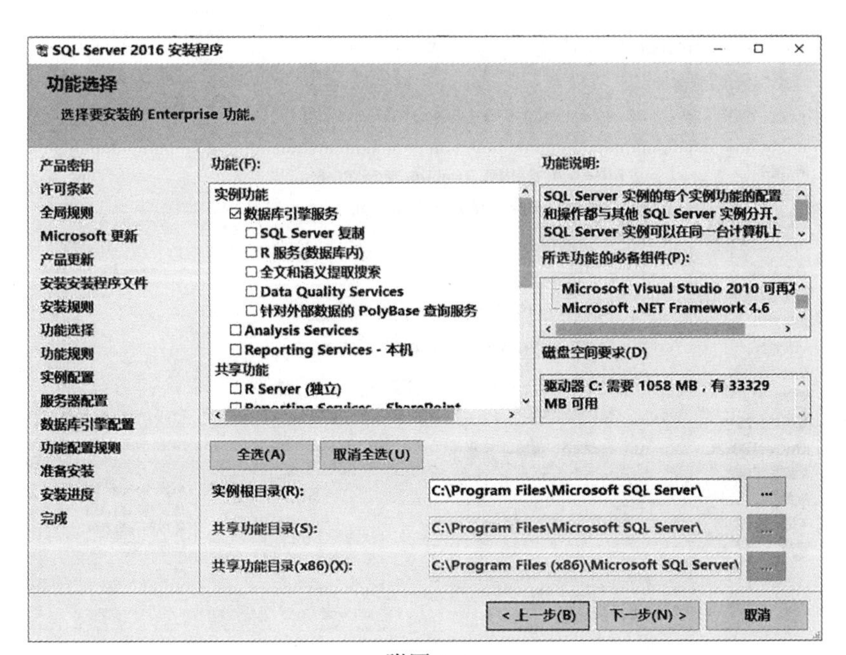

附图 2-1

2)实例配置

这里需要注意是使用默认配置还是使用命名实例，如附图 2-2 所示，使用了默认实例。

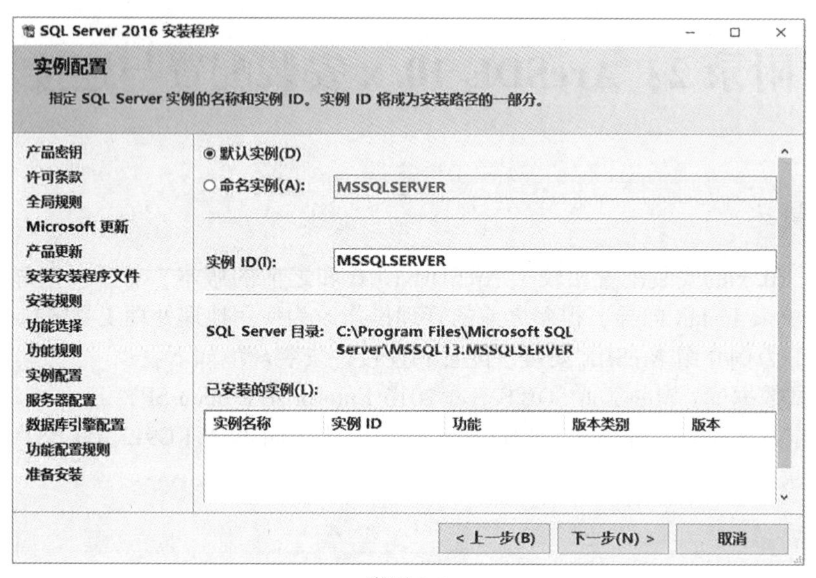

附图 2-2

3)身份验证

这里注意选择 Windows 身份验证，还是混合验证。选择第一种比较简单，选择第二种需要设置数据库用户名和密码。如附图 2-3 所示。

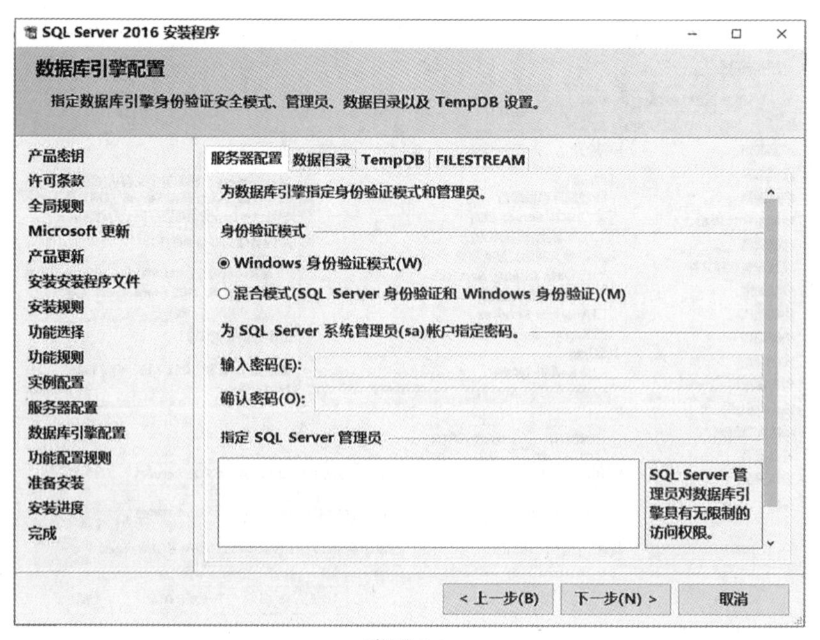

附图 2-3

2.2.2 ArcSDE 10. x 安装

安装了 SQL Server 2016 之后，就可以安装 ArcSDE 了，如附图 2-4 所示，选择对应的安装项。

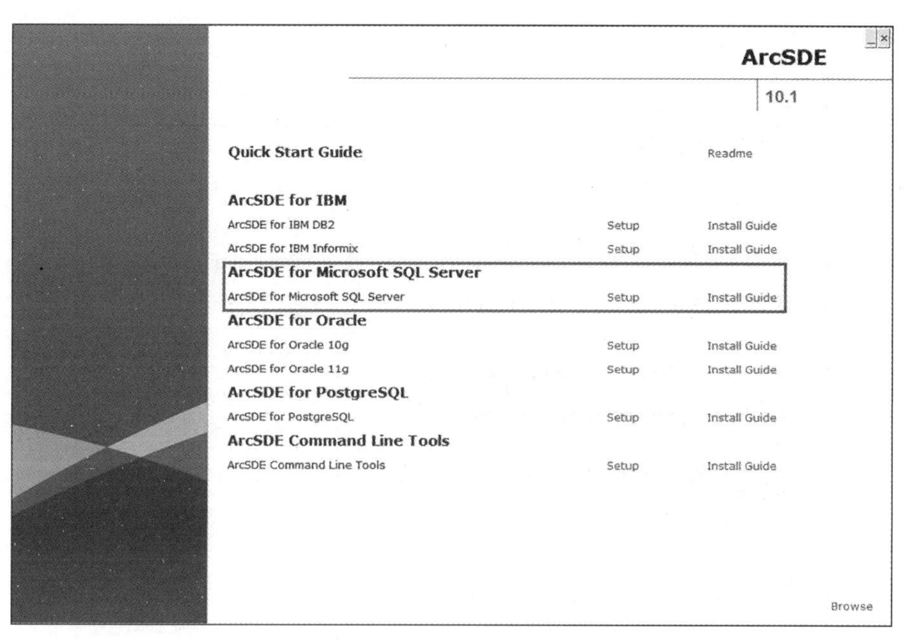

附图 2-4

ArcSDE 软件的安装没有什么特殊之处，只要一直下一步就行了。安装完 ArcSDE 之后，没有像以前一样弹出 Post Install 向导，需要按照下面的步骤进行配置。进行配置的机器上需要已经安装了 ArcGIS Desktop 10. x，以便使用地理处理工具。

2.3 创建地理数据库

在工具箱中找到"Geodatabase Administration"工具集，其中包含进行地理数据库管理操作的若干工具，如附图 2-5 所示。

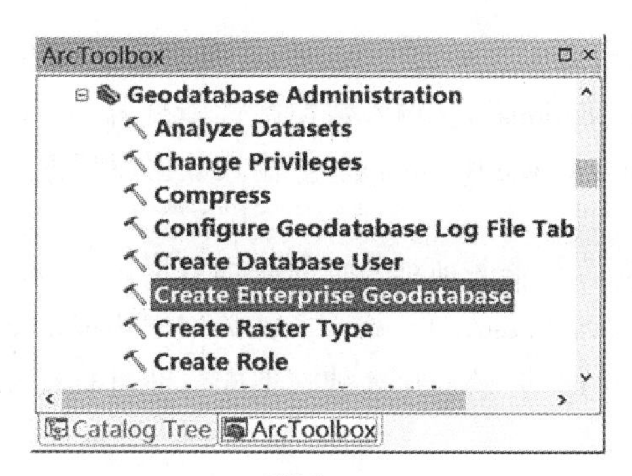

附图 2-5

双击打开“Create Enterprise Geodatabase”工具，输入参数，如附图 2-6 所示。

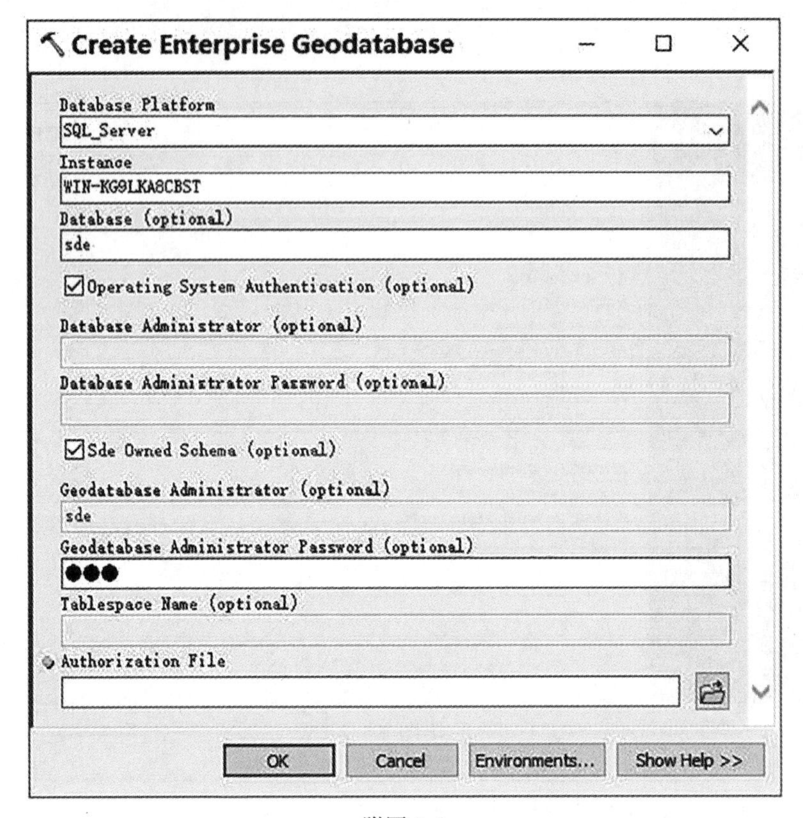

附图 2-6

参数说明：

(1) Database Platform：数据库平台，本文选择 SQL_Server；

(2) Instance：SQL Server 实例名，本文是“WIN-KG9LKA8CBST”；

(3) Database：地理数据库名称，默认是 sde，也可以填其他名称；

(4) Authorization File：授权文件，即 . ecp 文件，一般和 ArcGIS Server 的授权文件是同一个；

以下两项可选，如果数据库验证选用 Windows 身份验证，不需要以下信息：

Database Administrator(optional)：输入数据库管理员名；

Database Administrator Password(optional)：输入数据库管理员密码。

以下两项可选：

Geodatabase Administrator：输入地理数据库管理员名；

Geodatabase Administrator Password：输入地理数据库管理员密码。

设置好参数后，点击“OK”开始创建地理数据库，此过程即相当于原来的 Post Install，将创建 SDE 系统表等。

2.4 数据库连接

地理数据库已经创建成功，接下来就可以连接到地理数据库了。ArcGIS 10. x 中推荐使用直连方式连接，因此默认情况下没有创建 SDE 系统服务。

2.4.1 直连连接

直连连接比较简单，找到 ArcCatalog 的目录树的“Add Database Connections”节点，如附图 2-7 所示。

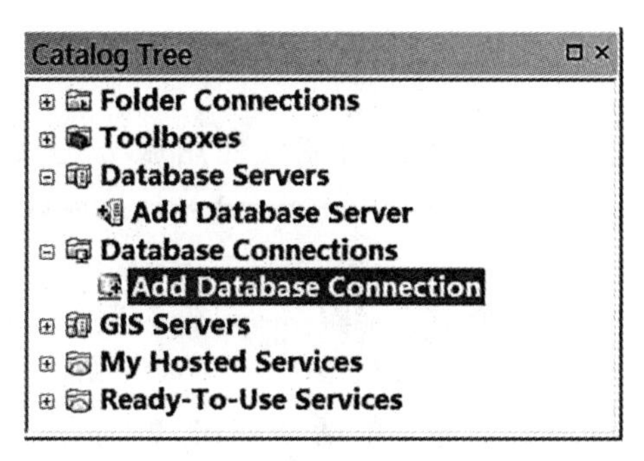

附图 2-7

双击“Add Database Connection”，弹出直连参数设置窗口，设置直连参数，如附图 2-8 所示。

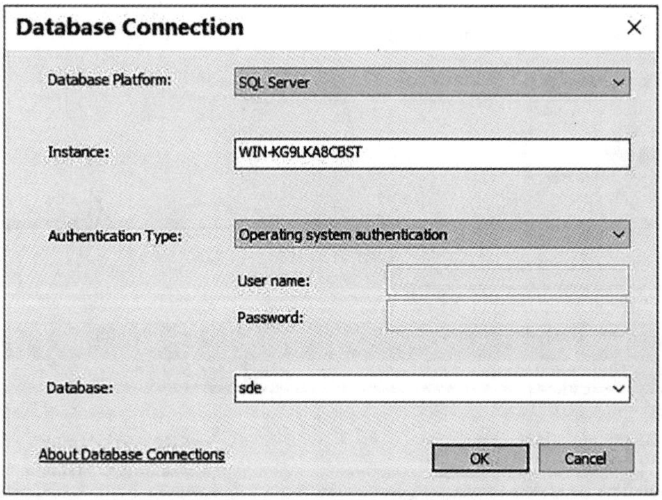

附图 2-8

注意这里的 Instance，和创建地理数据库时的需要保持一致，然后选择要连接的地理数据库，输入用户密码，验证类型可选操作系统验证(即 Windows 验证)或数据库验证。

点击“OK”，即可连接，如附图 2-9 所示。

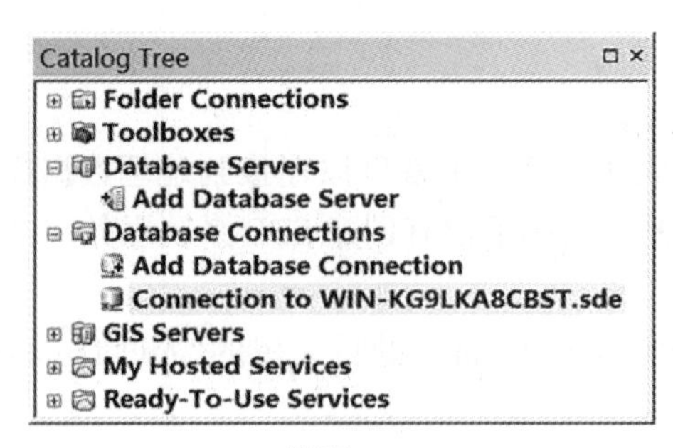

附图 2-9

2. 4. 2　服务连接

除了推荐的直连方式，有时候我们还需要使用服务连接的方式，需要首先创建 ArcSDE 服务，然后在客户端以 . sde 连接文件的方式来连接地理数据库。

1) 创建 ArcSDE 服务

创建 ArcSDE 服务需要经过三个主要步骤：手动修改服务文件、命令行安装服务、启动服务。

首先是手动修改 service. etc 文件，包括 ArcSDE 的 service 文件和 Windows 系统的 service 文件，如附图 2-10 和附图 2-11 所示。

附图 2-10

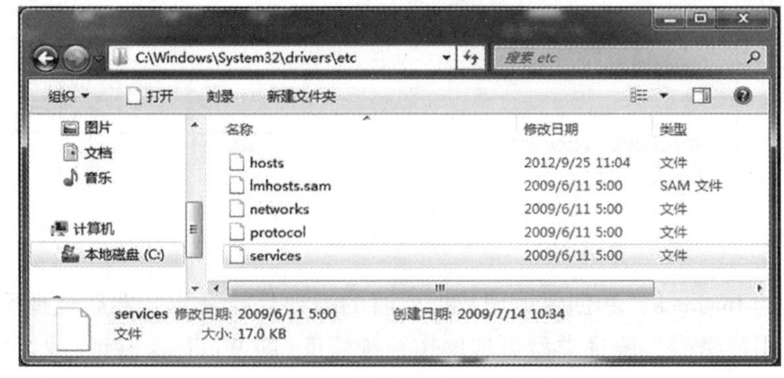

附图 2-11

在这两个文件中，分别添加“esri_sde 5151”并保存，如附图 2-12、附图 2-13 所示。

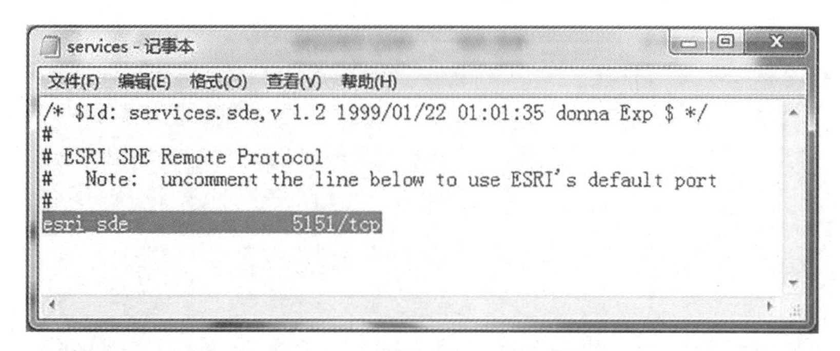

附图 2-12

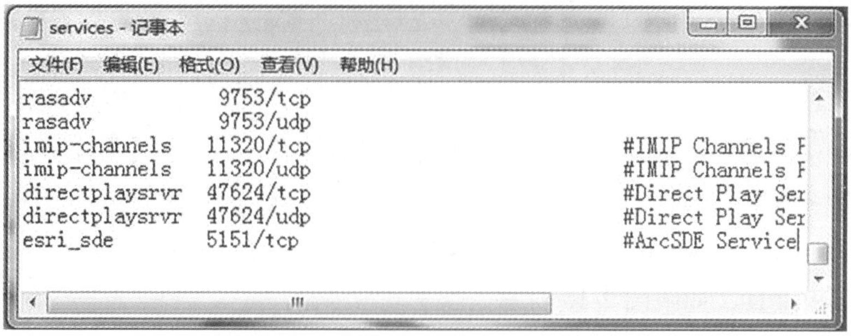

```
services - 记事本
文件(F) 编辑(E) 格式(O) 查看(V) 帮助(H)
rasadv            9753/tcp
rasadv            9753/udp
imip-channels     11320/tcp       #IMIP Channels F
imip-channels     11320/udp       #IMIP Channels F
directplaysrvr    47624/tcp       #Direct Play Ser
directplaysrvr    47624/udp       #Direct Play Ser
esri_sde          5151/tcp        #ArcSDE Service
```

附图 2-13

然后使用命令行创建 ArcSDE 服务，本例命令行如下：

sdeservice -o create -d SQLSERVER,WIN-KG9LKA8CBST-psde -i esri_sde

执行结果如附图 2-14 所示。

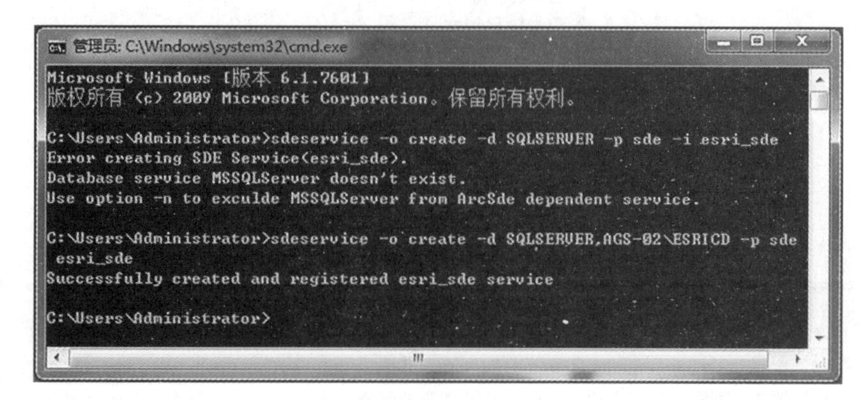

附图 2-14

创建成功后即可启动服务，命令行如下：

sdemon -o start -i esri_sde -p sde

执行后将要求输入 SDE 用户密码，然后即可启动，如附图 2-15 所示。

附图 2-15

SDE 服务已经启动，这说明可以通过服务方式连接了。

2)创建服务连接文件

首先在“Geodatabase Administration”下“Workspace”工具集中找到“Create ArcSDE Connection File”工具，如附图 2-16 所示。

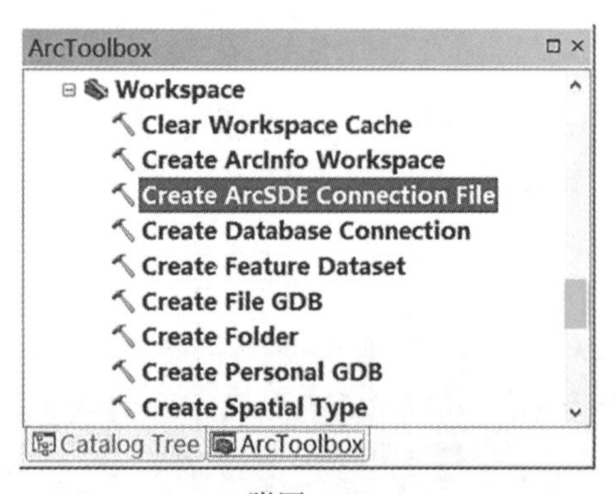

附图 2-16

打开工具，输入参数，如附图 2-17 所示。

这里需要设置 SDE 服务所在的机器名或 IP(本例是 WIN-KG9LKA8CBST)，SDE 服务名称(本例是 esri_sde 或 5151)，此处输入数据库名称(本例是 sde)以及用户名密码。

点击“OK”即可完成 . sde 服务连接文件的创建，然后到指定目录下找到连接文件，双击即可连接到地理数据库，如附图 2-18 所示(上面直连测试中导入的数据清晰可见)。

说明服务连接方式已经可以正常使用 ArcSDE 库了。

Create ArcSDE Connection File
ArcSDE Connection File Location
C:\ArcGIS-Engine-Developer\制图数据\NewConnectiton
ArcSDE Connection File Name
esricd
Server
WIN-KG9LKA8CBST
Service
esri_sde
Database (optional)
sde
Database authentication (optional)
Username (optional)
sde
Password (optional)
Save username and password (optional)
The following transactional version will be used (optional)
Save the transactional version name with the connection file (optional
OK
Cancel
Environments...
Show Help >>

附图 2-17

Home - Documents\ArcGIS
Folder Connections
C:\ArcGIS\Desktop10.1\ArcGlobeData
C:\GISDATA
esricd.sde
sde.SDE.continent

附图 2-18

附录 3：LicenseInitializer 源代码

```
internal sealed class LicenseInitializer
{
    private IAoInitialize m_AoInit = new AoInitializeClass();
    #region Private members
    private const string MessageNoLicensesRequested = "Product: No licenses were requested";
    private const string MessageProductAvailable = "Product: {0}: Available";
    private const string MessageProductNotLicensed = "Product: {0}: Not Licensed";
    private const string MessageExtensionAvailable = " Extension: {0}: Available";
    private const string MessageExtensionNotLicensed = " Extension: {0}: Not Licensed";
    private const string MessageExtensionFailed = " Extension: {0}: Failed";
    private const string MessageExtensionUnavailable = " Extension: {0}: Unavailable";
    private bool m_hasShutDown = false;
    private bool m_hasInitializeProduct = false;
    private List<int> m_requestedProducts;
    private List<esriLicenseExtensionCode> m_requestedExtensions;
    private Dictionary<esriLicenseProductCode, esriLicenseStatus> m_productStatus
        =new Dictionary<esriLicenseProductCode, esriLicenseStatus>();
    private Dictionary<esriLicenseExtensionCode, esriLicenseStatus> m_extensionStatus
        =new Dictionary<esriLicenseExtensionCode, esriLicenseStatus>();
    private bool m_productCheckOrdering = true; //default from low to high
    #endregion
    public bool InitializeApplication(esriLicenseProductCode[] productCodes,
esriLicenseExtensionCode[] extensionLics)
    /// <summary>
    /// A summary of the status of product and extensions initialization.
    /// </summary>
    public string LicenseMessage()
    /// <summary>
    /// Shuts down AoInitialize object and check back in extensions to ensure
    /// any ESRI libraries that have been used are unloaded in the correct order.
    /// </summary>
    /// <remarks>Once Shutdown has been called, you cannot re-initialize the product license
    /// and should not make any ArcObjects call.
    /// </remarks>
```

```
    public void ShutdownApplication()
    /// <summary>
    /// Indicates if the extension is currently checked out.
    /// </summary>
    public bool IsExtensionCheckedOut(esriLicenseExtensionCode code)
    /// <summary>
    /// Set the extension(s) to be checked out for your ArcObjects code.
    /// </summary>
    public bool AddExtensions(params esriLicenseExtensionCode[] requestCodes)
    /// <summary>
    /// Check in extension(s) when it is no longer needed.
    /// </summary>
    public void RemoveExtensions(params esriLicenseExtensionCode[] requestCodes)
    /// <summary>
    /// Get/Set the ordering of product code checking.  If true, check from lowest to
    /// highest license.  True by default.
    /// </summary>
    public bool InitializeLowerProductFirst
    /// <summary>
    /// Retrieves the product code initialized in the ArcObjects application
    /// </summary>
    public esriLicenseProductCode InitializedProduct
    #region Helper methods
    private bool Initialize()
    private bool CheckOutLicenses(esriLicenseProductCode currentProduct)
    private string ReportInformation(ILicenseInformation licInfo, esriLicenseProductCode code,
                                    esriLicenseStatus status)
    private string ReportInformation(ILicenseInformation licInfo, esriLicenseExtensionCode code,
                                    esriLicenseStatus status)
    #endregion
}
```

完整源代码如下：

代码(附录 3)

附录4：GeodatabaseOper源代码

```
public class GeodatabaseOper
{
    /// <summary>
    /// 创建要素类
    /// </summary>
    public static IFeatureClass CreateFeatureClass ( object template, esriGeometryType shapeType, ISpatialReference inputSR, IFeatureWorkspace fcWorkspace, string strFCname )
    /// <summary>
    /// 克隆一个空间参考
    /// </summary>
    public static ISpatialReference CloneSpatialReference(IFeatureClass templateFC)
    /// <summary>
    ///   克隆一个空间参考
    /// </summary>
    public static ISpatialReference CloneSpatialReference(ISpatialReference srcSpatialReference,
    double extend)
    /// <summary>
    /// 创建一个默认空间参考
    /// </summary>
    public static ISpatialReference CreateDefalutSpatialRef()
    /// <summary>
    /// 创建一个默认字段集
    /// </summary>
   public static IFields CreateDefaultFields(IFields userFields,esriGeometryType shapeType,ISpatialReference sr)
    /// <summary>
    /// 空间参考与空间索引;
    /// </summary>
    private static IGeometryDef CreateGeometryDef(esriGeometryType shapeType,
    ISpatialReference spatialReference2)
    /// <summary>
    /// 克隆要素类的字段集
    /// </summary>
    public static IFields CloneFeatureClassFields ( IFeatureClass pfc, esriGeometryType geoType, ISpatialReference sr)
```

```
    /// <summary>
    /// 创建一个 3D 要素字段集
    /// </summary>
    public static IFields CreateFeatureClass3DFields(IFeatureClass pFeatureClass,
    esriGeometryType geometryType, ISpatialReference pSpatialReference)
    /// <summary>
    /// 为字段集添加属性字段
    /// </summary>
    public static void AdditionalPropertyField(ref IFields fields, string strFieldName,
esriFieldType FieldType)
    /// <summary>
    /// 对要素的指定字段设置属性值
    /// </summary>
    public static void SetFeatureProperty(IFeature saveFeature, string strFieldName, int nValue)
    /// <summary>
    /// 建立新旧字段集对应字典
    /// </summary>
    public static void GetFCFieldsDirectory(IFeatureClass pFCold, IFeatureClass pFCnew,
ref Dictionary<int, int> FieldsDictionary)
    /// <summary>
    /// 属性复制
    /// </summary>
    public static void CopyFeatureProperty(IFeature inFeature, IFeature saveFeature,
Dictionary<int, int> pFieldsDict)
    /// <summary>
    /// 打开 GDB 工作空间
    /// </summary>
    public static IWorkspace OpenFileGDbWorkspace(string path, string gdbName)
    /// <summary>
    ///   打开 GDB 工作空间
    /// </summary>
    public static IWorkspace OpenFileGDbWorkspace(string gdbFullname )
    /// <summary>
    /// 打开 shapefile 工作空间
    /// </summary>
    public static IWorkspace OpenShapefileWorkspace(string path)
}
```

完整源代码如下：

代码(附录 4)

附录 5:DbfOper 源代码

```
class DbfOper
{
    string _DirectoryName = "";
    public DbfOper(string strDirectory)
    /// <summary>
    /// 读取 Dbf 文件
    /// </summary>
    public DataTable ReadDbf( string filename)
    /// <summary>
    /// 写 dbf 文件
    /// </summary>
    public void WriteDbf(DataTable dt)
    /// <summary>
    /// 建立 Dbf 表头
    /// </summary>
    private string DbfHeaderClause(DataTable dt)
    /// <summary>
    /// 插入行语句
    /// </summary>
    private string DbfInsertClause(DataTable dt, DataRow dr)
}
```

完整源代码如下：

代码(附录 5)

附录6：我国常用坐标系 wkid

1. 我国常用 GCS 坐标系 wkid

GCS_Beijing_1954 = 4214,
GCS_Xian_1980 = 4610,
GCS_China_Geodetic_Coordinate_System_2000 = 4490,
GCS_WGS_1984 = 4326,
//GCS_New_Beijing = 4555,

2. 我国常用 VCS 坐标系 wkid

VCS_Yellow_Sea_1956 = 5736,
VCS_Yellow_Sea_1985 = 5737,
VCS_WGS_1984 = 115700,

3. 我国常用投影坐标系

1) 1954 北京坐标系(按带号 6 度分带) wkid

Beijing1954GK_13 = 21413,
Beijing1954GK_14 = 21414,
Beijing1954GK_15 = 21415,
Beijing1954GK_16 = 21416,
Beijing1954GK_17 = 21417,
Beijing1954GK_18 = 21418,
Beijing1954GK_19 = 21419,
Beijing1954GK_20 = 21420,
Beijing1954GK_21 = 21421,
Beijing1954GK_22 = 21422,
Beijing1954GK_23 = 21423,
Beijing1954GK_13N = 21473,
Beijing1954GK_14N = 21474,
Beijing1954GK_15N = 21475,
Beijing1954GK_16N = 21476,
Beijing1954GK_17N = 21477,
Beijing1954GK_18N = 21478,
Beijing1954GK_19N = 21479,
Beijing1954GK_20N = 21480,

Beijing1954GK_21N = 21481,
Beijing1954GK_22N = 21482,
Beijing1954GK_23N = 21483

2)1954 北京坐标系(按带号 3 度分带)wkid

Beijing1954_3_Degree_GK_Zone_25 = 2401,
Beijing1954_3_Degree_GK_Zone_26 = 2402,
Beijing1954_3_Degree_GK_Zone_27 = 2403,
Beijing1954_3_Degree_GK_Zone_28 = 2404,
Beijing1954_3_Degree_GK_Zone_29 = 2405,
Beijing1954_3_Degree_GK_Zone_30 = 2406,
Beijing1954_3_Degree_GK_Zone_31 = 2407,
Beijing1954_3_Degree_GK_Zone_32 = 2408,
Beijing1954_3_Degree_GK_Zone_33 = 2409,
Beijing1954_3_Degree_GK_Zone_34 = 2410,
Beijing1954_3_Degree_GK_Zone_35 = 2411,
Beijing1954_3_Degree_GK_Zone_36 = 2412,
Beijing1954_3_Degree_GK_Zone_37 = 2413,
Beijing1954_3_Degree_GK_Zone_38 = 2414,
Beijing1954_3_Degree_GK_Zone_39 = 2415,
Beijing1954_3_Degree_GK_Zone_40 = 2416,
Beijing1954_3_Degree_GK_Zone_41 = 2417,
Beijing1954_3_Degree_GK_Zone_42 = 2418,
Beijing1954_3_Degree_GK_Zone_43 = 2419,
Beijing1954_3_Degree_GK_Zone_44 = 2420,
Beijing1954_3_Degree_GK_Zone_45 = 2421,

3)1954 北京坐标系(按中央子午线 3 度分带)wkid

Beijing1954_3_Degree_GK_CM_75E = 2422,
Beijing1954_3_Degree_GK_CM_78E = 2423,
Beijing1954_3_Degree_GK_CM_81E = 2424,
Beijing1954_3_Degree_GK_CM_84E = 2425,
Beijing1954_3_Degree_GK_CM_87E = 2426,
Beijing1954_3_Degree_GK_CM_90E = 2427,
Beijing1954_3_Degree_GK_CM_93E = 2428,
Beijing1954_3_Degree_GK_CM_96E = 2429,
Beijing1954_3_Degree_GK_CM_99E = 2430,
Beijing1954_3_Degree_GK_CM_102E = 2431,
Beijing1954_3_Degree_GK_CM_105E = 2432,
Beijing1954_3_Degree_GK_CM_108E = 2433,
Beijing1954_3_Degree_GK_CM_111E = 2434,
Beijing1954_3_Degree_GK_CM_114E = 2435,
Beijing1954_3_Degree_GK_CM_117E = 2436,

Beijing1954_3_Degree_GK_CM_120E = 2437,
Beijing1954_3_Degree_GK_CM_123E = 2438,
Beijing1954_3_Degree_GK_CM_126E = 2439,
Beijing1954_3_Degree_GK_CM_129E = 2440,
Beijing1954_3_Degree_GK_CM_132E = 2441,
Beijing1954_3_Degree_GK_CM_135E = 2442,

4)1980 西安坐标系(按带号 6 度分带)wkid

Xian1980_GK_Zone_13 = 2327,
Xian1980_GK_Zone_14 = 2328,
Xian1980_GK_Zone_15 = 2329,
Xian1980_GK_Zone_16 = 2330,
Xian1980_GK_Zone_17 = 2331,
Xian1980_GK_Zone_18 = 2332,
Xian1980_GK_Zone_19 = 2333,
Xian1980_GK_Zone_20 = 2334,
Xian1980_GK_Zone_21 = 2335,
Xian1980_GK_Zone_22 = 2336,
Xian1980_GK_Zone_23 = 2337,

5)1980 西安坐标系(按中央子午线 6 度分带)wkid

Xian1980_GK_CM_75E = 2338,
Xian1980_GK_CM_81E = 2339,
Xian1980_GK_CM_87E = 2340,
Xian1980_GK_CM_93E = 2341,
Xian1980_GK_CM_99E = 2342,
Xian1980_GK_CM_105E = 2343,
Xian1980_GK_CM_111E = 2344,
Xian1980_GK_CM_117E = 2345,
Xian1980_GK_CM_123E = 2346,
Xian1980_GK_CM_129E = 2347,
Xian1980_GK_CM_135E = 2348,

6)1980 西安坐标系(按带号 3 度分带)wkid

Xian1980_3_Degree_GK_Zone_25 = 2349,
Xian1980_3_Degree_GK_Zone_26 = 2350,
Xian1980_3_Degree_GK_Zone_27 = 2351,
Xian1980_3_Degree_GK_Zone_28 = 2352,
Xian1980_3_Degree_GK_Zone_29 = 2353,
Xian1980_3_Degree_GK_Zone_30 = 2354,
Xian1980_3_Degree_GK_Zone_31 = 2355,
Xian1980_3_Degree_GK_Zone_32 = 2356,
Xian1980_3_Degree_GK_Zone_33 = 2357,
Xian1980_3_Degree_GK_Zone_34 = 2358,

Xian1980_3_Degree_GK_Zone_35 = 2359,
Xian1980_3_Degree_GK_Zone_36 = 2360,
Xian1980_3_Degree_GK_Zone_37 = 2361,
Xian1980_3_Degree_GK_Zone_38 = 2362,
Xian1980_3_Degree_GK_Zone_39 = 2363,
Xian1980_3_Degree_GK_Zone_40 = 2364,
Xian1980_3_Degree_GK_Zone_41 = 2365,
Xian1980_3_Degree_GK_Zone_42 = 2366,
Xian1980_3_Degree_GK_Zone_43 = 2367,
Xian1980_3_Degree_GK_Zone_44 = 2368,
Xian1980_3_Degree_GK_Zone_45 = 2369,

7)1980 西安坐标系(按中央子午线 3 度分带)wkid

Xian1980_3_Degree_GK_CM_75E = 2370,
Xian1980_3_Degree_GK_CM_78E = 2371,
Xian1980_3_Degree_GK_CM_81E = 2372,
Xian1980_3_Degree_GK_CM_84E = 2373,
Xian1980_3_Degree_GK_CM_87E = 2374,
Xian1980_3_Degree_GK_CM_90E = 2375,
Xian1980_3_Degree_GK_CM_93E = 2376,
Xian1980_3_Degree_GK_CM_96E = 2377,
Xian1980_3_Degree_GK_CM_99E = 2378,
Xian1980_3_Degree_GK_CM_102E = 2379,
Xian1980_3_Degree_GK_CM_105E = 2380,
Xian1980_3_Degree_GK_CM_108E = 2381,
Xian1980_3_Degree_GK_CM_111E = 2382,
Xian1980_3_Degree_GK_CM_114E = 2383,
Xian1980_3_Degree_GK_CM_117E = 2384,
Xian1980_3_Degree_GK_CM_120E = 2385,
Xian1980_3_Degree_GK_CM_123E = 2386,
Xian1980_3_Degree_GK_CM_126E = 2387,
Xian1980_3_Degree_GK_CM_129E = 2388,
Xian1980_3_Degree_GK_CM_132E = 2389,
Xian1980_3_Degree_GK_CM_135E = 2390,

8)CGCS_ 2000 坐标系(按带号 6 度分带)wkid

CGCS2000_GK_Zone_13 = 4491,
CGCS2000_GK_Zone_14 = 4492,
CGCS2000_GK_Zone_15 = 4493,
CGCS2000_GK_Zone_16 = 4494,
CGCS2000_GK_Zone_17 = 4495,
CGCS2000_GK_Zone_18 = 4496,
CGCS2000_GK_Zone_19 = 4497,

CGCS2000_GK_Zone_20 = 4498,
CGCS2000_GK_Zone_21 = 4499,
CGCS2000_GK_Zone_22 = 4500,
CGCS2000_GK_Zone_23 = 4501,

9) CGCS_ 2000 西安坐标系(按中央子午线 6 度分带) wkid

CGCS2000_GK_CM_75E = 4502,
CGCS2000_GK_CM_81E = 4503,
CGCS2000_GK_CM_87E = 4504,
CGCS2000_GK_CM_93E = 4505,
CGCS2000_GK_CM_99E = 4506,
CGCS2000_GK_CM_105E = 4507,
CGCS2000_GK_CM_111E = 4508,
CGCS2000_GK_CM_117E = 4509,
CGCS2000_GK_CM_123E = 4510,
CGCS2000_GK_CM_129E = 4511,
CGCS2000_GK_CM_135E = 4512,

10) CGCS_ 2000 坐标系(按带号 3 度分带) wkid

CGCS2000_3_Degree_GK_Zone_25 = 4513,
CGCS2000_3_Degree_GK_Zone_26 = 4514,
CGCS2000_3_Degree_GK_Zone_27 = 4515,
CGCS2000_3_Degree_GK_Zone_28 = 4516,
CGCS2000_3_Degree_GK_Zone_29 = 4517,
CGCS2000_3_Degree_GK_Zone_30 = 4518,
CGCS2000_3_Degree_GK_Zone_31 = 4519,
CGCS2000_3_Degree_GK_Zone_32 = 4520,
CGCS2000_3_Degree_GK_Zone_33 = 4521,
CGCS2000_3_Degree_GK_Zone_34 = 4522,
CGCS2000_3_Degree_GK_Zone_35 = 4523,
CGCS2000_3_Degree_GK_Zone_36 = 4524,
CGCS2000_3_Degree_GK_Zone_37 = 4525,
CGCS2000_3_Degree_GK_Zone_38 = 4526,
CGCS2000_3_Degree_GK_Zone_39 = 4527,
CGCS2000_3_Degree_GK_Zone_40 = 4528,
CGCS2000_3_Degree_GK_Zone_41 = 4529,
CGCS2000_3_Degree_GK_Zone_42 = 4530,
CGCS2000_3_Degree_GK_Zone_43 = 4531,
CGCS2000_3_Degree_GK_Zone_44 = 4532,
CGCS2000_3_Degree_GK_Zone_45 = 4533,

11) CGCS_ 2000 西安坐标系(按中央子午线 3 度分带) wkid

CGCS2000_3_Degree_GK_CM_75E = 4534,
CGCS2000_3_Degree_GK_CM_78E = 4535,

```
CGCS2000_3_Degree_GK_CM_81E = 4536,
CGCS2000_3_Degree_GK_CM_84E = 4537,
CGCS2000_3_Degree_GK_CM_87E = 4538,
CGCS2000_3_Degree_GK_CM_90E = 4539,
CGCS2000_3_Degree_GK_CM_93E = 4540,
CGCS2000_3_Degree_GK_CM_96E = 4541,
CGCS2000_3_Degree_GK_CM_99E = 4542,
CGCS2000_3_Degree_GK_CM_102E = 4543,
CGCS2000_3_Degree_GK_CM_105E = 4544,
CGCS2000_3_Degree_GK_CM_108E = 4545,
CGCS2000_3_Degree_GK_CM_111E = 4546,
CGCS2000_3_Degree_GK_CM_114E = 4547,
CGCS2000_3_Degree_GK_CM_117E = 4548,
CGCS2000_3_Degree_GK_CM_120E = 4549,
CGCS2000_3_Degree_GK_CM_123E = 4550,
CGCS2000_3_Degree_GK_CM_126E = 4551,
CGCS2000_3_Degree_GK_CM_129E = 4552,
CGCS2000_3_Degree_GK_CM_132E = 4553,
CGCS2000_3_Degree_GK_CM_135E = 4554,
```

完整源代码如下：

代码(附录 6)

参 考 文 献

1. 赵军，刘勇 . 地理信息系统 ArcGIS 实习教程[M]. 北京：气象出版社，2011.
2. 张丰，杜振洪，刘仁义. GIS 程序设计教程——基于 ArcGIS Engine 的 C#开发实例[M]. 杭州：浙江大学出版社，2012.
3. 荆平. 基于 C#的地理信息系统设计与开发[M]. 北京：清华大学出版社，2013.
4. 丘洪钢，张青莲，熊友谊. ArcGIS Engine 地理信息系统开发——从入门到精通[M]. 北京：人民邮电出版社，2013.
5. 刘亚静，姚纪明，陈光 . 地理信息系统应用教程——SupperMap iDesktop 7C[M]. 武汉：武汉大学出版社，2014.
6. 芮小平，于雪涛. 基于 C#语言的 ArcGIS Engine 开发基础与技巧[M]. 北京：电子工业出版社，2015.
7. 牟乃夏，王海银，李丹，等. ArcGIS Engine 地理信息系统开发教程——基于 C#. NET [M]. 北京：测绘出版社，2015.
8. 李进强. 基于 ArcGIS Engine 地理信息系统开发技术与实践[M]. 武汉：武汉大学出版社，2017.
9. 李进强. 地理信息系统开发与编程实验教程[M]. 武汉：武汉大学出版社，2018.